多传感器信息融合

理论技术及应用

孙力帆 著

中国原子能出版社

图书在版编目(CIP)数据

多传感器信息融合理论技术及应用 / 孙力帆著. --
北京：中国原子能出版社，2018.5
ISBN 978-7-5022-9071-9

Ⅰ.①多…　Ⅱ.①孙…　Ⅲ.①传感器一信息融合
Ⅳ.①TP212

中国版本图书馆 CIP 数据核字(2018)第 114926 号

内 容 简 介

随着科学技术的发展，特别是微电子技术、集成电路及其设计技术、计算机技术、近代信号处理技术和传感器技术的发展，多传感器信息融合已经发展成为一个新的学科方向和研究领域。本书对多传感器信息融合理论技术及应用进行了研究，主要内容包括：状态估计与不确定性理论、模糊推理与神经网络、检测融合、估计融合、目标跟踪与航迹融合、数据关联、态势与威胁评估、多传感器系统中信息融合的应用等。本书结构合理，条理清晰，内容丰富新颖，是一本值得学习研究的著作。

多传感器信息融合理论技术及应用

出版发行　中国原子能出版社(北京市海淀区阜成路 43 号　100048)
责任编辑　张　琳
责任校对　冯莲凤
印　　刷　北京亚吉飞数码科技有限公司
经　　销　全国新华书店
开　　本　787mm×1092mm　1/16
印　　张　18
字　　数　233 千字
版　　次　2019 年 3 月第 1 版　2024 年 9 月第 2 次印刷
书　　号　ISBN 978-7-5022-9071-9　　定　价　72.00 元

网址：http://www.aep.com.cn　　E-mail:atomep123@126.com
发行电话:010－68452845

前　　言

多传感器信息融合技术（多源信息融合技术）是研究对多源不确定性信息进行综合处理及利用的理论和方法，即对来自多个信息源的信息进行多级别、多方面、多层次的处理，产生新的有意义的信息。随着科学技术的发展，特别是微电子技术、集成电路及其设计技术、计算机技术、近代信号处理技术和传感器技术的发展，多传感器信息融合已经发展成为一个新的学科方向和研究领域。伴随着各种面向复杂应用背景的多传感器系统大量涌现，使得多渠道的信息获取、处理和融合成为可能，并且在金融管理、心理评估和预测、医疗诊断、气象预报、组织管理决策、机器人视觉、交通管制、遥感遥测等诸多领域均有应用。人们都认识到把多个数据源中的信息综合起来能够提高工作的成绩。因此多传感器信息融合技术在军事领域和民用领域得到了广泛的重视和成功的应用。

信息融合最早应用于军事领域，实际上，在第二次世界大战期间就已经在高炮火控雷达上加装了光学测距系统，这不仅大大地提高了系统的测距精度，同时也大大地提高了系统的抗干扰能力。从这种意义上说，多传感器信息融合在第二次世界大战期间就已经有了应用。信息融合在军事领域的应用是组合多源信息和数据完成目标检测、关联、状态评估的多层次、多方面的过程，这种信息融合的目的是获得准确的目标识别、完整而及时的战场态势和威胁评估。

在民用领域，机器人多传感器信息处理系统、医学多传感器图像融合系统、遥感多传感器融合系统，乃至现代移动通信系统等，这项技术均已得到普遍应用。

本书注重知识的系统性，循序渐进，由浅入深。全书共分为 9 章。第 1 章为绪论，第 2 章为状态估计与不确定性理论，第 3 章为模糊推理与神经网络，第 4 章为检测融合，第 5 章为估计融合，第 6 章为目标跟踪与航迹融合，第 7 章为数据关联，第 8 章为态势与威胁评估，第 9 章为多传感器系统中信息融合的应用。

多传感器信息融合技术涉及诸多学科，知识面宽泛，在撰写本书的过程中，以作者在多传感器信息融合方面的研究工作为基础，参考并引用了国内外专家学者的研究成果和论述，在此向相关内容的原作者表示诚挚的敬意和谢意。多传感器信息融合技术是一门高速发展的技术领域，新技术、新方法、新架构层出不穷，由于作者水平有限，加之时间仓促，错误和遗漏在所难免，恳请读者批评指正。

本专著出版受国家自然科学基金（U1504619）和河南省科技攻关计划项目（182102110397）资助。

作　者

2018 年 3 月

目　　录

第1章　绪　论

多源信息融合(Multi-Source Information Fusion,MSIF)技术,又称多传感器信息融合技术,主要研究如何对多源不确定性信息综合处理及利用,是对来自多个信息源的信息进行多级别、多方面、多层次的处理,从而产生新的有具体意义的信息。

随着传感器技术、计算机科学以及信息技术的迅速发展,各种面向复杂应用背景的多传感器系统大量涌现,使得多渠道的信息获取、处理和融合成为可能,并应用于不同领域,以便提高工作效率。

1.1　多传感器信息融合的基本概念

1.1.1　多源信息融合的来源

多源信息融合是一种基本功能,在感知客观对象时,并不仅仅依靠一种感官,更多的是需要综合多个感官的感知结果。如动物感知它们所处的环境、判断危险或者捕获猎物,可能是依靠单个高度发达的感官来实现的,如老鹰的视觉搜索和寻迹能力非常高,而狗的嗅觉很灵敏;也可能是依靠多个能力较差的感官来实现的,如在光线较暗的情况下,谷仓里的猫头鹰融合其视觉和听觉信息来帮助其精确定位老鼠的位置,而老鼠借助于视觉和听觉判断是否存在危险,并做出相应的反应以避免被猫头鹰捕获。此时,听觉系统主要为视觉系统提供一种信息,表示一件重要事件的发生和大概方位,而听觉获得的信息,即方向、速度和可能的物质分类,与视觉系统收集的信息融合起来,从而产生更完整、可信度更高或更高层次的情景感知。

综上,人类和动物本身就是一个高级的信息融合系统,大脑协同多类感官去感知一件事物各个侧面的信息,并根据相关经验与知识进行分析与综合判决,从而获得对周围事物性质和本质的全面认识,这个过程如图 1-1 所示。

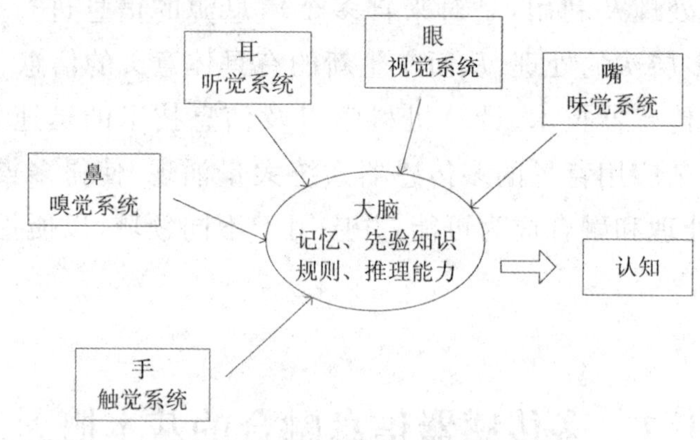

图 1-1　人类大脑的多感官信息融合

在著名的"盲人摸象"故事中,五个盲人从不同的角度分别把一头大象辨认成了墙、矛、扇子、树和绳子。也就是说,尽管每个人的评估在他自己的有限感觉空间中是正确的,但是由于他们观察物体的角度和观点不同,可能会导致不全面甚至错误的判断结果。因此,只有对各个组成侧面的信息进行综合统一,才能得到关于大象的真实画面。

总之,利用单一信息源所获得的信息进行决策判断,往往导致模糊的、不确定的、不精确的和不完全的结论。将多个感官或多个人获取的信息进行综合的过程就是信息融合过程。信息融合就是试图通过对所有相关的和可利用的信息源协同组合来获得一致的、准确的、全面的情况感知,以克服这些局限性。这个处理过程看似简单，实则是很复杂和自适应的，因为对于不同空间范围内发生的不同物理现象是采用不同的测量特征来度量的。

1.1.2 多源信息融合的定义

作为信息科学的一个新兴领域，信息融合技术起源于军事应用，认为信息融合是一个多层次、多方面的处理过程，包括对多源数据的检测、关联、估计等处理，以便得到精确的状态估计及完整的战场态势和威胁估计。

该定义强调信息融合的三个主要方面。

①多层次性。不同层次代表不同级别，一般包括数据级、特征级、决策级。

②多过程性。信息融合包括对数据的检测、关联、估计以及综合等过程。

③结果的层次性。信息融合的结果包括低层次的状态估计以及高层次的态势、威胁估计。

广义的信息融合是指对多源不确定性信息的综合处理及利用，以便获得单个或单类信息源无法提供的有价值的综合信息，并最终完成其决策和估计任务。

此外，也有专家认为，信息融合是由多种信息源获取有关信息，并进行相关处理，形成一个适合于获得有关决策的架构，如对信息的解释决策，最终达到系统目标识别、跟踪、态势评估以及系统控制等目的。

如果信息源是对环境进行观测或探测的传感器实体，如雷达、声呐、红外、光学设备等，此时的信息融合称为多传感器数据融合。而当信息融合扩大到多类信息源，如数据库、知识库和人工情报时，称为多源信息融合（Multi-Source Information Fusion, MSIF）。

综合几个定义，所谓信息融合，就是将来自多个传感器或多源的信息进行综合处理，从而得出更为准确、可靠的结论。

1.1.3 多源信息融合的优势

与单传感器系统相比，多传感器系统主要具有如下优势。

1. 扩展了时间/空间覆盖范围

由于各传感器分布在不同的空间，所以一种传感器可以通过交叉覆盖的传感器作用区域，探测到其他传感器探测不到的地方、目标或事件，如当目标从一个传感器探测区域转移到另一个传感器探测区域时，系统可以将目标跟踪从一个传感器正确地切换到另一个传感器。此外，多传感器可以分时工作，如可见光-红外传感器系统，可以在白天和夜晚分时工作。

2. 增加了测量空间的维数

多传感器收集的信息中不相关的信息在测量空间中是正交的。在一定范围内增加测量向量的维数，可显著提高系统的性能，使多传感器系统不易受到敌方有意的干扰和迷惑。图 1-2(a)所示为两个空中目标的方位和高度测量，它们在空间上重叠，无法可靠地分离。但是如果增加距离测量，如图 1-2(b)所示，就很容易分类。因为最初的二维数据集的信息内容是不充分的，即使采用复杂的聚类算法也不能区分这两组目标。而增加第三个测量维数，就能够轻易地利用一个简单的聚类算法完成这个任务。

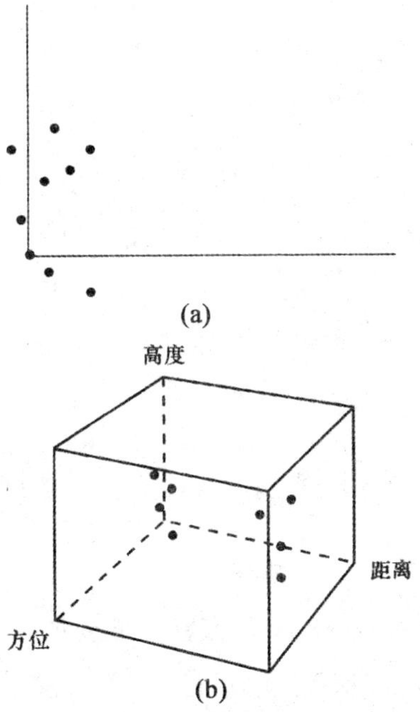

图 1-2 增加测量空间维数的优势

(a)两个空中目标的方位和高度测量;(b)增加距离测量

3. 增强了系统的生存能力与容错能力

系统中布设多个传感器,当某些传感器不能利用或受到干扰毁坏时,可能会有其他传感器提供信息,即个别传感器的毁伤不影响整个系统的能力。例如,当一个雷达工作在 1 GHz 频率,另一个雷达工作在 3 GHz 频率时,敌人必须采用对抗措施来对付这两种波段,才能使这个综合系统无法给出目标航迹。

4. 改善了系统的处理性能

多种传感器对同一目标或事件进行确认时,可以降低不确定性,减少信息的模糊性,提高信息的可信度,从而提高检测、识别、跟踪等决策的可信度。例如,多个传感器优化协同作用,提高了目标的探测概率,降低了多测量数据的模糊性和不确定性;多传感器目标数据综合处理,提高了系统跟踪和识别精度。

对于多传感器目标识别而言，现代战场上，由于目标种类的日益增多、行为的日趋复杂，加之战场环境的复杂性及单一传感器探测的片面性，传统的基于雷达、声呐、电子支援措施、敌我识别器以及光电等单传感器的目标识别方法已难以取得令人满意的效果。此时，可以利用多个传感器从时间、空间等不同的角度刻画目标特征，提供多种观测数据，进行优化综合处理，能够去伪存真，最大限度地提高识别的准确性。

1.2 多传感器信息融合的分类

多源信息融合有多种分类方法，如按照其融合技术、融合判决方式、信息融合处理层次、信息融合结构模型、信息融合目的分类等。

1.2.1 按融合技术分类

多源信息融合按照融合技术可以分为 5 类，如图 1-3 所示。

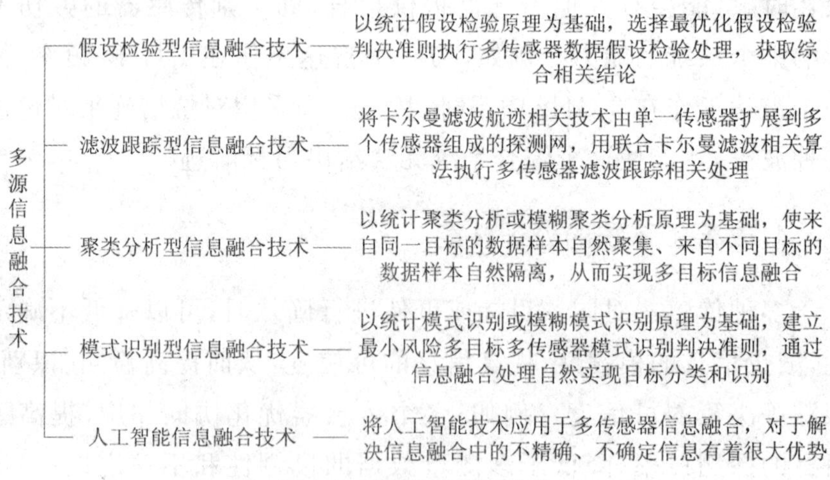

图 1-3 多源信息融合技术

1.2.2 按融合判决方式分类

多源信息融合的融合判决方式分为硬判决方式和软判决方式。

1.硬判决方式

硬判决方式以经典的数理逻辑为基础,设确定的预置判决门限。只有当数据达到或超过预置门限时,系统才做出判决;断言确定时,系统才会向高层次传送结论。

2.软判决方式

软判决方式充分地发挥所有有用信息的效用,使信息融合结论更可靠、更合理。系统对所收到的观测数据都执行相应分析,做出适当评价,并向高层次传送结论意见及有关信息。

1.2.3 按信息融合处理层次分类

按信息融合处理层次分类是一种最常用的分类方法,可分为数据级融合、特征级融合、决策级融合。

1.数据级融合

数据级融合是对原始信息的融合,直接对未经预处理的传感器原始观测数据或图像进行综合和分析。它只适合于同类传感器的数据融合,如同类(或同质)的雷达数据直接合成或多源图像融合。

数据级融合保留尽可能多的信息,融合性能最好。但由于处理信息量大,所需时间长,其实时性较差;此外,数据级融合要求数据在时间、空间上严格配准,图像融合则要求严格配准到每个像素的配准精度;抗干扰性能、容错性差;且算法难度高。

2. 特征级融合

特征级融合利用原始信息中提取的特征信息进行综合分析和处理。既保持足够数量的重要信息,又经过数据压缩稀释数据量,提高处理过程的实时性;此外,模式识别、图像分析、计算机视觉等现代高技术以特征提取为基础,因此在特征级上进行融合较为方便。

3. 决策级融合

决策级融合以各传感器低层信息的融合中心完成各自决策为基础,根据一定准则和每个传感器的决策与决策可信度执行综合评判,最终给出统一决策。

决策级融合处理的信息量最少、最简单、最实用;其中的传感器可以是异类的,融合中心处理代价低。但是信息损失量大,性能相对较差。

1.2.4 按信息融合结构模型分类

多源信息融合结构模型可分为集中式和分布式。

1. 集中式信息融合结构

集中式信息融合将传感器获得的观测数据直接传送给上级信息融合中心,借助一定的准则和算法对数据进行处理,一次性地提供信息融合结论输出。

2. 分布式信息融合结构

分布式信息融合模型中,传感器先对原始观测数据进行初步分析处理,做出初步判决结论后传送给信息融合中心,然后再由信息融合中心在更高层次上集中多方面数据做进一步的相关处理，获取最终判决结论。

1.2.5　按信息融合目的分类

多源信息融合的目的可分为检测、估计和属性 3 种。

1. 检测融合

检测融合(Detection Fusion)利用多传感器进行信息融合处理，消除单个或单类传感器检测的不确定性，提高检测系统的可靠性，获得对检测对象更准确的认识。

2. 估计融合

估计融合(Estimation Fusion)利用多个传感器的检测信息对目标运动轨迹进行估计，并对多个估计信息融合，以确定目标最终运动轨迹。

3. 属性融合

属性融合(Recognition Fusion)的主要目的是利用多传感器检测信息对目标属性、类型进行判断。

1.3　多传感器信息融合系统的基本模型

多源信息融合系统的模型设计直接决定融合算法的结构、性能以及系统的规模，是多源信息融合的关键，主要包括功能、结构和信息融合模型的设计。

1.3.1 多源信息融合的功能模型

多源信息融合系统的功能模型与实际应用相关,现以“战场态势监测”系统为例,介绍信息融合的功能模型,如图 1-4 所示①。

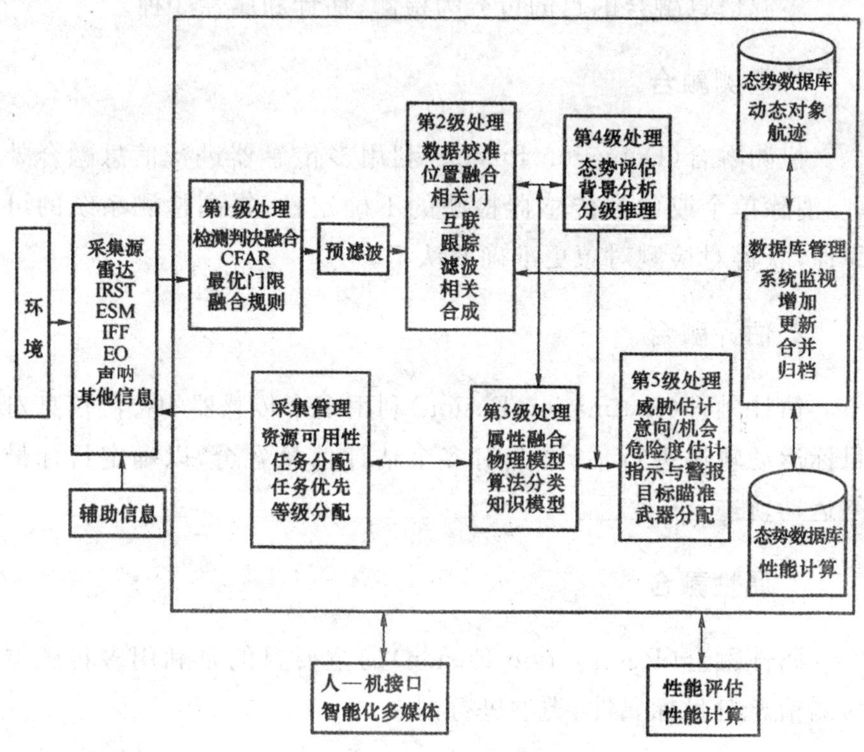

图 1-4 信息融合系统功能框图

在“战场态势监测”系统中,根据作战任务,假定为发现敌人武器装备、兵力组成与部署、行动企图等,将信息融合的功能模型分为 5 级:①检测判决融合——发现敌人;②空间融合——敌人位置;③属性信息融合——敌人武器装备;④态势评估——敌人兵力组成与部署;⑤威胁估计——敌人行动意图。

---

① 杨露菁,余华. 多源信息融合理论与应用[M]. 2 版. 北京:北京邮电大学出版社,2011.

1.3.2 信息融合系统的结构模型

1. 检测融合结构模型

多传感器目标检测的结构模型主要有集中式检测结构(图1-5)和分布式检测结构(图1-6)两种。

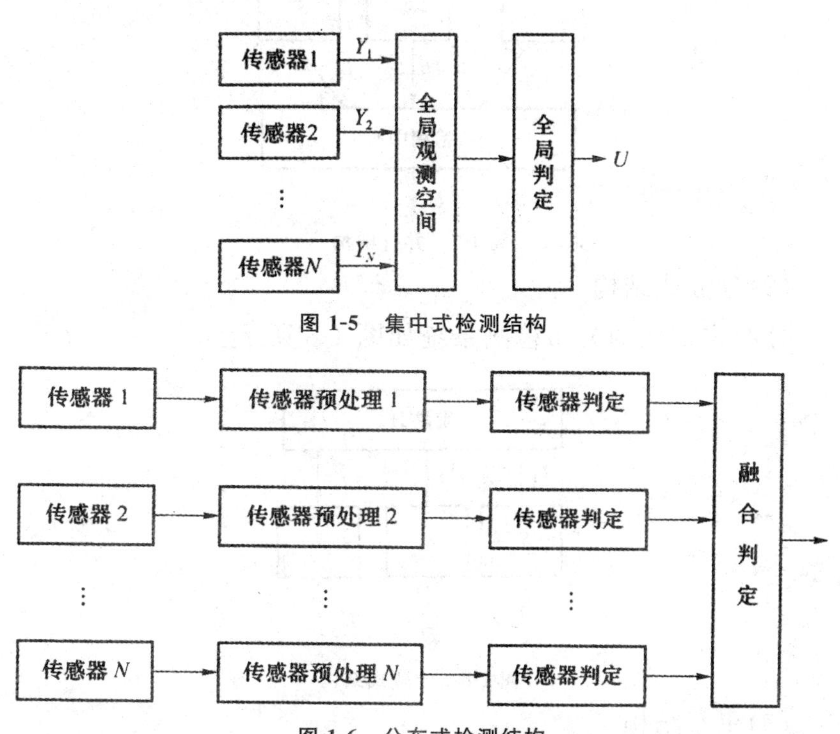

图1-5 集中式检测结构

图1-6 分布式检测结构

在集中式检测方法中,局部传感器将直接观测数据传送到融合节点,所有传感器对全局观测空间的观测数据用于进行全局判定,从而得到最终检测结果。该法需要巨大的通信开销,增加了处理器的负担,在实际使用中并不理想。

相对于集中式检测方法,分布式检测减轻了系统内部的通信压力,提高了系统的可行性,是目前实际操作中多传感器目标检测的主要方法。

分布式检测系统有 4 种拓扑结构，即并行结构、分散式结构、串行结构、树状结构。

(1)并行结构

并行结构的分布检测系统如图 1-7 所示。

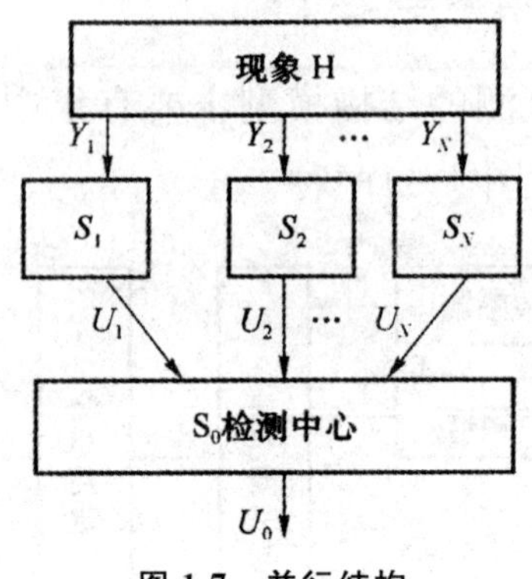

图 1-7　并行结构

(2)分散式结构

分散式结构的分布检测系统如图 1-8 所示。

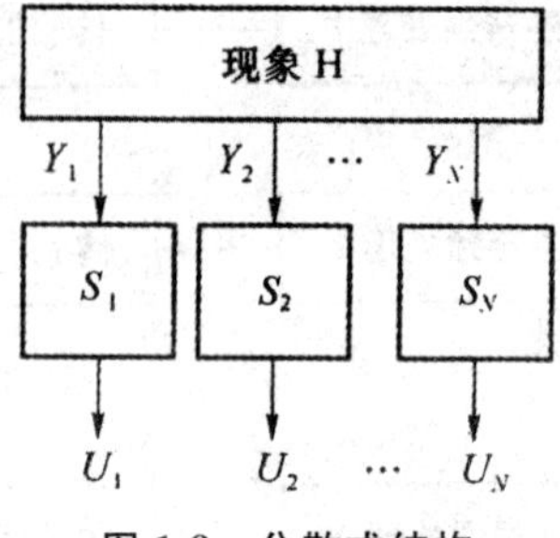

图 1-8　分散式结构

(3)串行结构

串行结构的分布检测系统如图 1-9 所示。

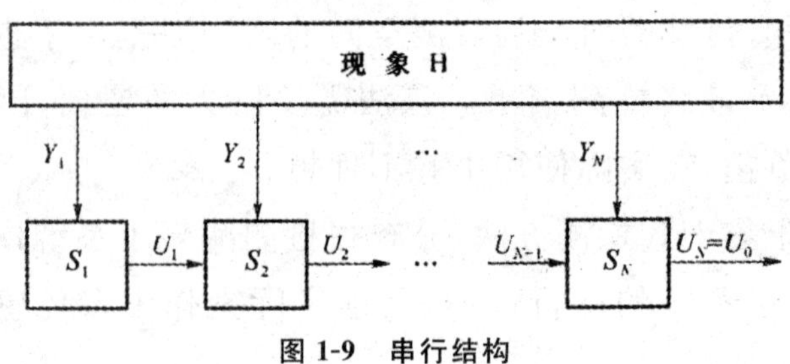

图 1-9　串行结构

(4)树状结构

图1-10所示为包含5个节点的树状结构,在树状结构中,观测到的信息由多传感器—所有的树枝传送到融合节点—树根,然后做出全局判决。

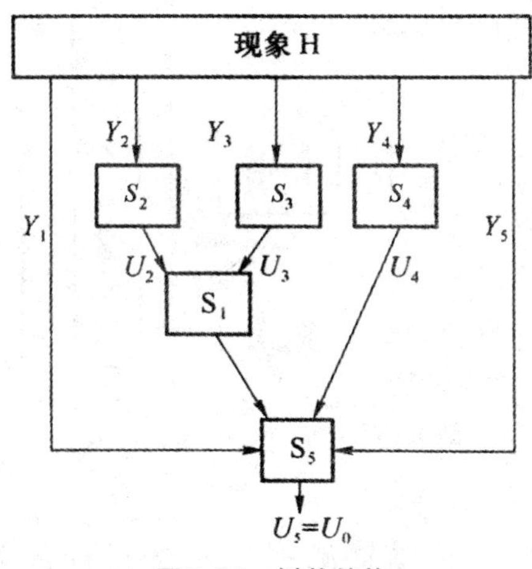

图1-10 树状结构

2. 状态融合结构模型

(1)集中式融合结构

集中式融合结构模型如图1-11所示[①]。

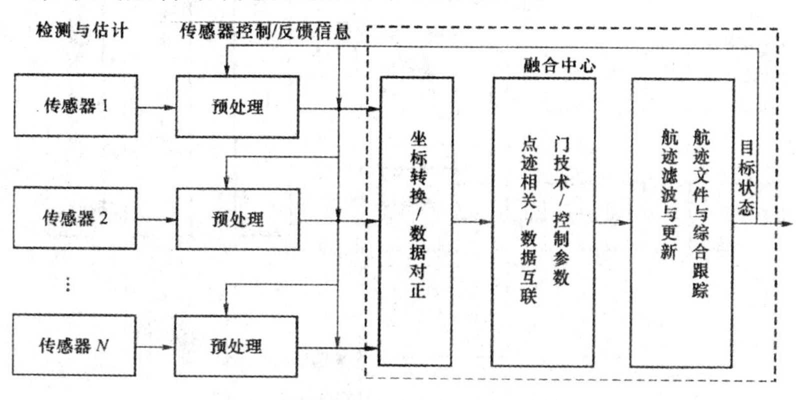

图1-11 集中式融合结构模型

① 杨露菁,余华. 多源信息融合理论与应用[M]. 2版. 北京:北京邮电大学出版社,2011.

(2)分布式融合结构

分布式融合结构模型如图 1-12 所示。

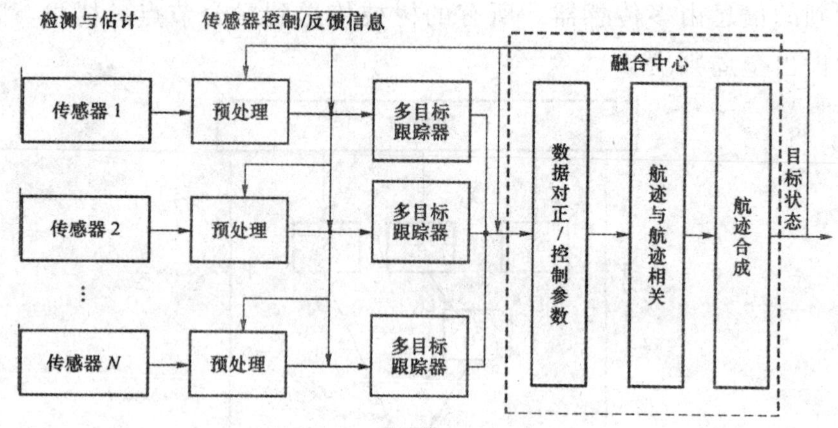

图 1-12　分布式融合结构模型

(3)混合式融合结构

混合式融合同时传输探测报告和经过局部节点处理过的航迹信息,其结构模型如图 1-13 所示。

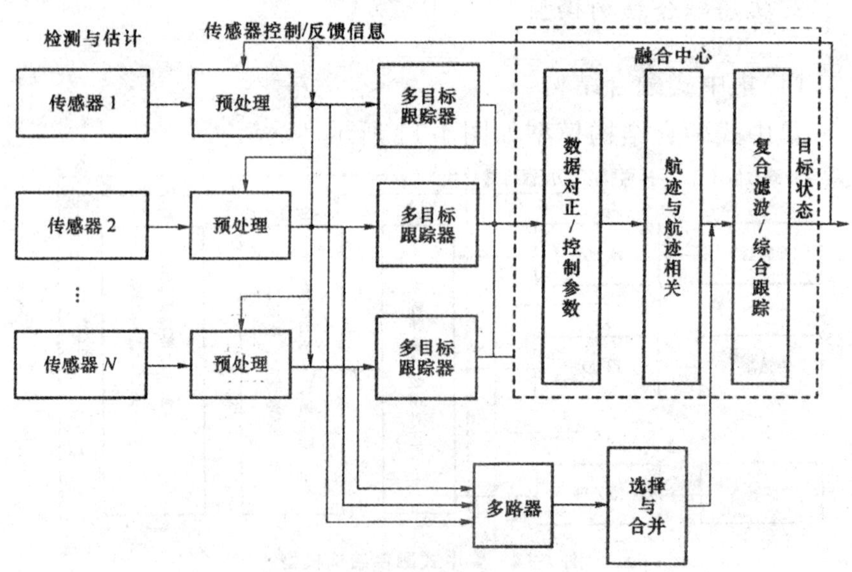

图 1-13　混合式融合结构模型

(4)多级式融合结构

在多级式融合结构中,各局部节点可以同时或分别是集中式、分布式或混合式的融合中心。典型的多级式系统有海上多平台系统、战略 C^3I 系统等。

多级式融合结构模型如图 1-14 所示。

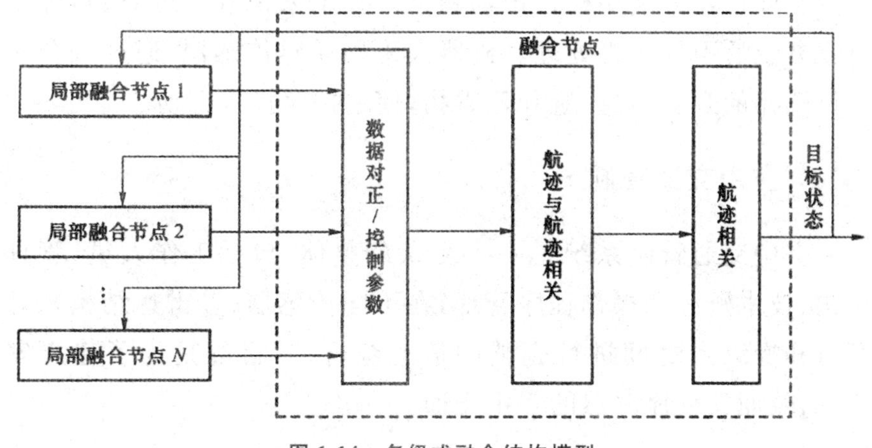

图 1-14 多级式融合结构模型

1.4 多传感器信息融合技术的应用

1.4.1 信息融合在民事上的应用

1. 工业过程监视

信息融合应用于工业过程监视中，其目的是识别引起系统状态超出正常运行范围的故障，并触发相应报警器。

2. 遥感

遥感系统信息融合的目的是通过协调所使用的传感器，对物理现象和事件进行定位、识别和解释，主要对地面进行监视，识别地貌、矿产资源、植物生长、气象模式、环境条件以及原油泄漏、辐射泄漏等威胁。

3. 工业机器人

工业机器人使用模式识别和推理技术来识别三维对象，确定对象方位后引导附件处理。机器人采用遥感传感器，通过融合多个传感器的观测信息，避开障碍物，使之按照指挥行动。

4. 空中交通管制

空中交通管制系统是一个复杂的整体，包括工作人员、管理机构、技术资源和操作程序管理，在不同传感器（多雷达结构）、计算机和操纵台之间进行完整的信息综合，其目的是为了建立安全、高效而又秩序井然的空中交通。

1.4.2　信息融合技术在军事上的应用

1. 概述

信息融合在军事上具有广阔应用领域，具体应用范围如图1-15所示。

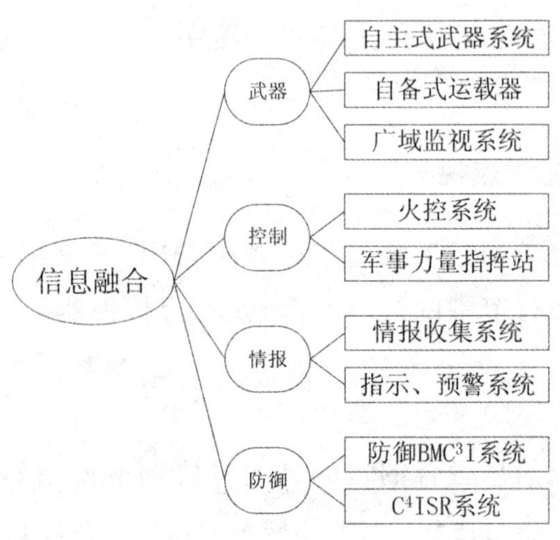

图 1-15　信息融合技术在军事上的应用

2.信息融合技术在海军中的应用

信息融合技术在海军中的应用组织结构如图1-16所示。

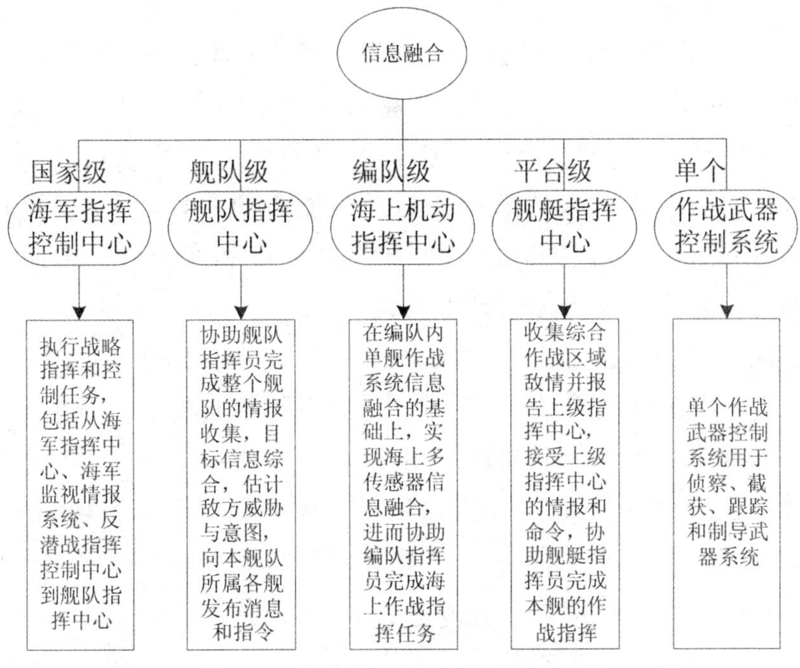

图1-16 信息融合技术在海军中的应用

1.5 多传感器信息融合技术的历史、现状与发展趋势

1.5.1 多传感器信息融合技术的历史、现状

信息融合起源于20世纪70年代，美国康涅狄格大学国际著名系统科学家Y. Bar Shalom教授提出信息融合的雏形——概率数据互联滤波器的概念，在对多个连续声呐信号进行概率数据互联滤波后，可以较精确地检测出敌方舰艇位置，推动了信息融合

理论和方法的发展，并研制军用信息融合系统。

1973 年，美国海军采用多个独立声呐探测跟踪某海域敌方潜艇时，首次提出数据融合的概念，随后数据融合就应用于工业控制、机器人、空中交通管制等领域。

20 世纪 80 年代，传感器技术的飞速发展和传感器投资的大量增加，使得军事系统中的传感器数量急剧增加；超远程武器的出现和发展，从根本上改变了指控系统的信息处理方式；军事指挥人员由于对敌我武器系统的超远程能力的认识，开阔了视野，因而需求更多的信息和数据，更加强调速度和实时性。为此，信息融合的研究工作更加受到重视。

国内关于信息融合技术的研究是从 20 世纪 80 年代初起步的，90 年代初逐渐形成高潮，90 年代中期，信息融合技术在国内已发展成为多方关注的共性关键技术，许多学者致力于各不同等领域的理论及应用研究，相继出现了一批多目标跟踪系统和多传感器信息融合系统。目前，新一代舰载、机载、弹载和各种指控系统正在向多传感器信息融合方向发展，国内的军用信息融合系统也已处于系统装备工程开发和应用阶段。

1.5.2 多传感器信息融合技术的发展趋势

1. 现代战争促进多源信息融合技术的发展

战争要求提供一切获取信息的手段并对所获取的信息进行融合，以得到最佳可利用的信息，达到精确目标获取、识别和跟踪的目的。在指挥自动化系统中，远程传感数据，如雷达、声呐、语音、报告的融合最初都是依靠人工完成的，军事情报的收集、指挥和控制、气象预报、空中交通管制以及导航都是运用人工数据融合。由于人脑具有很强的关联推理能力，因此，带有手工辅助，如彩笔标图、交叉检验列表、叠加显示等的人工推理方法能够成功地对传感器和源数据进行综合。

在许多多传感器数据系统中，上述这些要求已超出了人工操作员汇集输入信息的能力范围。随着现代战场上传感器数量和信息处理量的不断增加，指挥员面临信息太多、数据太复杂、测量模糊等问题。这就需要研究和开发可以提高处理速度、容量或改善处理精度的数据融合系统，以便及时地提供精确、易于理解的信息来取代大量的原始信息。

2.现代民用高科技促进多源信息融合技术的发展

通过多传感器的信息融合，使用异类传感器建立智能交通系统可对车辆运行进行自动控制、交通监视和跟踪，将目标输入到路径规划与制导系统。

信息融合为多传感器的综合利用提供技术手段，支撑智能移动机器人的智能控制、检测与转换、图像处理、信息处理、信息融合等技术于一体。

由于因特网技术的迅猛发展，需要在网络安全、运行效率等方面有重大改进，这同样需要挖掘、融合大量的多传感数据，以获得综合信息。

3.人工智能促进多源信息融合技术的发展

人工智能可以用机器视觉—机器听觉—机器触觉—感知信息融合的全过程来模拟人和动物的认知过程，但需要建立新的理论框架以描述认知本质。

随着系统论、控制论、信息论、Dempster-Shafer 证据理论、Zadeh 的模糊逻辑理论等基础理论，以及计算机技术、网络技术、通信技术和高效传感器技术等实用技术的快速发展，信息融合技术得到前所未有的发展。

第2章　状态估计与不确定性理论

状态估计主要指位置与速度估计。位置估计包括距离、方位和高度或仰角的估计，速度估计包括速度和加速度的估计。估计技术可能是融合算法中历史最悠久的技术。在多传感器信息融合系统中，各传感器提供的信息具有较大的不确定性，因为这些信息有可能是残缺的、不清楚的，甚至是错误的，因此需要采用一定的规则理论方法进行信息融合。

2.1　卡尔曼滤波

卡尔曼(Kalman)滤波经常用于处理系统状态估计问题。为了更好地处理多变量系统及信号估计问题，人们引入状态变量和状态空间的概念。状态是一种非常灵活和宽泛的概念，位置、速度、加速度等都可以看作一种状态，包括信号可以看作一种状态，也可以认为它是状态的一种分量。一个 n 维状态变量的取值属于 n 维欧氏空间 $\mathbb{R}^n$，即 n 维状态变量的取值是 $\mathbb{R}^n$ 中的点，称状态变量取值的欧氏空间 $\mathbb{R}^n$ 为状态空间。

2.1.1　用数字滤波器作为估值器

1. 非递归估值器

根据数字信号处理我们知道，所谓非递归数字滤波器是一种

只有前馈而没有反馈的滤波器，它的冲击脉冲响应是有限的，在许多领域有着广泛的应用。现在假定用 z_k 表示观测值，则

$$z_k = x + n_k \tag{2-1-1}$$

式中，x 为恒定信号或称被估参量；n_k 为观测噪声采样。

同时假定，$E(x)=x_0$，$D(x)=\delta_x^2$，$E(n_k)=0$，$E(n_k^2)=\delta_n^2$。设有 m 个由式(2-1-1)确定的观测数据，用图 2-1 给出的非递归滤波器进行处理，这与数字信号处理中采用的频域分析方法不同：其一，这里采用的是时域分析方法；其二，这里不是滤波，而是估值，或者说是在掺杂有噪声的测量信号中估计信号 x。[①]

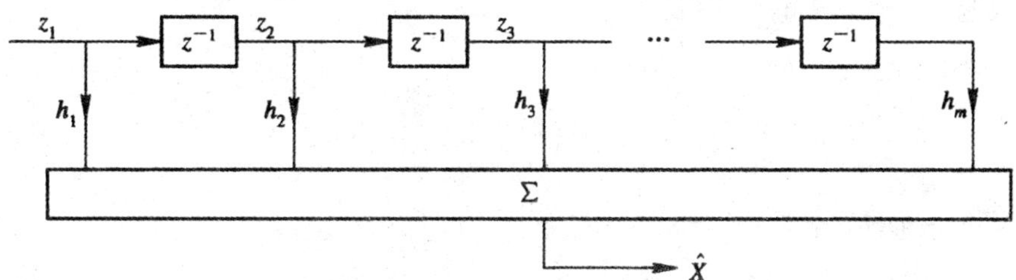

图 2-1　采样平均估值器

图中，$h_1, h_2, \cdots, h_m$ 是滤波器的脉冲响应 h_j 的采样，或称滤波器的加权系数。由图 2-1 可以看出滤波器的输出为

$$\hat{\boldsymbol{X}} = \sum_{i=1}^{m} h_i z_i$$

当 $h_1 = h_2 = \cdots = h_m = 1/m$ 时，滤波器的输出为

$$\hat{\boldsymbol{X}} = \sum_{i=1}^{m} z_i$$

该式表明，估计 $\hat{\boldsymbol{X}}$ 是用 m 个采样值的平均值作为被估参量的近似值的，故称其为采样平均估值器。

估计的均方误差以 $\boldsymbol{P}_\varepsilon$ 表示，有

$$\boldsymbol{P}_\varepsilon = E(\varepsilon^2) = E[(\hat{\boldsymbol{X}} - x)^2]$$

① 杨万海. 多传感器数据融合及其应用[M]. 西安：西安电子科技大学出版社，2004.

$$= E\left(\frac{1}{m^2}\sum_{j=1}^{m}\sum_{i=1}^{m} n_i n_j\right) = \frac{1}{m^2}\sum_{j}\sum_{i}\delta_n^2\delta_{ij}$$

当 $i=j$ 时，$\delta_{ij}=1$，当 $i\neq j$ 时，$\delta_{ij}=0$，有

$$\sum\sum\delta_{ij}=m$$

最后，得

$$P_\varepsilon=\frac{\delta_n^2}{m}$$

由此可以得出两点结论：

①该估值器的均方误差随着 m 的增加而减少，从这个意义上说它是一个好的估值器。

②

$$E(\hat{X}) = E\left[\frac{1}{m}\sum_{i=1}^{m}(x+n_i)\right] = E(x) = x_0$$

说明该估值器是一个无偏估值器。

2. 递归估值器

根据数字滤波器的基本原理可知，递归数字滤波器是一种带有反馈的滤波器，它有无限的脉冲响应，有阶数少的优点，但其暂态过程较长。关于信号和噪声的基本假设与非递归情况相同。图 2-2 给出了一个一阶递归滤波器，其输入输出信号关系如下。

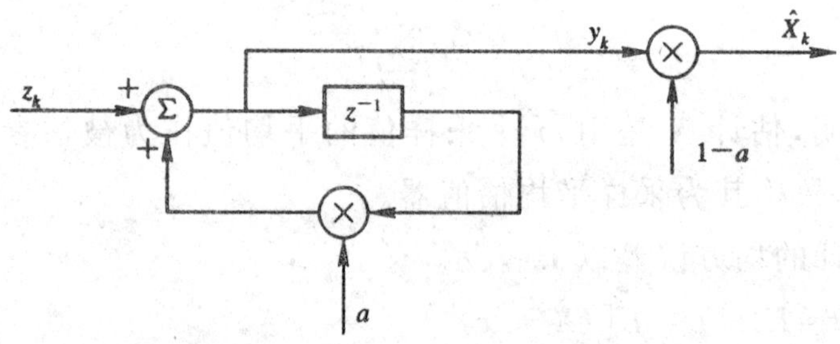

图 2-2　一阶递归滤波器作估值器

$$\begin{cases} y_k = a y_{k-1} + z_k \\ z_k = x + n_k \end{cases}$$

式中，z_k 与非递归情况相同；a 是一个小于 1 的滤波器加权系数，

如果它大于或等于 1,该滤波器就不稳定了。

第 k 时刻的输出

$$y_k = a^{k-1} z_1 + a^{k-2} z_2 + \cdots + a z_{k-1} + z_k \tag{2-1-2}$$

将 z_k 中的信号和噪声分开,并代入式(2-1-2),有输出

$$y_k = \frac{1-a^k}{1-a} x + \sum_{i=1}^{k} a^{k-i} n_i$$

由于 $|a|<1$,故随着 k 值的增加,y_k 趋近于 $x/(1-a)$。这样,如果以 $(1-a)y_k$ 作为 x 的估计值,有

$$\hat{\boldsymbol{X}}_k = (1-a) y_k$$

则

$$\hat{\boldsymbol{X}}_k = (1-a^k) x + (1-a) \sum_{i=1}^{k} a^{k-i} n_i$$

此时的信号 x 和估值之间只差一个噪声项。当 k 值较大时,估值的均方误差

$$\boldsymbol{P}_{\varepsilon} = E[(\hat{\boldsymbol{X}}_k - x)^2] = \frac{1-a}{1+a} \delta_n^2$$

而一次取样的均方误差

$$\boldsymbol{P}_{\varepsilon 1} = E[(x + n_k - x)^2] = E(n_k^2) = \delta_n^2$$

故上一结果的均方误差约为一次采样的 $(1-a)/(1+a)$ 倍。

2.1.2 卡尔曼滤波器的初始化

初始化问题是运用卡尔曼滤波的一个重要的前提条件,只有进行了初始化,才可能利用卡尔曼滤波对目标进行跟踪,卡尔曼滤波器常采用两点或三点差分法进行初始化。

1. 两点差分法

两点差分法初始化卡尔曼滤波时根据状态向量维数的不同,过程略有不同。

(1)二维状态向量的初始化

二维状态向量描述的是线性系统中，目标沿平面某一坐标轴直线运动或在解耦滤波的情况下使用。系统状态方程为

$$\boldsymbol{X}(k+1)=\boldsymbol{\Phi}(k)\boldsymbol{X}(k)+\boldsymbol{\Gamma}(k)\boldsymbol{u}(k)+\boldsymbol{G}(k)\boldsymbol{V}(k) \tag{2-1-3}$$

量测方程为

$$\boldsymbol{Z}(k)=\boldsymbol{H}(k)\boldsymbol{X}(k)+\boldsymbol{W}(k) \tag{2-1-4}$$

式(2-1-3)和式(2-1-4)中，$\boldsymbol{X}(k)\in\boldsymbol{R}^{n}$ 是 k 时刻目标的状态向量；$\boldsymbol{u}(k)$是(已知)输入或控制信号；$\boldsymbol{Z}(k)\in\boldsymbol{R}^{m}$ 是传感器在 k 时间的观测向量；过程噪声 $\boldsymbol{V}(k)\in\boldsymbol{R}^{h}$ 是具有零均值和正定协方差矩阵 $\boldsymbol{Q}(k)$的高斯噪声向量；观测噪声 $\boldsymbol{W}(k)\boldsymbol{R}^{m}$ 是具有零均值和正定协方差矩阵 $\boldsymbol{R}(k)$的高斯分布测量噪声向量；$\boldsymbol{\Phi}(k)\in\boldsymbol{R}^{n,n}$、$\boldsymbol{G}(k)\in\boldsymbol{R}^{n,h}$、$\boldsymbol{\Gamma}(k)$、$\boldsymbol{H}(k)$分别是状态转移矩阵、过程噪声分布矩阵、输入控制加权矩阵、量测矩阵。

此时状态向量为 $\boldsymbol{X}(k)=[x \quad \dot{x} \quad]'$，该情况下滤波器初始化可采用两点差分法，即只利用前两个时刻的量测值 $z(0)$和$z(1)$进行初始化，设 T 为采样间隔，则初始状态为

$$\hat{\boldsymbol{X}}(1|1)=\begin{bmatrix}\hat{x}(1|1)\\ \dot{x}(1|1)\end{bmatrix}=\begin{bmatrix}z(1)\\ \dfrac{z(1)-z(0)}{T}\end{bmatrix}$$

初始协方差为

$$\boldsymbol{P}(1|1)=\begin{bmatrix}r & r/T\\ r/T & 2r/T^{2}\end{bmatrix}$$

式中，r 为量测噪声的方差，即量测噪声 $W(k)\sim N(0,r)$，且与过程噪声相互独立，滤波器从 $k=2$ 时刻开始工作。

(2)六维状态向量的初始化

六维状态向量描述的是三坐标雷达对匀速直线运动目标的滤波问题，系统的状态方程和量测方程同式(2-1-3)和式(2-1-4)，状态向量 $\boldsymbol{X}(k)=[x \quad \dot{x} \quad y \quad \dot{y} \quad z \quad \dot{z}]'$，而雷达测得的球坐标系下的数据转换到直角坐标系下的转换量测向量 $z(k)$为

$$z(k)=\begin{bmatrix}z_1(k)\\z_2(k)\\z_3(k)\end{bmatrix}=\begin{bmatrix}x(k)\\y(k)\\z(k)\end{bmatrix}=\begin{bmatrix}\rho\cos\theta\cos\varepsilon\\\rho\sin\theta\cos\varepsilon\\\rho\sin\varepsilon\end{bmatrix}\qquad(2\text{-}1\text{-}5)$$

式(2-1-5)中，ρ、θ 和 ε 分别为球坐标系下雷达所测得的目标径向距离、方位角和俯仰角测量数据。此时可利用前两个时刻的转换测量数据 $z(0)$ 和 $z(1)$ 来确定，由两点差分法给出滤波的初始值，即

$$\hat{\boldsymbol{X}}(1|1)=\begin{bmatrix}z_1(1) & \dfrac{z_1(1)-z_1(0)}{T} & z_2(1) & \dfrac{z_2(1)-z_2(0)}{T} & z_3(1) & \dfrac{z_3(1)-z_3(0)}{T}\end{bmatrix}$$

k 时刻直角坐标系下的转换量测噪声协方差为

$$\boldsymbol{R}(k)=\begin{bmatrix}r_{11} & r_{12} & r_{13}\\r_{12} & r_{22} & r_{23}\\r_{13} & r_{23} & r_{33}\end{bmatrix}=\boldsymbol{A}\begin{bmatrix}\sigma_\rho^2 & 0 & 0\\0 & \sigma_\theta^2 & 0\\0 & 0 & \sigma_\varepsilon^2\end{bmatrix}A'\qquad(2\text{-}1\text{-}6)$$

式(2-1-6)中，σ_ρ^2、σ_θ^2 和 σ_ε^2 分别为雷达径向距离、方位角和俯仰角测量误差的方差，而

$$\boldsymbol{A}=\begin{bmatrix}\cos\theta\cos\varepsilon & -\rho\sin\theta\cos\varepsilon & -\rho\cos\theta\sin\varepsilon\\\sin\varepsilon\cos\varepsilon & \rho\cos\theta\cos\varepsilon & -\rho\sin\theta\sin\varepsilon\\\sin\varepsilon & 0 & \rho\cos\varepsilon\end{bmatrix}$$

由转换量测噪声协方差的各元素可得这种情况下的初始协方差阵为

$$\boldsymbol{P}(1|1)=\begin{bmatrix}r_{11}(1) & r_{11}(1)/T & r_{12}(1) & r_{12}(1)/T & r_{13}(1) & r_{13}(1)/T\\r_{11}(1)/T & 2r_{11}(1)/T^2 & r_{12}(1)/T & 2r_{12}(1)/T^2 & r_{13}(1)/T & 2r_{13}(1)/T^2\\r_{12}(1) & r_{12}(1)/T & r_{22}(1) & r_{22}(1)/T & r_{23}(1) & r_{23}(1)/T\\r_{12}(1)/T & 2r_{12}(1)/T^2 & r_{22}(1)/T & 2r_{22}(1)/T^2 & r_{23}(1)/T & 2r_{23}(1)/T^2\\r_{13}(1) & r_{13}(1)/T & r_{23}(1) & r_{23}(1)/T & r_{33}(1) & r_{33}(1)/T\\r_{13}(1)/T & 2r_{13}(1)/T^2 & r_{23}(1)/T & 2r_{23}(1)/T^2 & r_{33}(1)/T & 2r_{33}(1)/T^2\end{bmatrix}$$

并且滤波器从 $k=2$ 时刻开始工作。

2.三点差分法

这种情况描述的是雷达对匀加速直线运动目标的滤波问题。

对三坐标雷达，系统的状态方程和量测方程仍同式(2-1-3)和式(2-1-4)，系统状态向量为

$$\boldsymbol{X}(k)=[x\quad \dot{x}\quad \ddot{x}\quad y\quad \dot{y}\quad \ddot{y}\quad z\quad \dot{z}\quad \ddot{z}]'$$

此时直角坐标系下的目标转换量测值 $z(k)$ 和转换量测噪声协方差 $\boldsymbol{R}(k)$ 同式(2-1-5)和式(2-1-6)，不过由于此时含加速度项，所以系统的初始状态需利用前三个时刻的转换测量值 $z(0)$、$z(1)$ 和 $z(2)$ 由三点差分法确定，即初始状态为

$$\hat{\boldsymbol{X}}(2|2)=\begin{bmatrix} z_1(2) \\ [z_1(2)-z_1(1)]/T \\ \{[z_1(2)-z_1(1)]/T-[z_1(1)-z_1(0)]/T\}/T \\ z_2(2) \\ [z_2(2)-z_2(1)]/T \\ \{[z_2(2)-z_2(1)]/T-[z_2(1)-z_2(0)]/T\}/T \\ z_3(2) \\ [z_3(2)-z_3(1)]/T \\ \{[z_3(2)-z_3(1)]/T-[z_3(1)-z_3(0)]/T\}/T \end{bmatrix} \tag{2-1-7}$$

而初始协方差阵为

$$\boldsymbol{P}(2|2)=\begin{bmatrix} \boldsymbol{P}_{11} & \boldsymbol{P}_{12} & \boldsymbol{P}_{13} \\ \boldsymbol{P}_{12} & \boldsymbol{P}_{22} & \boldsymbol{P}_{23} \\ \boldsymbol{P}_{13} & \boldsymbol{P}_{23} & \boldsymbol{P}_{33} \end{bmatrix} \tag{2-1-8}$$

式中，$\boldsymbol{P}_{11}$、$\boldsymbol{P}_{12}$、$\boldsymbol{P}_{13}$、$\boldsymbol{P}_{22}$、$\boldsymbol{P}_{23}$ 和 $\boldsymbol{P}_{33}$ 为分块矩阵，且

$$\boldsymbol{P}_{ij}=\begin{bmatrix} r_{ij}(2) & \dfrac{r_{ij}(2)}{T} & \dfrac{r_{ij}(2)}{T^2} \\ \dfrac{r_{ij}(2)}{T} & \dfrac{r_{ij}(2)+r_{ij}(1)}{T^2} & \dfrac{r_{ij}(2)+2r_{ij}(1)}{T^3} \\ \dfrac{r_{ij}(2)}{T^2} & \dfrac{r_{ij}(2)+2r_{ij}(1)}{T^3} & \dfrac{r_{ij}(2)+4r_{ij}(1)+r_{ij}(0)}{T^4} \end{bmatrix}\quad (i=1,2,3;j=1,2,3)$$

另外，当两坐标雷达对匀加速直线运动目标进行跟踪，此时初始状态取式(2-1-7)的前六行，初始协方差矩阵为

$$P(2|2)=\begin{bmatrix}P_{11} & P_{12}\\ P_{12} & P_{22}\end{bmatrix}$$

若目标沿某一坐标轴作匀加速直线运动或在解耦滤波情况下，此时初始状态和初始协方差矩阵取式(2-1-7)和式(2-1-8)相应的块，这里不再详细阐述。①

2.1.3　卡尔曼滤波建立状态空间模型

下面的例子就给出了目标跟踪中如何建立系统的状态空间模型。

GPS 车辆导航定位系统中，车辆在公路上行驶可以近似地看作在二维平面上车辆的运动，如图 2-3 所示。GPS 接收机载体(车辆)运动的分解如图 2-4 所示。

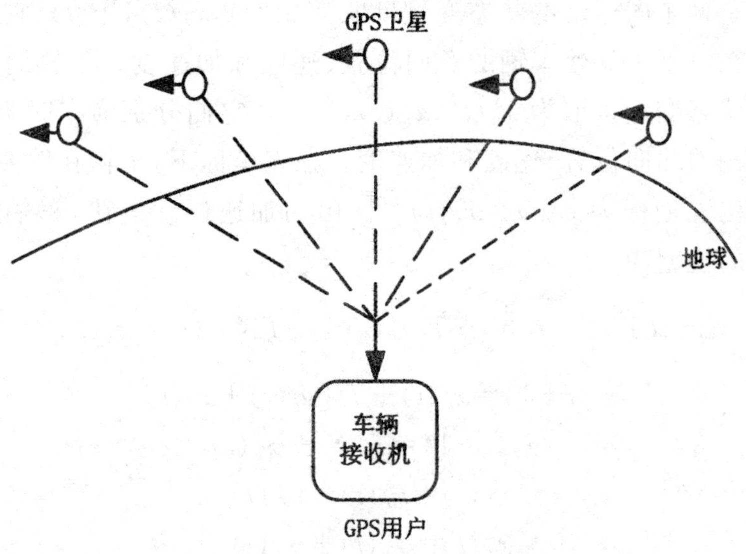

图 2-3　GPS 车辆导航定位原理

① 何友，王国宏，关欣，等. 信息融合理论及应用[M]. 北京：电子工业出版社，2010.

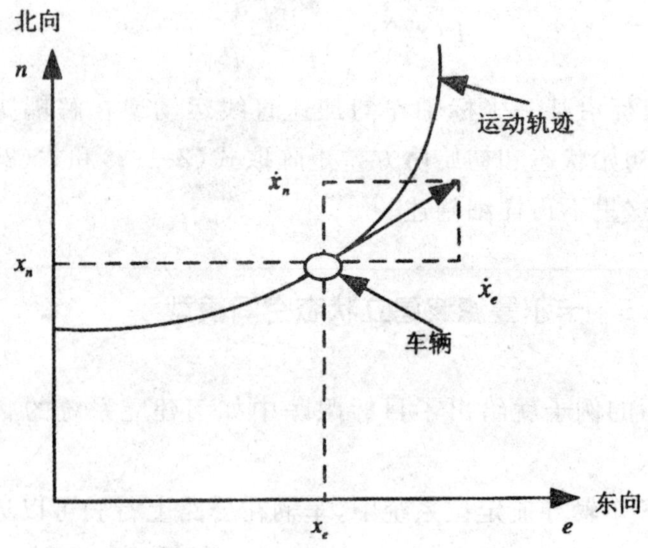

图 2-4 接收机载体(车辆)运动的分解

设采样周期为 T_0，车辆的运动可分解为东向运动和北向运动。车辆东向运动的状态变量可取为 $x_e(t)$，$\dot{x}_e(t)$，$\ddot{x}_e(t)$，它们分别为在时刻 tT_0 处车辆的东向位置、速度和加速度。车辆北向运动的状态变量可取为 $x_n(t)$，$\dot{x}_n(t)$，$\ddot{x}_n(t)$，它们分别为在时刻 tT_0 处车辆的北向位置、速度和加速度。在直坐标下，车辆在时刻 tT_0 处的位置坐标为 $[x_e(t), x_n(t)]^T$。由匀加速运动定律，车辆东向运动的模型为

$$x_e(t+1)=x_e(t)+T_0\dot{x}_e(t)+\frac{1}{2}T_0^2[u_e(t)+\ddot{x}_e(t)]$$

$$\dot{x}_e(t+1)=\dot{x}_e(t)+T_0[u_e(t)+\ddot{x}_e(t)]$$

$$\ddot{x}_e(t+1)=\ddot{x}_e(t)+w_e(t)$$

$$y_{e1}(t)=x_e(t)+v_{e1}(t)$$

$$y_{e2}(t)=\dot{x}_e(t)+v_{e2}(t)$$

北向运动的模型为

$$x_n(t+1)=x_n(t)+T_0\dot{x}_n(t)+\frac{1}{2}T_0^2[u_n(t)+\ddot{x}_n(t)]$$

$$\dot{x}_n(t+1)=\dot{x}_n(t)+T_0[u_n(t)+\ddot{x}_n(t)]$$

$$\ddot{x}_n(t+1)=\ddot{x}_n(t)+w_n(t)$$

$$y_{n1}(t)=x_n(t)+v_{n1}(t)$$

$$y_{n2}(t)=\dot{x}_n(t)+v_{n2}(t)$$

式中，定义 $u_e(t)$ 和 $u_n(t)$ 各为东向和北向由驾驶员决定的机动加速度；$y_{e1}(t)$ 和 $y_{e2}(t)$ 分别为对东向位置和速度的观测，$v_{e1}(t)$ 和 $v_{e2}(t)$ 为相应的观测噪声。北向位置和速度的观测分别用 $y_{n1}(t)$ 和 $y_{n2}(t)$ 表示，$v_{n1}(t)$ 和 $v_{n2}(t)$ 为相应的观测噪声。$w_e(t)$ 和 $w_n(t)$ 为互不相关的白噪声[①]。

定义

$$\boldsymbol{x}_\theta(t)=\begin{bmatrix} x_\theta(t) \\ \dot{x}_\theta(t) \\ \ddot{x}_\theta(t) \end{bmatrix} \quad \boldsymbol{y}_\theta(t)=\begin{bmatrix} y_{\theta1}(t) \\ y_{\theta2}(t) \end{bmatrix} \quad \boldsymbol{v}_\theta(t)=\begin{bmatrix} v_{\theta1}(t) \\ v_{\theta2}(t) \end{bmatrix}$$

$$\boldsymbol{\Phi}=\begin{bmatrix} 1 & T_0 & \frac{1}{2}T_0^2 \\ 0 & 1 & T_0 \\ 0 & 0 & 1 \end{bmatrix} \quad \boldsymbol{B}=\begin{bmatrix} \frac{1}{2}T_0^2 \\ T_0 \\ 0 \end{bmatrix} \quad \boldsymbol{\Gamma}=\begin{bmatrix} 0 \\ 0 \\ 1 \end{bmatrix} \quad \boldsymbol{H}=\begin{bmatrix} 1 & 0 & 0 \\ 0 & 1 & 0 \end{bmatrix}$$

则车辆东向和北向运动有相同结构的状态空间模型

$$\boldsymbol{x}_\theta(t+1)=\boldsymbol{\Phi}\boldsymbol{x}_\theta(t)+\boldsymbol{B}\boldsymbol{u}_\theta(t)+\boldsymbol{\Gamma}\boldsymbol{\omega}_\theta(t)$$

$$\boldsymbol{y}_\theta(t)=\boldsymbol{H}\boldsymbol{x}_\theta(t)+\boldsymbol{v}_\theta(t),\theta=e,n$$

2.2　运动模型的稳态滤波器

对于时不变系统（即状态和测量方程具有常系数）的状态估计协方差 $\boldsymbol{P}(k|k)$，在一定的条件下收敛到一个稳定值，对应的滤波器称为稳态滤波器。本节讨论目标作匀速运动的情况，此时目标观测方程为

---

① 冉陈键. 多传感器加权观测融合 Kalman 滤波理论[M]. 哈尔滨：黑龙江大学出版社，2017.

$$z(k)=\boldsymbol{H}\boldsymbol{X}(k)+W(k) \tag{2-2-1}$$

假设只有位置测量值是可以得到的，则在二维情况下，

$$\boldsymbol{H}=[1\quad 0]$$

在三维情况下，

$$\boldsymbol{H}=[1\quad 0\quad 0]$$

量测噪声方差是

$$E[W(k)W(j)]=R\delta_{kj}\stackrel{\Delta}{=}\sigma_W^2\delta_{kj}$$

在三维情况下，为了估计状态 $\boldsymbol{X}(k)$ 而广泛使用的一类时不变滤波器是

$$\begin{aligned}\hat{\boldsymbol{X}}(k+1|k+1)&=\hat{\boldsymbol{X}}(k+1|k)+\boldsymbol{K}[z(k+1)-\hat{z}(k+1|k)]\\&=\hat{\boldsymbol{X}}(k+1|k)+\begin{bmatrix}\alpha\\ \beta/T\\ \gamma/T^2\end{bmatrix}[z(k+1)-\hat{z}(k+1|k)]\end{aligned} \tag{2-2-2}$$

它称为 α-β-γ 滤波器。在二维情况下，把式(2-2-2)中的滤波增益改换为$[\alpha\quad \beta/T]'$，则对应的滤波器称为 α-β 滤波器。其中，T 是采样间隔，系数 α、β 和 γ 是无量纲的，分别是状态的位置、速度和加速度分量的时不变滤波器增益。在实际中，应用直觉知识与经验选择和调整它们。

2.2.1 α-β 滤波

当目标作等速直线运动时，对某一坐标轴来说，描述目标运动的状态 $\boldsymbol{X}$ 是二维向量，即 $\boldsymbol{X}=[x,\dot{x}]'$，$x$ 和 $\dot{x}$ 分别是目标位置和速度分量。

设目标状态方程为

$$\boldsymbol{X}(k+1)=\boldsymbol{\Phi}\boldsymbol{X}(k)+\boldsymbol{G}V(k) \tag{2-2-3}$$

式中，

$$\boldsymbol{\Phi}=\begin{bmatrix}1 & T\\ 0 & 1\end{bmatrix}$$

$$\boldsymbol{G}=\begin{bmatrix}T^2/2\\ T\end{bmatrix}$$

$V(k)$是标量零均值白噪声序列

$$E[V(k)V'(j)]=\sigma_V^2\delta_{kj}$$

测量方程见式(2-2-1)。

状态估计协方差矩阵分量的稳态值表示为

$$\lim_{k\to\infty}\boldsymbol{P}(k|k)=\lim_{k\to\infty}\boldsymbol{P}(k+1|k+1)=[p_{ij}]$$

一步预测协方差可表示为

$$\lim_{k\to\infty}\boldsymbol{P}(k+1|k)=[m_{ij}]$$

而对于滤波增益,其符号将是

$$\lim_{k\to\infty}\boldsymbol{K}(k)\triangleq\begin{bmatrix}\alpha\\ \beta/T\end{bmatrix}$$

过程噪声协方差为

$$\boldsymbol{G}\sigma_V^2\boldsymbol{G}'=\begin{bmatrix}\frac{1}{4}T^4 & \frac{1}{2}T^3\\ \frac{1}{2}T^3 & T^2\end{bmatrix}\sigma_V^2$$

令

$$\lambda^2=\frac{T^4\sigma_V^2}{\sigma_W^2} \tag{2-2-4}$$

因 λ 正比于“位置过程噪声标准差 $\sigma_V T^2/2$ 和量测噪声标准差 σ_W 的比”,称 λ 为目标机动指数,且

$$\alpha=-\frac{\lambda^2+8\lambda-(\lambda+4)\sqrt{\lambda^2+8\lambda}}{8} \tag{2-2-5}$$

$$\beta=\frac{\lambda^2+4\lambda-\lambda\sqrt{\lambda^2+8\lambda}}{4} \tag{2-2-6}$$

而状态估计和一步预测协方差分别为

$$\boldsymbol{P}=\begin{bmatrix}p_{11} & p_{12}\\ p_{21} & p_{22}\end{bmatrix}=\begin{bmatrix}\alpha\sigma_W^2 & \beta\sigma_W^2/T\\ \beta\sigma_W^2/T & \dfrac{\beta(\alpha-\beta)/2}{T^2(1-\alpha)}\sigma_W^2\end{bmatrix}$$

$$\boldsymbol{M}=\begin{bmatrix}m_{11} & m_{12}\\ m_{21} & m_{22}\end{bmatrix}=\begin{bmatrix}\dfrac{\alpha}{(1-\alpha)}\sigma_W^2 & \dfrac{\beta}{T(1-\alpha)}\sigma_W^2\\ \dfrac{\beta}{T(1-\alpha)}\sigma_W^2 & \dfrac{\alpha\beta/2}{T^2(1-\alpha)}\sigma_W^2+\dfrac{1}{2}T^2\sigma_V^2\end{bmatrix}$$

这样，我们就可获得 α-β 滤波器的状态估计方程为

$$\begin{cases}\hat{x}(k+1|k+1)=\hat{x}(k+1|k)+\alpha[z(k+1)-\hat{x}(k+1|k)]\\ \dot{\hat{x}}(k+1|k+1)=\dot{\hat{x}}(k+1|k)+\dfrac{\beta}{T}[z(k+1)-\hat{x}(k+1|k)]\end{cases}$$

而状态预测方程为

$$\begin{cases}\hat{x}(k+1|k)=\hat{x}(k|k)+T\dot{\hat{x}}(k|k)\\ \dot{\hat{x}}(k+1|k)=\dot{\hat{x}}(k|k)\end{cases}$$

上述分析过程针对的是目标沿一直线匀速运动情况下的 α-β 滤波。若目标在平面及空间中运动，就需要对 x、y 及 z 轴上的状态变量进行 α-β 滤波，并且各轴间的滤波是解耦的。需要注意的是，式(2-2-4)的目标机动指数确定的前提是过程噪声方差能够实现确定，此时，式(2-2-5)和式(2-2-6)的 α、β 两参数才能确定。工程上经常采用如下的 α、β 确定方法，即

$$\alpha=\frac{2(2k-1)}{k(k+1)}$$

$$\beta=\frac{6}{k(k+1)}$$

这里，k 从 1 开始计数。对 β 来说，$k=2$ 时才有值，但滤波器从 $k=3$开始工作。当采样次数 k 增加时，α、β 都是减小的，其取值随 k 的变化如表 2-1 所示。对于某些特殊应用，可以事先规定 α、β 减小到某一值时保持不变。实际上，这时 α、β 滤波已退化成修正的最小二乘滤波。

表 2-1 α、β 值与 k 的关系

k	1	2	3	4	5	6	7	8	9	10	11	12
α	l	1	5/6	7/10	3/5	11/21	13/28	5/12	17/45	19/55	7/22	23/78
β	—	1	1/2	3/10	1/5	1/7	3/28	1/12	1/15	3/55	1/22	1/26

2.2.2 α-β-γ 滤波

当目标作等加速直线运动时，对某一坐标轴来说，目标状态向量 $\boldsymbol{X}=[x \quad \dot{x} \quad \ddot{x}]'$ 为三维向量：这里 $x, \dot{x}, \ddot{x}$ 分别表示目标位置、速度和加速度分量。目标运动状态方程仍为式(2-2-3)，但

$$\boldsymbol{\Phi}=\begin{bmatrix}1 & T & T^2/2 \\ 0 & 1 & T \\ 0 & 0 & 1\end{bmatrix}$$

$$\boldsymbol{G}=\begin{bmatrix}T^2/2 \\ T \\ 1\end{bmatrix}$$

测量方程见式(2-2-1)。系统的过程噪声协方差矩阵为

$$\boldsymbol{G}\,\sigma_V^2\boldsymbol{G}'=\begin{bmatrix}\frac{1}{4}T^4 & \frac{1}{2}T^3 & \frac{1}{2}T^2 \\ \frac{1}{2}T^3 & T^2 & T \\ \frac{1}{2}T^2 & T & 1\end{bmatrix}\sigma_V^2$$

运用式(2-2-4)定义的目标机动指标，即

$$\lambda=\frac{\sigma_V T^2}{\sigma_W} \tag{2-2-7}$$

那么，产生最优稳态滤波增益的三个方程是

$$\frac{\gamma^2}{4(1-\alpha)}=\lambda^2$$

$$\beta=2(2-\alpha)-\alpha\sqrt{1-\alpha}\text{或}\alpha=\sqrt{2\beta}-\frac{1}{2}\beta$$

$$\gamma=\frac{\beta^2}{\alpha}$$

对应于 α-β-γ 滤波器的这三个非线性方程可以进行数值求解。对应的更新状态协方差表达式为

$$\boldsymbol{P}=\begin{bmatrix} \alpha\sigma_W^2 & \frac{\beta}{T}\sigma_W^2 & \frac{\gamma}{T^2}\sigma_W^2 \\ \frac{\beta}{T}\sigma_W^2 & \frac{8\alpha\beta+\gamma(\beta-2\alpha-4)}{8T^2(1-\alpha)}\sigma_W^2 & \frac{\beta(2\beta-\gamma)}{4T^3(1-\alpha)}\sigma_W^2 \\ \frac{\gamma}{T^2}\sigma_W^2 & \frac{\beta(2\beta-\gamma)}{4T^3(1-\alpha)}\sigma_W^2 & \frac{\gamma(2\beta-\gamma)}{4T^4(1-\alpha)}\sigma_W^2 \end{bmatrix}$$

于是，α-β-γ 滤波器的状态估计方程可表示为

$$\begin{cases} \hat{x}(k+1|k+1)=\hat{x}(k+1|k)+\alpha[z(k+1)-\hat{x}(k+1|k)] \\ \hat{\dot{x}}(k+1|k+1)=\hat{\dot{x}}(k+1|k)+\frac{\beta}{T}[z(k+1)-\hat{x}(k+1|k)] \\ \hat{\ddot{x}}(k+1|k+1)=\hat{\ddot{x}}(k+1|k)+\frac{\gamma}{T^2}[z(k+1)-\hat{x}(k+1|k)] \end{cases}$$

而滤波器对应的预测方程为

$$\begin{cases} \hat{x}(k+1|k)=\hat{x}(k|k)+T\hat{\dot{x}}(k|k)+\frac{T}{2}\hat{\ddot{x}}(k|k) \\ \hat{\dot{x}}(k+1|k)=\hat{\dot{x}}(k|k)+T\hat{\ddot{x}}(k|k) \\ \hat{\ddot{x}}(k+1|k)=\hat{\ddot{x}}(k|k) \end{cases}$$

以上讨论的 α-β-γ 滤波器也是对应于目标在一个坐标轴上的状态估计，对 y 轴及 z 轴同样需要一组 α-β-γ 滤波器，并且各轴间也是解耦估计。当过程噪声协方差 σ_V^2 未知时，式(2-2-7)的机动指标 λ 无法确定，工程上可采用近似系数，即取

$$\alpha=\frac{3(3k^2-3k+2)}{k(k+1)(k+2)}$$

$$\beta=\frac{8(2k-1)}{k(k+1)(k+2)}$$

$$\gamma=\frac{60}{k(k+1)(k+2)}$$

其中,对 β,$k=2$ 时开始取值;对 γ,$k=3$ 时开始取值。当 k 采样次数增加时,α、β、γ 取值随后的变化如表 2-2 所示。对于某些特殊应用,可以事先规定 α、β、γ 减小到某一值时保持不变。实际上,这时 α-β-γ 滤波已变为修正的最小二乘滤波。

表 2-2 α、β、γ 值与 k 的关系

k	1	2	3	4	5	6	7	8	9	10	11	12
α	1	1	1	19/20	31/35	23/28	16/21	17/24	109/165	34/55	83/143	199/364
β	—	1	2/3	7/15	12/35	11/42	13/63	1/6	68/495	19/165	14/143	23/273
γ	—	—	1	1/2	2/7	5/28	5/42	1/12	2/33	1/22	5/143	5/182

虽然 α-β 和 α-β-γ 滤波器是简单且易于实现的常增益滤波方法,但仅适用于目标作匀速或匀加速运动的情况。

2.3 扩展卡尔曼滤波

对于非线性系统固有的复杂性,状态估计问题将变得非常困难。为了较好地估计状态,常采用线性化方法将非线性模型的状态变量进行展开,然后再按照卡尔曼滤波公式进行计算。一般将这种方法称为扩展卡尔曼滤波(EKF)。扩展卡尔曼滤波算法已经不再是按某个指标进行优化的最优化算法,其性能取决于非线性系统的复杂度以及算法的优劣等。

2.3.1 系统的状态方程和测量方程

状态方程:

$$\boldsymbol{X}(k+1)=\boldsymbol{\Phi}(k)\boldsymbol{X}(k)+\boldsymbol{W}(k)$$

式中，

$$E[\boldsymbol{W}(k)]=0$$

$$E[\boldsymbol{W}(k)\boldsymbol{W}^{\mathrm{T}}(j)]=\boldsymbol{Q}(k)\delta_{kj}$$

$\boldsymbol{\Phi}(k)$为状态转移矩阵。

测量方程：

$$\boldsymbol{Z}(k+1)=\boldsymbol{H}(k+1)\boldsymbol{X}(k+1)+\boldsymbol{V}(k+1)$$

式中，

$$E[\boldsymbol{V}(k)]=0$$

$$E[\boldsymbol{V}(k)\boldsymbol{V}^{\mathrm{T}}(j)]=\boldsymbol{R}(k)\delta_{kj}$$

$\boldsymbol{H}(k+1)$为观测矩阵。

2.3.2 观测方程的线性化

雷达的观测是在极坐标下进行的。对于一个直角坐标为(x,y,z)的空中目标，雷达所测的三个极坐标分别为

$$\begin{cases} r=f_1(x,y,z)=\sqrt{x^2+y^2+z^2} \\ \theta=f_2(x,y,z)=\arctan\dfrac{y}{x} \\ \varphi=f_3(x,y,z)=\arctan\dfrac{z}{\sqrt{x^2+y^2}} \end{cases}$$

观测向量$\boldsymbol{Z}(k)=[r(k),\theta(k),\varphi(k)]^{\mathrm{T}}$为目标向量的非线性函数：

$$\boldsymbol{Z}(k)=\boldsymbol{F}[\boldsymbol{X}(k)]+\boldsymbol{V}(k)$$

式中，$\boldsymbol{V}(k)$为观测噪声，其协方差矩阵为$\boldsymbol{R}=\mathrm{diag}[\sigma_r^2,\sigma_\theta^2,\sigma_\varphi^2]$。

为了使用卡尔曼滤波器在极坐标系中解算残差，需要将直角坐标系中的预测值近似线性地变换到极坐标系。假定$k+1$时刻的预测误差为

$$\tilde{\boldsymbol{X}}(k+1|k)=\boldsymbol{X}(k+1)-\hat{\boldsymbol{X}}(k+1|k)$$

球面坐标系中的预测值为

$$\hat{\boldsymbol{Z}}(k+1|k)=\boldsymbol{F}[\hat{\boldsymbol{X}}(k+1|k)]=\boldsymbol{F}[\boldsymbol{X}(k+1)-\tilde{\boldsymbol{X}}(k+1|k)]$$

将其以 $\hat{\boldsymbol{X}}(k+1|k)$ 为中心用泰勒级数展开，并略去二次以上的高阶分量，可得

$$\begin{aligned}\boldsymbol{Z}(k+1)&=\boldsymbol{F}[X(k+1)]\\&=\boldsymbol{F}[\hat{\boldsymbol{X}}(k+1|k)]\\&\quad+\left.\frac{\partial \boldsymbol{F}}{\partial \boldsymbol{X}}\right|_{\boldsymbol{X}=\hat{\boldsymbol{X}}(k+1|k)}[\boldsymbol{X}(k+1)-\tilde{\boldsymbol{X}}(k+1|k)]\end{aligned}$$

于是有极坐标系中的目标测量值与预测值之差为

$$\begin{aligned}\tilde{\boldsymbol{Z}}(k+1)&=\boldsymbol{Z}(k+1)-\hat{\boldsymbol{Z}}(k+1|k)\\&=\left.\frac{\partial \boldsymbol{F}}{\partial \boldsymbol{X}}\right|_{X=\hat{\boldsymbol{X}}(k+1|k)}\tilde{\boldsymbol{X}}(k+1|k)+\boldsymbol{V}(k+1)\end{aligned}$$

若令

$$\boldsymbol{H}(k+1)=\left.\frac{\partial \boldsymbol{F}}{\partial \boldsymbol{X}}\right|_{X=\hat{\boldsymbol{X}}(k+1|k)}$$

则可得

$$\tilde{\boldsymbol{Z}}(k+1)=\boldsymbol{H}(k+1)\tilde{\boldsymbol{X}}(k+1|k)+\boldsymbol{V}(k+1)$$

并且有

$$\boldsymbol{F}=[f_1,f_2,f_3]$$

对前面的雷达方程，有

$$\boldsymbol{H}(k+1)=\begin{bmatrix}\frac{\partial f_1}{\partial x} & \frac{\partial f_1}{\partial \dot{x}} & \frac{\partial f_1}{\partial \ddot{x}} & \frac{\partial f_1}{\partial y} & \frac{\partial f_1}{\partial \dot{y}} & \frac{\partial f_1}{\partial \ddot{y}} & \frac{\partial f_1}{\partial z} & \frac{\partial f_1}{\partial \dot{z}} & \frac{\partial f_1}{\partial \ddot{z}}\\ \frac{\partial f_2}{\partial x} & \frac{\partial f_2}{\partial \dot{x}} & \frac{\partial f_2}{\partial \ddot{x}} & \frac{\partial f_2}{\partial y} & \frac{\partial f_2}{\partial \dot{y}} & \frac{\partial f_2}{\partial \ddot{y}} & \frac{\partial f_2}{\partial z} & \frac{\partial f_2}{\partial \dot{z}} & \frac{\partial f_2}{\partial \ddot{z}}\\ \frac{\partial f_3}{\partial x} & \frac{\partial f_3}{\partial \dot{x}} & \frac{\partial f_3}{\partial \ddot{x}} & \frac{\partial f_3}{\partial y} & \frac{\partial f_3}{\partial \dot{y}} & \frac{\partial f_3}{\partial \ddot{y}} & \frac{\partial f_3}{\partial z} & \frac{\partial f_3}{\partial \dot{z}} & \frac{\partial f_3}{\partial \ddot{z}}\end{bmatrix}_{\boldsymbol{X}=\hat{\boldsymbol{X}}(k+1|k)}$$

$$=\begin{bmatrix}\frac{x}{r} & 0 & 0 & \frac{y}{r} & 0 & 0 & \frac{z}{r} & 0 & 0\\ \frac{-y}{x^2+y^2} & 0 & 0 & \frac{x}{x^2+y^2} & 0 & 0 & 0 & 0 & 0\\ \frac{-xz}{r^2\sqrt{x^2+y^2}} & 0 & 0 & \frac{-yz}{r^2\sqrt{x^2+y^2}} & 0 & 0 & \frac{\sqrt{x^2+y^2}}{r^2} & 0 & 0\end{bmatrix}$$

2.3.3 扩展卡尔曼滤波方程

预测方程：

$$\hat{\boldsymbol{X}}(k+1|k)=\boldsymbol{\Phi}(k)\hat{\boldsymbol{X}}(k)$$

观测矩阵：

$$\boldsymbol{H}(k+1)=\left.\frac{\partial \boldsymbol{F}}{\partial \boldsymbol{X}}\right|_{X=\hat{X}(k+1|k)}$$

预测协方差阵：

$$\boldsymbol{P}(k+1|k)=\boldsymbol{\Phi}(k)\boldsymbol{P}(k)\boldsymbol{\Phi}^{\mathrm{T}}(k)+\boldsymbol{Q}(k)$$

残差协方差阵：

$$\boldsymbol{S}(k+1)=\boldsymbol{H}(k+1)\boldsymbol{P}(k+1|k)\boldsymbol{H}^{\mathrm{T}}(k+1)+\boldsymbol{R}(k+1)$$

滤波增益矩阵：

$$\boldsymbol{K}(k+1)=\boldsymbol{P}(k+1|k)\boldsymbol{H}^{\mathrm{T}}(k+1)\boldsymbol{S}^{-1}(k+1)$$

滤波输出：

$$\begin{aligned}\hat{\boldsymbol{X}}(k+1)&=\hat{\boldsymbol{X}}(k+1|k)+\boldsymbol{K}(k+1)\tilde{\boldsymbol{Z}}(k+1)\\&=\hat{\boldsymbol{X}}(k+1|k)+\boldsymbol{K}(k+1)\\&\quad[\boldsymbol{Z}(k+1)-\hat{\boldsymbol{Z}}(k+1|k)]\\&\quad\hat{\boldsymbol{Z}}(k+1|k)=\boldsymbol{F}[\hat{\boldsymbol{X}}(k+1|k)]\end{aligned}$$

滤波误差协方差阵：

$$\boldsymbol{P}(k+1)=[\boldsymbol{I}-\boldsymbol{K}(k+1)\boldsymbol{H}(k+1)]\boldsymbol{P}(k+1|k)$$

或

$$\boldsymbol{P}(k+1)=\boldsymbol{P}(k+1|k)-\boldsymbol{K}(k+1)\boldsymbol{S}(k+1)\boldsymbol{K}^{\mathrm{T}}(k+1)$$

2.4 主观 Bayes 方法

主观 Bayes(贝叶斯)方法是由英国学者托马斯·贝叶斯所提出,现已成为数理统计学中最有影响的分支之一。

2.4.1 贝叶斯公式

考察一个随机试验。在这个试验中，n 个互不相容的事件 $H_1, H_2, \cdots, H_n$ 出现的可能性大小为 $P(H_1), P(H_2), \cdots, P(H_n)$，这是已知的先验信息。假设在试验中观测到事件 E 发生了，由于这个新情况的出现，对事件 $H_1, H_2, \cdots, H_n$ 的可能性有了新的认识，即有后验信息 $P(H_1|E), P(H_2|E), \cdots, P(H_n|E)$：

$$\left.\begin{aligned} P(H_j \mid E) &= \frac{P(E \mid H_j)P(H_j)}{\sum_j P(E \mid H_j)P(H_j)} \\ \sum_j P(H_j) &= 1 \end{aligned}\right\} (j = 1, 2, \cdots, n) \tag{2-4-1}$$

式中，$P(H_j|E)$为给定证据 E 条件下，假设 H_j 为真的后验概率；$P(H_j)$为假设 H_j 为真的先验概率；$P(E|H_j)$为给定 H_j 为真的条件下，观测到证据 E 的概率。

式(2-4-1)就是数学上著名的贝叶斯公式，它首先构造先验概率(利用历史观测或主观概率假定先验分布)，之后使用一个新的证据 E 来改善对事件的先验假设。因此，贝叶斯公式的特征就是由先验信息到后验信息的转化过程。

2.4.2 基于贝叶斯方法的信息融合

假设有 m 个传感器用于获取未知目标的参数数据。每一个传感器基于传感器观测和特定的传感器分类算法提供一个关于目标属性的说明(关于目标属性的一个假设)。设 $O_1, O_2, \cdots, O_n$ 为所有可能的 n 个目标，$D_1, D_2, \cdots, D_m$ 表示 m 个传感器各自对于目标属性的说明。$O_1, O_2, \cdots, O_n$ 实际上构成了观测空间的 n 个互不相容的穷举假设，则由式(2-4-1)得

$$\sum_i P(O_i) = 1$$

$$P(O_i \mid D_j) = \frac{P(D_j \mid O_i)P(O_i)}{\sum_{i=1} P(D_j \mid O_i)P(O_i)}$$

$$(i = 1,2,\cdots,n; j = 1,2,\cdots,m)$$

基于贝叶斯统计理论的属性识别框图如图 2-5 所示。

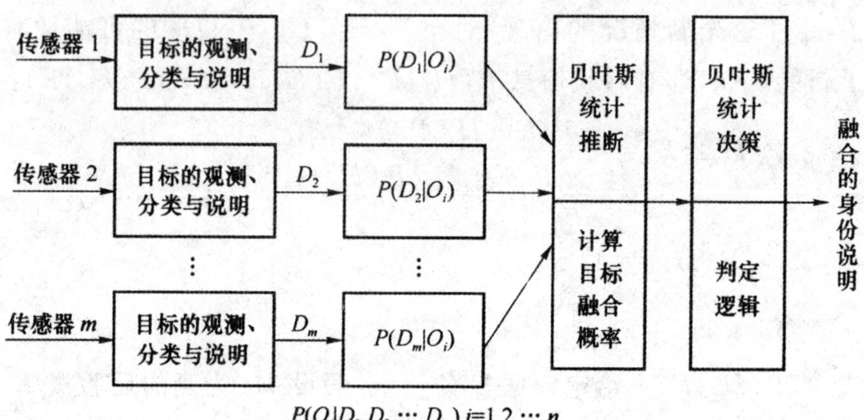

图 2-5　基于贝叶斯统计理论的属性识别框图

由图 2-5 可知，贝叶斯融合识别算法的主要步骤如下。

①将每个传感器关于目标的观测转化为目标属性的分类与说明 $D_1,D_2,\cdots,D_m$。

②计算每个传感器关于目标属性说明或判定的不确定性，即 $P(D_j|O_i)(i=1,2,\cdots,n;j=1,2,\cdots,m)$。

③计算目标属性的融合概率，即

$$P(O_i \mid D_1,D_2,\cdots,D_m) = \frac{P(D_1,D_2,\cdots,D_m \mid O_i)P(O_i)}{\sum_{i=1} P(D_1,D_2,\cdots,D_m \mid O_i)P(O_i)}$$

$$(i = 1,2,\cdots,n)$$

如果 $D_1,D_2,\cdots,D_m$ 相互独立，则

$$P(D_1,D_2,\cdots,D_m|O_i) = P(D_1|O_i)P(D_2|O_i)\cdots P(D_m|O_i)$$

2.5　证据理论

2.5.1　概述

证据理论又称 Dempster-Shafer 理论或信任(Belief)函数理论，产生于 20 世纪 60 年代。证据理论将不确定的命题问题转换为集合的不确定问题，拥有确信度(Belief)和似信度(Plausibility)两个基本概念。Dempster-Shafer 证据理论为不确定信息的表达和合成提供了强有力的方法，特别适合于决策级信息融合。

在证据理论中，一个样本空间称为一个辨识框架，用 $\Theta=\{\theta_1,\theta_2,\cdots,\theta_n\}$表示，它具有有穷性和可列性，并且其中的元素互相排斥。该框架中的元素或子集就是要研究的对象，2^Θ 是 Θ 的所有子集组成的幂集，且满足 $\phi\in 2^\Theta$，$\Theta\in 2^\Theta$。一个命题可以表达为 Θ 的一个子集 A，即 $A\subseteq\Theta$，或 $A\in 2^\Theta$。对于 Θ 的每个子集，可以指派一个概率，称为基本概率分配。

定义 2.1　设 Θ 为辨识框，函数 $m:2^\Theta\to[0,1]$称为概率分配函数，假设对于空集 $\varnothing$，$m(\varnothing)=0$；对于 $\forall A\in 2^\Theta$，$\sum m(A)=1$。

$m(A)$称为 A 的基本概率分配，表示对命题 A 的精确信任程度。若 $m(A)>0$，则称 A 为该函数的一个焦元。

定义 2.2　设 Θ 为辨识框，函数 $\mathrm{Bel}:2^\Theta\to[0,1]$称为置信函数，假设对于 $\forall A\in 2^\Theta$，$\mathrm{Bel}(A)$表示 A 中全部子集对应的基本概率之和，即 $\mathrm{Bel}(A)=\sum\limits_{B\subseteq A}M(B)$。

$\mathrm{Bel}(A)$称为 A 的置信度，表示明确支持命题 A 的那些证据的概率之和。Bel 函数也称为下限函数，表示对 A 的全部信任。

由概率分配函数的定义容易得到

$$\mathrm{Bel}(\varnothing)=m(\varnothing)=0,\mathrm{Bel}(\Theta)=\sum_{B\subseteq\Theta}m(B)$$

定义 2.3　设 Θ 为辨识框，函数 $\mathrm{Pl}:2^{\Theta}\to[0,1]$ 称为似然函数，假设对于 $\forall A\in 2^{\Theta},\mathrm{Pl}(A)=\sum_{A\cap B\neq\varnothing}M(B)$。

Pl(A)称为 A 的似然度，表示潜在支持命题 A 的那些证据的概率之和。Pl 函数也称为上限函数或不可驳斥函数，$\mathrm{Pl}(A)=1-\mathrm{Bel}(\overline{A})$，表示证据不拒绝命题 A 的程度。

容易证明，置信函数和似然函数有如下关系：

$$\mathrm{Pl}(A)\geqslant\mathrm{Bel}(A)$$

置信度 Bel(A)和似然度 Pl(A)分别是对 A 的信任程度的下限估计（悲观估计）和上限估计（乐观估计）。对偶空间(Bel(A)，$Pl(A)$)称为信任空间，命题 A 的不确定性由 $u(A)=\mathrm{Pl}(A)-\mathrm{Bel}(A)$ 表示。Dempster-Shafer 证据理论对命题 A 的不确定性的描述可以用图 2-6 表示。

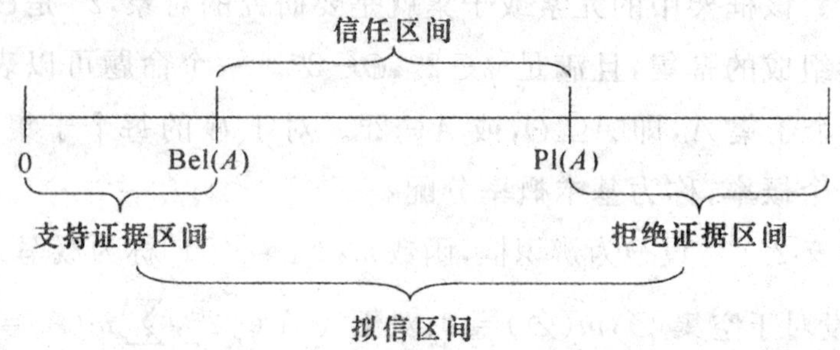

图 2-6　证据区间和不确定性

证据理论的一个基本策略是将证据集合划分为两个或多个不相关的部分，并利用它们分别对辨识框架进行独立判断，然后用 Dempster 组合规则将它们组合起来。

Dempster 组合规则：设 m_1 和 m_2 是 Θ 上的两个概率分配函数，则其正交和 $m=m_1+m_2$ 定义为

$$m(\varnothing)=0,m(A)=c^{-1}\sum_{x\cap y=A}m_1(x)m_2(y),A\neq\varnothing$$

其中

$$c = 1 - \sum_{x \cap y = \phi} m_1(x) m_2(y) = \sum_{x \cap y \neq \phi} m_1(x) m_2(y)$$

如果 $c \neq 0$,则正交和 m 也是一个概率分配函数;如果 $c=0$,则不存在正交和 m,称 m_1 和 m_2 矛盾。

多个概率分配函数的正交和 $m = m_1 + m_2 + \cdots + m_n$ 定义为

$$m(\varnothing) = 0, m(A) = c^{-1} \sum_{\cap A_i = A} \prod_{1 \leqslant i \leqslant n} m_i(A_i), A \neq \varnothing$$

其中

$$c = 1 - \sum_{\cap A_i = A} \prod_{1 \leqslant i \leqslant n} m_i(A_i) = \sum_{\cap A_i = A} \prod_{1 \leqslant i \leqslant n} m_i(A_i)$$

总之,Dempster-Sharer 证据理论对一个证据是否属于一个命题指派两个不确定性度量,使得这个命题似乎可能成立,但使用这个证据又不直接支持或拒绝它。

2.5.2　条件化 Dempster-Shafer 理论

当证据和先验知识为 Bayes(即证据的焦元是单假设集)时,可以用 Bayes 公式将先验知识与证据进行组合;然而,当先验知识为非 Bayes 时,则无法用 Bayes 规则进行组合。Mahler 将粗糙集理论引入到概率论中,提出了条件化 D -S 理论,成功地解决了先验为非 Bayes 时与证据的组合问题。

定义 2.4　假设物体的有限集,即辨识框架 Θ,Θ 的一个子集 S 表示一个概念或类别,$K_1, K_2, \cdots, K_m \in \Theta$,指派函数 $m(K_i)$,$Bel(S) = \sum_{K_i \subseteq S} m(K_i)$,一般认为先验为一个随机集合 Γ,$p(\Gamma = K_i) = m, m_\Gamma(S) = p(\Gamma = S), Bel_\Gamma(S) = p(\Gamma \subseteq S)$。①

①$R[\Theta]$表示由实数集 **R** 和 Θ 的子集产生的向量空间。

---

① 罗俊海,王章静. 多源数据融合和传感器管理[M]. 北京:清华大学出版社,2015.

$$B=\sum_{S\subset\Theta}b_S S,b_S\in\mathbf{R}$$

②$\{S\}$为假设的线性无关向量集，如果$\sum b_S=1$，且$b_S\geqslant 0$，则表示证据另外一种表达式，b_S为指派值。

③Γ是随机数集，则$R[\Theta;\Gamma]$表示由所有$S\subseteq\Theta$且$\mathrm{Bel}_\Gamma(S)\neq 0$，产生$R[\Theta]$的空间，$R[\Theta;\Gamma]$的元素与$\Gamma$或$\mathrm{Bel}_\Gamma$一致。

定义 2.5　Γ是随机数集，$B,C\in R[\Theta]$，$B=\sum\limits_{S\subset\Theta}b_S S$，$C=\sum\limits_{T\subset\Theta}c_T T$，则

①B,C关于Γ的条件一致定义

$$a_\Gamma(B,C)=\sum_{S,T\subset\Theta}b_S c_T a_\Gamma(S,T)$$

$$a_\Gamma(S,T)=\frac{\mathrm{Bel}_\Gamma(S\cap T)}{\mathrm{Bel}_\Gamma(S)\mathrm{Bel}_\Gamma(T)}$$

②B,C关于Γ的条件积为

$$B\circ_\Gamma C=\sum_{S,T\subset\Theta}b_S c_T a_\Gamma(S,T)S\cap T$$

③B,C关于Γ的条件的D-S组合为

$$B*_\Gamma C=\frac{B\circ_\Gamma C}{a_\Gamma(B,C)}$$

定义 2.6　任意$S\subseteq\Theta$定义关于Γ的Mobius变换，形成$R[\Theta;\Gamma]$的元素

$$e_S=\sum_{T\subseteq S}(-1)^{\#(S-T)}\mathrm{Bel}_T(T)T$$

式中，$\#(S-T)$表示$S-T$元素个数。

定理 2.1　Ξ,Γ为相互独立的随机集，则

$$a_\Gamma(\langle\Xi|\Gamma\rangle,e_S)=m_\Gamma(S|\Xi)=p(\Gamma=S|\Gamma\subseteq\Xi)$$

此定理说明证据$\langle\Xi|\Gamma\rangle$与$R[\Theta;\Gamma]$的元素的一致性。

推论 1　$S\subseteq\Theta$且$\mathrm{Bel}_\Gamma(S)\neq 0$；$m_\Gamma(T|S)=a_\Gamma(S,e_T)=\dfrac{m_\Gamma(T)}{\mathrm{Bel}_\Gamma(S)}$，$T\subseteq S$；否则$m_\Gamma(T|S)=0$。

2.6　主观 Bayes 方法和证据理论的比较

前面分别介绍了主观 Bayes 方法和证据理论，这里对它们作一比较：

①从对不确定性处理的观点来看，主观 Bayes 方法用概率来表示不确定性，而证据理论用信度来表示不确定性。

②由于主观 Bayes 方法从数学上蕴含于证据理论之中，所以，证据理论可看作主观 Bayes 方法的推广。

③证据理论可在不同层次上对证据进行组合，而主观 Bayes 方法则不能。

④证据理论能区分“不确定”和“不知道”，而主观 Bayes 方法则不能。

⑤主观 Bayes 方法需要假设先验概率和条件概率，而证据理论则不必给出。

⑥从计算的复杂度来看，主观 Bayes 方法具有指数信息复杂度，而证据理论则是指数信息复杂度和指数时间复杂度。

⑦从不确定性的给定方式来看，主观 Bayes 方法可采用主、客观两种形式，而证据理论是主观给出的。当采用主观 Bayes 方法作为不确定性推理模型时，不便于规则库中规则的增删，而当采用证据理论作为不确定推理模型时，规则库可以具有语义模块性，可以方便地增删规则。

第3章 模糊推理与神经网络

现实生活中的问题往往是很难用数学的方法来演绎推理的，这些问题没有任何正确的公理作为推理的基础。事实上，人们完全可以进行推理，即用模糊的概念进行推理。模糊推理是模拟人类思维的推理过程。

神经网络是对人脑神经系统的结构和功能进行的模拟，已实现信号与信息的处理，神经网络由大量的人工神经元广泛互联而生成的网络，其基本单元是人工神经元。

3.1 模糊集合与模糊关系

3.1.1 模糊集合

经典数学方法难以处理复杂系统问题的主要原因或许源于其不能有效地描述模糊事物。这里的所谓模糊并不是随机的，而是由于缺乏从一类成员到另一类成员过渡的明确界限而引起的不确定的事实。模糊的界限使这类问题与那些明确定义的数学问题相互区别①。事实上，在界限模糊的分类中，一个对象在完全

① 潘泉，程咏梅，梁彦，等.多源信息融合理论及应用[M].北京：清华大学出版社，2013.

隶属和不隶属之间存在隶属等级。

允许元素可能部分隶属的集合称作模糊集合。模糊集合是对模糊现象或模糊概念的刻画。模糊现象是指那些不具备或者很难用精准的尺度来刻画的现象,那些用来定义模糊现象的概念统称为模糊概念。模糊集合是从经典集合中抽离出来的,将绝对的隶属关系模糊化为一种灵活的方式。由特征函数的出发,元素 x 对集合 A 的隶属程度要么是 0,要么是 1,而模糊集合正是处于[0,1]之间的取值,这一数值反映了元素 x 隶属于集合[0,1]的程度。

下面是模糊集合的一种定义方式:

论域 A 上的模糊集合$\underset{\sim}{A}$由隶属函数 $\mu_{\underset{\sim}{A}}(x)$来表征,$\mu_{\underset{\sim}{A}}(x)$在实数轴上的闭区间[0,1]上取值,$\mu_{\underset{\sim}{A}}(x)$的值反映的是 X 中的元素 x 对于$\underset{\sim}{A}$隶属程度。

模糊集合群全由隶属函数所刻画。对于任给 $x\in X$,都有唯一确定的隶属函数 $\mu_{\underset{\sim}{A}}(x)\in[0,1]$与之对应。我们可以将$\underset{\sim}{A}$表示为:$\mu_{\underset{\sim}{A}}(x)\in[0,1]$,即 $\mu_{\underset{\sim}{A}}(x)$是从 X 到[0,1]的一个映射,它唯一确定了模糊集合$\underset{\sim}{A}$。常用的隶属度函数有正态型、柯西型、居中型和降 Γ 分布等。

上述定义表明,一个模糊集$\underset{\sim}{A}$完全由其隶属函数 $\mu_{\underset{\sim}{A}}(x)$来刻画,$\mu_{\underset{\sim}{A}}(x)$的值接近于 1,表示 x 隶属于$\underset{\sim}{A}$的程度很高,$\mu_{\underset{\sim}{A}}(x)$的值接近于 0,表示 x 隶属于$\underset{\sim}{A}$的程度很低;当 $\mu_{\underset{\sim}{A}}(x)$的值域为{0,1}二值时,$\mu_{\underset{\sim}{A}}(x)$演化为普通集合的特征函数$\mu_A(x)$,$\underset{\sim}{A}$更演化成一个普通集合 A。这里,我们可以把模糊集合看作普通集合的一般化。

3.1.2　模糊关系

与模糊集是经典集的推广一样,模糊关系是普通关系的推广。例如,你和同学之间互相“亲密”是模糊关系,而“父子”关系是普通关系。

定义 3.1 如果对任意的 $i=1,2,\cdots,m;j=1,2,\cdots,n$,都有 $r_{ij}\in[0,1]$,则称矩阵 $\boldsymbol{R}=(r_{ij})_{m\times n}$ 为模糊矩阵。例如:

$$\boldsymbol{R}=\begin{bmatrix}1 & 0.2 & 0.5\\ 0.1 & 0.7 & 1\end{bmatrix}$$

为了方便表述,用 $\boldsymbol{M}^{m\times n}$ 表示 $m\times n$ 模糊矩阵全体。

定义 3.2 设 $\boldsymbol{A},\boldsymbol{B}\in\boldsymbol{M}^{m\times n}$,记 $\boldsymbol{A}=(a_{ij})$,$\boldsymbol{B}=(b_{ij})$,定义:

①相等:$\boldsymbol{A}=\boldsymbol{B}\Leftrightarrow a_{ij}=b_{ij},i=1,2,\cdots,m;n=1,2,\cdots n$;

②包含:$\boldsymbol{A}\leqslant\boldsymbol{B}\Leftrightarrow a_{ij}\leqslant b_{ij},i=1,2,\cdots,m;j=1,2,\cdots,n$。

定义 3.3 设 $A,B\in\boldsymbol{M}^{m\times n}$,记 $\boldsymbol{A}=(a_{ij})$,$\boldsymbol{B}=(b_{ij})$,定义:

①并:$\boldsymbol{A}\cup\boldsymbol{B}=(a_{ij}\vee b_{ij})_{m\times n}$;

②交:$\boldsymbol{A}\cap\boldsymbol{B}=(a_{ij}\wedge b_{ij})_{m\times n}$;

③余:$\boldsymbol{A}^c=(1-a_{ij})_{m\times n}$。

定理 3.1 设 $\boldsymbol{A},\boldsymbol{B},\boldsymbol{C},\boldsymbol{D}\in\boldsymbol{M}^{m\times m}$,则有

①幂等律:$\boldsymbol{A}\cup\boldsymbol{B}=\boldsymbol{A},\boldsymbol{A}\cap\boldsymbol{A}=\boldsymbol{A}$;

②交换律:$\boldsymbol{A}\cup\boldsymbol{B}=\boldsymbol{B}\cup\boldsymbol{A},\boldsymbol{A}\cap\boldsymbol{B}=\boldsymbol{B}\cap\boldsymbol{A}$;

③结合律:$(\boldsymbol{A}\cup\boldsymbol{B})\cup\boldsymbol{C}=\boldsymbol{A}\cup(\boldsymbol{B}\cup\boldsymbol{C}),(\boldsymbol{A}\cap\boldsymbol{B})\cap\boldsymbol{C}=\boldsymbol{A}\cap(\boldsymbol{B}\cap\boldsymbol{C})$;

④吸收率:$\boldsymbol{A}\cap(\boldsymbol{A}\cup\boldsymbol{B}),\boldsymbol{A}\cup(\boldsymbol{A}\cap\boldsymbol{B})=\boldsymbol{A}$;

⑤分配律:$(\boldsymbol{A}\cup\boldsymbol{B})\cap\boldsymbol{C}=(\boldsymbol{A}\cap\boldsymbol{C})\cup(\boldsymbol{B}\cap\boldsymbol{C}),(\boldsymbol{A}\cap\boldsymbol{B})\cup\boldsymbol{C}=(\boldsymbol{A}\cup\boldsymbol{C})\cap(\boldsymbol{B}\cup\boldsymbol{C})$;

⑥0−1 律:$\boldsymbol{A}\cup\boldsymbol{O}=\boldsymbol{A},\boldsymbol{A}\cup\boldsymbol{U}=\boldsymbol{U},\boldsymbol{A}\cap\boldsymbol{O}=\boldsymbol{O},\boldsymbol{A}\cap\boldsymbol{U}=\boldsymbol{A}$;

⑦还原律:$(\boldsymbol{A}^c)^c=\boldsymbol{A}$;

⑧对偶律:$(\boldsymbol{A}\cup\boldsymbol{B})^c=\boldsymbol{A}^c\cap\boldsymbol{B}^c;(\boldsymbol{A}\cap\boldsymbol{B})^c=\boldsymbol{A}^c\cup\boldsymbol{B}^c$;

⑨$\boldsymbol{A}\leqslant\boldsymbol{B}\Rightarrow\boldsymbol{A}\cup\boldsymbol{B}=\boldsymbol{B},\boldsymbol{A}\cap\boldsymbol{B}=\boldsymbol{A},\boldsymbol{A}^c\geqslant\boldsymbol{B}^c$;

⑩$\boldsymbol{A}\leqslant\boldsymbol{B},\boldsymbol{C}\leqslant\boldsymbol{D}\Rightarrow\boldsymbol{A}\cup\boldsymbol{C}\leqslant\boldsymbol{B}\cup\boldsymbol{D},\boldsymbol{A}\cap\boldsymbol{C}\leqslant\boldsymbol{B}\cap\boldsymbol{D}$。

定义 3.4(模糊矩阵的合成) 设 $\boldsymbol{A}=(a_{ij})_{m\times s}$,$\boldsymbol{B}=(b_{ij})_{s\times n}$,称模糊矩阵 $\boldsymbol{A}\circ\boldsymbol{B}=(c_{ij})_{m\times n}$ 为 $\boldsymbol{A}$ 与 $\boldsymbol{B}$ 的合成,其中 $c_{ij}=\bigvee\limits_{k=1}^{s}(a_{ik}\vee b_{kj})$。

定义 3.5(模糊矩阵的幂) 设 $\boldsymbol{A},\boldsymbol{B},\boldsymbol{C},\boldsymbol{D}\in \boldsymbol{M}^{m\times n}$,模糊矩阵的幂定义为

$$\boldsymbol{A}^2=\boldsymbol{A}\circ\boldsymbol{A},\boldsymbol{A}^3=\boldsymbol{A}^2\circ\boldsymbol{A},\ \boldsymbol{A}^n=\boldsymbol{A}^{n-1}\circ\boldsymbol{A} \tag{3-1-1}$$

定义 3.6(模糊矩阵的转置) 设 $\boldsymbol{A}=(a_{ij})_{m\times n}$,称 $\boldsymbol{A}^{\mathrm{T}}=(a_{ij}^{\mathrm{T}})_{m\times n}$为 A 的转置矩阵,其中

$$a_{ij}^{\mathrm{T}}=a_{ji},i=1,2,\cdots,m;j=1,2,\cdots,n \tag{3-1-2}$$

模糊矩阵的转置定义与线性代数中的转置定义是相同的。

定义 3.7(模糊矩阵的 λ-截矩阵) 设 $\boldsymbol{A}\in M^{m\times n}$,记$\boldsymbol{A}=(a_{ij})$。$\forall\lambda\in[0,1]$,称 $\boldsymbol{A}_\lambda=(a_{ij}^{(\lambda)})$为模糊矩阵 $\boldsymbol{A}=(a_{ij})$的 λ-截矩阵,其中 $a_{ij}^{(\lambda)}=\begin{cases}1,a_{ij}\geqslant\lambda\\0,a_{ij}<\lambda\end{cases}$,显然,λ-截矩阵为布尔矩阵。

3.2 模糊度与相似度

模糊集合是用隶属函数表示的,不同的模糊集合的模糊程度是不同的。何为模糊度,通俗地说模糊度是反映模糊集合的模糊程度。

模糊度的定义为:对于 U 上的任意模糊集 A,有取值于区间[0,1]中的值 $f(A)$,则称 $f(A)$为模糊集 A 的模糊度,若:

①$f(A)=0$,当且仅当 A 为经典集;

②$f(A)$取最大值,当且仅当 $A(x)\equiv1/2(x\in U)$;

③当 $\forall x\in U$ 有

$$|A(x)-A^c(x)|\geqslant|B(x)-B^c(x)| \tag{3-2-1}$$

时有 $f(A)\leqslant f(B)$。

式(3-2-1)意味着 $\forall x\in U$,当 $B(x)\leqslant1/2$ 时有 $A(x)\leqslant B(x)$。经典集合模糊度为 0,恒取 0.5 的隶属函数的模糊集合是最模糊的。其他的模糊集合的模糊度依赖于接近 0.5 的程度。模糊集合的隶属函数的值越接近 0.5,模糊度越大;越是远离0.5,

模糊度越小。

符合上述条件的计算模糊度的公式有多种。假定 U 为有限集，而且 U 中的元素个数为 n。

(1)利用信息量给出的模糊度计算公式

$$f_1(A)=\frac{4}{n}\sum_{x\in X}A(x)[1-A(x)] \tag{3-2-2}$$

$$f_2(A)=\frac{1}{n}\sum_{x\in X}[A(x)\log_2 A(x)+A^c(x)\log_2 A^c(x)] \tag{3-2-3}$$

(2)利用与标准集比较给出的模糊度计算公式

$$f_3(A)=\frac{2}{n}\sum_{x\in X}|A(x)-A_{0.5}(x)| \tag{3-2-4}$$

$$f_4(A)=\frac{2}{\sqrt{n}}\sqrt{\sum_{x\in X}[A(x)-A_{0.5}(x)]^2} \tag{3-2-5}$$

其中标准集 $A_{0.5}(x)$ 实际为 $A(x)$ 的 0.5 水平集，即有

$$A_{0.5}(x)=\begin{cases}0, A(x)\leqslant 0.5\\ 1, A(x)>0.5\end{cases} \tag{3-2-6}$$

(3)利用模糊度定义给出的模糊度计算公式

$$f_5(A)=\frac{1}{n}\sum_{x\in X}[1-|A(x)-A^c(x)|] \tag{3-2-7}$$

$$f_6(A)=\frac{1}{\sqrt{n}}\sqrt{\sum_{x\in X}\{1-[A(x)-A^c(x)]^2\}} \tag{3-2-8}$$

近空度则是对模糊集接近空集程度的描述：对于 X 上的任意模糊集 A，有取值于区间[0,1]中的值 $g(A)$，称 $g(A)$ 为模糊集 A 的近空度，若满足以下条件：

①$g(A)=0$，当且仅当 $A=U$；

②$g(A)$取最大值，当且仅当 $A=\Phi$；

③当 $A\subset B$ 时有 $f(A)\leqslant f(B)$。

从前面的定义可以看出，模糊集 A 的模糊度是与 $B(x)\equiv 1/2$ 的模糊集接近的程度，近空度是与 $B(x)\equiv 0$ 的模糊集接近的程度。

利用近空度的定义可以按如下方法来定义相似度：若 g 为近空度，称

$$q(A,B)=g(|A-B|) \tag{3-2-9}$$

为 A 与 B 的相似度。这样定义的相似度有以下性质：

①$0\leqslant S(A,B)\leqslant 1$；

②$A=B$ 时，有 $S(A,B)=1$；

③$S(A,B)=S(B,A)$；

④$A\subset B\subset C$ 时，有 $S(A,C)\leqslant S(A,B)\wedge S(B,C)$。

3.3　模糊推理的基本思想

模糊推理的一个重要特点是允许大前提与小前提不完全一致，因此它可以表示成以下的抽象形式[①]：

大前提：如果 x 是 A，则 y 是 B

小前提：x 是 A'

结论：　　　　　　　y 是 B'

其中，A、A' 是 X 上的两个模糊集，B、B' 是 Y 上的两个模糊集。在不产生混淆的情况下，可以简记为

$$\begin{array}{l} A=>B \\ \underline{A'\qquad\quad} \\ \qquad\quad B' \end{array}$$

由于单点集 $\{x_0\}$ 是一个特殊的模糊集，模糊推理有下面的特殊模型，即

① 夏佩伦. 目标跟踪与信息融合[M]. 北京：国防工业出版社，2010.

$$\begin{array}{l} A=>B \\ x_0 \\ \hline \qquad\quad y_0 \end{array}$$

要实现上述的推理，需要解决两个方面的问题：其一是建立从 A 到 B 的关系。由于 A 是 X 上的模糊集，B 是 Y 上的模糊集，“$A=>B$”实际上是 X 到 Y 的模糊关系，记作 $R(x,y)$。

$$R(x,y)=\text{“}A=>B\text{”}(x,y) \tag{3-3-1}$$

我们将建立模糊关系的过程称为关系的生成，实质上模糊关系的建立是建立模糊推理的大前提。

其二是要根据生成的模糊关系 $R=\text{“}A=>B\text{”}$，以及大前提中的 A 与小前提中的 A' 的相似程度，得出 Y 上的模糊集 B'，即推理结果，如图 3-1 所示。这个过程称为推理合成，就是

$$B=A'\circ R \tag{3-3-2}$$

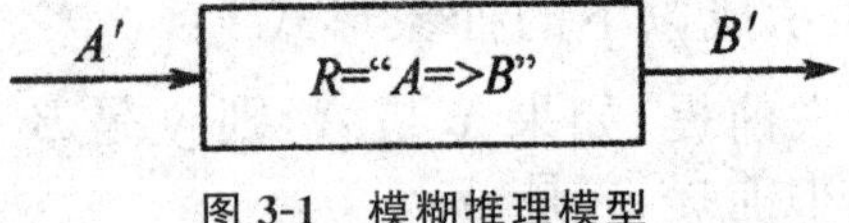

图 3-1　模糊推理模型

以上模型是单输入与单输出的。在模糊推理中，大前提可以有 n 个，即

$$\begin{array}{l} A_1=>B_1 \\ A_2=>B_2 \\ \cdots\quad\cdots \\ A_n=>B_n \\ A' \\ \hline \qquad\quad B' \end{array}$$

这样就构成多条规则的模糊推理模型，它是模糊推理应用于信息融合的关键。不同信息源产生不同的推理规则，最终得到的推理结果因融汇了所有规则带来的信息，因此是一种融合的结果。对于这种模型，关键是通过 $A_i=>B_i\,(i\leqslant n)$ 计算 X 到 Y 的模糊关系

$$R = \text{“}A_i = > B_i\ (i \leqslant n)\text{”} \tag{3-3-3}$$

由 $B' = A' \circ R$ 即可得到模糊推理的结果 B'。

对于模糊推理可以建立更一般的数学模型：

$$\begin{array}{l}
A_{11}, A_{12}, \cdots, A_{1m} = > B_1 \\
A_{21}, A_{22}, \cdots, A_{2m} = > B_2 \\
\quad \cdots \quad \cdots \quad \cdots \\
A_{n1}, A_{n2}, \cdots, A_{nm} = > B_n \\
A'_1, A'_2, \cdots, A'_m, \\
\hline
\hfill B'
\end{array}$$

其中，A_{i1} ($i \leqslant n$) 是 X_1 上的模糊集，A_{i2} ($i \leqslant n$) 是 X_2 上的模糊集……A_{im} ($i \leqslant n$) 是 X_m 上的模糊集；B_i ($i \leqslant n$) 及 B' 是 Y 上的模糊集。于是要解决以下两个问题：

(1)关系生成规则。通过 A_{ij} ($i \leqslant n, j \leqslant m$) 及 B_i ($i \leqslant n$) 生成模糊关系 R，R 是 $X_1 \cdot X_2 \cdot \cdots \cdot X_m \cdot Y$ 上的模糊关系。若记

$$X = X_1 \cdot X_2 \cdot \cdots \cdot X_m \tag{3-3-4}$$

则 R 仍为 X 到 Y 上的模糊关系。

(2)推理合成规则。即由 A'_j ($j \leqslant m$) 得到 $X = X_1 \cdot X_2 \cdot \cdots \cdot X_m$ 上的模糊集 A'，由 $B' = A'$。R 即得到推理结果。

也可以进一步考虑多输入与多输出的模糊推理模型：

$$\begin{array}{l}
A_{11}, A_{12}, \cdots, A_{1m} = > B_{11}, B_{12}, \cdots, B_{1s} \\
A_{21}, A_{22}, \cdots, A_{2m} = > B_{21}, B_{22}, \cdots, B_{2s} \\
\quad \cdots \quad \cdots \quad \cdots \\
A_{n1}, A_{n2}, \cdots, A_{nm} = > B_{n1}, B_{n2}, \cdots, B_{ns} \\
A'_1, A'_2, \cdots, A'_m, \\
\hline
\hfill B'_1, B'_1, \cdots, B'_s
\end{array}$$

其中，A_{ij} 及 A'_j ($i \leqslant n, j \leqslant m$) 为 X_j 上的模糊集，B_{ik} 及 B'_k ($i \leqslant n, k \leqslant s$) 为 Y_{k} 上的模糊集。

多输入与多输出的模糊推理模型可以归结为多输入与单输出的模糊推理模型。在模型中如果仅考虑一个输出 B_{ij} ($i \leqslant n$)，

得到模糊关系 $R_j(j\leqslant m)$，利用 $B'_j=A'\circ R_j(j\leqslant m)$ 即可得到多个输出结果。

因此，要解决模糊推理的问题，必须给出单输入与单输出系统的关系生成规则与推理合成规则。

需要说明的是，模糊推理问题除了要解决生成规则与合成规则这两个问题之外，还有很多其他的问题：①定义过程的输入输出变量的功能和操作特性；②定义相应的隶属函数和模糊集边界；③根据推理规则得出模糊推理结果后，为了得到更清晰的推理结果，还需将其非模糊化处理。详细的模糊化推理过程如图 3-2 所示。

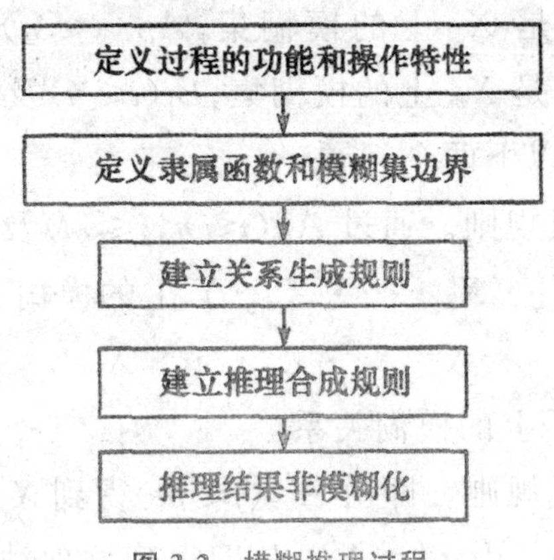

图 3-2　模糊推理过程

模糊推理理论只给出了推理的框架，在建立关系生成规则与推理合成规则时，还需根据具体问题分别进行设计。推理结果的成功与否与设计有着必然的联系。如模糊集合隶属函数定义是否贴切、模糊相似度描述是否准确等。这一点是模糊推理的最大特点。也就是说，模糊推理的框架是不存在问题的，只是需要针对不同的问题进行不同的设计。此框架无法保证推理结果的正确性，推理结果只与设计是否正确与合理有关。

综上，我们不难发现模糊推理有它巨大的发展空间，它基于人类的日常推理而建立并运用到社会生活当中。在工农业生产方面，它的价值也得到了有效的发挥。但是模糊推理的应用则比较困难，那是因为它需要针对不同的问题进行推理规则的设计，要设计出合理的规则，往往需要长期的修正和不断地完善，但是只要找到正确的方法，这个问题肯定是能够克服的。

3.4 Mamdani 模糊推理方法

正如前面所指出的，模糊推理过程中，最为关键的步骤是建立关系生成规则与推理合成规则。有什么样的关系生成规则、推理合成规则，就有什么样的推理算法。1974年，E. H. Mamdani 提出了一种非常简单有效的模糊控制方法，并将它成功地用于锅炉和蒸汽机控制。其中的模糊推理算法称为 Mamdani 方法。

在基本 Mamdani 方法中，关系生成规则为

$$R(x,y)=\text{“}A=>B\text{”}(x,y)=A(x)\wedge B(y) \quad (3\text{-}4\text{-}1)$$

推理合成规则为 max-min 复合运算

$$B'(y)=(A'\circ R)(y)=\bigvee_{x\in X}[A'(x)\wedge R(x,y)] \quad (3\text{-}4\text{-}2)$$

将关系生成规则和推理合成规则合并在一起，即得

$$\begin{aligned}B'(y)&=\bigvee_{x\in X}[A'(x)\wedge A(x)\wedge B(y)]\\&=\{\bigvee_{x\in X}[A'(x)\wedge A(x)]\}\wedge B(y)=q\wedge B(y)\end{aligned} \quad (3\text{-}4\text{-}3)$$

其中

$$q=q(A,A')=\bigvee_{x\in X}[A'(x)\wedge A(x)] \quad (3\text{-}4\text{-}4)$$

是大前提中的 A 与小前提中的 A' 的相似度。它满足

①$0\leqslant q\leqslant 1$；

②A 为正则时，对于 $A'=A$ 有 $q=1$；

③$q(A',A)=q(A,A')$；

④$q(A',A)=0$ 当且仅当 $A\cap A'=\Phi$。

⑤当 $A\subset B\subset C$ 时有 $q(A,C)\leqslant q(A,B)\wedge q(B,C)$。

基本 Mamdani 方法可以表示成图 3-3。从图 3-3 中可以看出，Mamdani 方法中是用相似度来定义推理激发值的。当 $q_1\leqslant q_2$

时，$B'_1 \subset B'_2$。即 A 与 A' 相似度越大，模糊推理结是 B' 越大；反之，即 A 与 A' 相似度越小，模糊推理结果 B' 越小。特别有以下特殊情况

①当 $A' \cap A = \Phi$ 时，$q=0$，从而 $B'=\Phi$；

②当 A 为正值时，若 $A'=A$，则 $B'=B$。

可见，模糊推理的 Mamdani 方法是经典推理的推广。

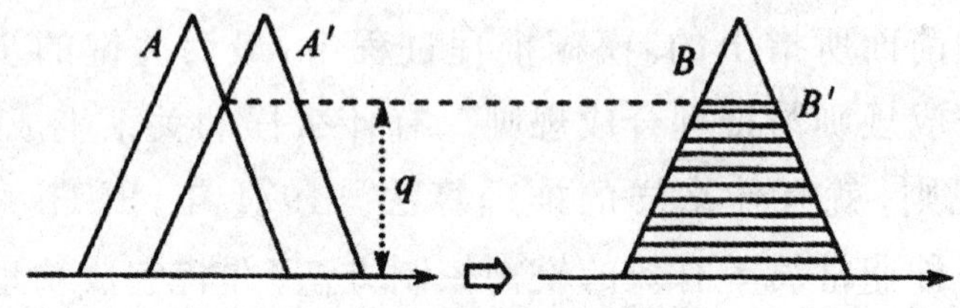

图 3-3　Mamdani 模糊推理

若小前提中的 $A'=x_0$，可以将 A' 视为特殊的模糊集合。

$$A'(x)=\begin{cases}1, x=x_0 \\ 0, x\neq x_0\end{cases} \tag{3-4-5}$$

于是

$$q=A(x_0), B'(y)=A(x_0)\wedge B(y) \tag{3-4-6}$$

下面进一步讨论多种规则的模糊推理的 Mamdani 方法。考虑一般模型：

由 $A_i => B_i$ 得到 $R_i(i\leqslant n)$，从而得到

$$R(x,y)=\bigvee_{i=1}^{n} R_i(x,y)=\bigvee_{i=1}^{n}[A_i(x)\wedge B_i(y)] \tag{3-4-7}$$

于是

$$\begin{aligned} B'(y) &= (A'\circ R)(y)=\bigvee_{x\in X}[A'(x)\wedge R(x,y)] \\ &= \bigvee_{i=1}^{n}\bigvee_{x\in X}[A'(x)\wedge A_i(x)B_i(y)] \\ &= \bigvee_{i=1}^{n}[q(A',A_i)\wedge B_i(y)] \end{aligned} \tag{3-4-8}$$

特别当 $A'=x_0$ 时有

$$B'(y)=\bigvee_{i=1}^{n}[A_i(x_0)\wedge B_i(y)] \tag{3-4-9}$$

多重规则的模糊推理是通过小前提中 A' 与每个规则的前件

计算与 A_i 的相似度，$q(A',A_i)(i\leqslant n)$，由相似度与大前提中的后件进行比较，并将这些比较的结果综合起来即得到模糊推理的结果，如图 3-4 所示。

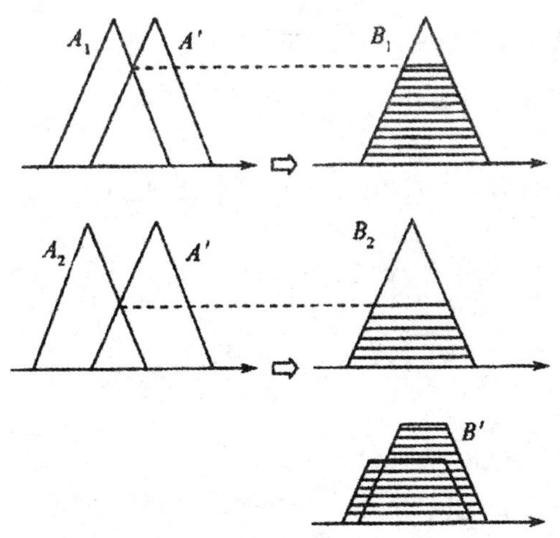

图 3-4 多重模糊推理的 Mamdani 方法

如果是多输入的多重模糊推理模型：

$$\frac{\begin{array}{l}A_{ij}(j\leqslant m)=>B_i(i\leqslant n)\\ A'(j\leqslant m)\end{array}}{B'}$$

其中，A_{ij} 及 A'_j 是 X_i 上的模糊集；B_i 和 B' 是 Y 上的模糊集。通过

$$\overline{A}_i(x_1,x_2,\cdots,x_m)=A'_1(x_1)\wedge A'_2(x_2)\wedge\cdots\wedge A'_m(x_m) \tag{3-4-10}$$

$$\overline{A}'(x_1,x_2,\cdots,x_m)=A'_1(x_1)\wedge A'_2(x_2)\wedge\cdots\wedge A'_m(x_m) \tag{3-4-11}$$

可以得到 $X=X_1\cdot X_2\cdot\cdots\cdot X_m$ 上的模糊集合，从而多输入的多重模糊推理可以归结为单输入的多重模糊推理。

$$\frac{\begin{array}{l}\overline{A}_i=>B_i(i\leqslant n)\\ \overline{A}'\end{array}}{B'}$$

利用单输入的多重模糊推理方法可以得到多输入的多重模糊推理的方法为式(3-4-12),如图 3-5 所示。

$$B'(y)=\bigvee_{i=1}^{n}[q(\overline{A}_i,\overline{A}')\wedge B_i(y)] \tag{3-4-12}$$

其中,$q(\overline{A}_i,\overline{A}')$是$\overline{A}_i$ 和$\overline{A}'$的相似度,即

$$\begin{aligned} q(\overline{A}_i,\overline{A}') &= \bigvee_{x\in X}[\overline{A}_i(x)\wedge\overline{A}'(x)] \\ &= \bigvee_{x\in X}\{[\bigwedge_{j=1}^{m}A_{ij}(x_j)]\wedge[\bigwedge_{j=1}^{m}A'_j(x_j)]\} \\ &= \bigvee_{x\in X}\{\bigwedge_{j=1}^{m}A_{ij}(x_j)\wedge A'_j(x_j)\} \\ &= \bigwedge_{j=1}^{m}\bigvee_{x_j\in X_j}[A_{ij}(x_j)\wedge A'_j(x_j)] \\ &= \bigwedge_{j=1}^{m}q(A_{ij},A'_j) \end{aligned} \tag{3-4-13}$$

特别地,当 $A'_j=x_j$ 时,有

$$q(\overline{A}_i,\overline{A}')=\bigwedge_{j=1}^{m}A_{ij}(x_j) \tag{3-4-14}$$

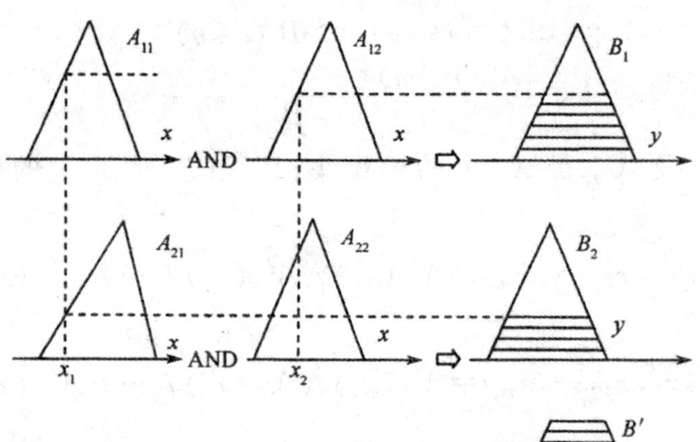

图 3-5　多输入的多重模糊推理的 Mamdani 方法

3.5 模糊逻辑

与经典集合论相对应的逻辑是二值逻辑，即所谓的数值逻辑。二值逻辑在描述客观事物的特性时只有两种情况，要么是真要么是假，二者必居其一。与模糊集合理论对应的逻辑是连续值逻辑，也就是所谓的模糊逻辑，它是二值逻辑的推广。

二值逻辑的取值只有两个，即0和1。而模糊逻辑则可以取[0,1]区间的任意数值。由模糊集合的概念可知，模糊概念是通过隶属度函数来描述的，实际上隶属度也是一种逻辑真值。经典集合论对应于二值逻辑，其运算规则称为布尔代数。模糊集合对应于模糊逻辑，而模糊逻辑的运算规则对应于模糊代数，即有如下运算性质。

设U是论域，A,B,C为U上的三个经典集合，则其并、交和补三种运算有如下性质：

①幂等率：$A\cup A=A, A\cap A=A$；

②交换率：$A\cup B=B\cup A, A\cap B=B\cap A$；

③结合率：$(A\cup B)\cup C=A\cup(B\cup C), (A\cap B)\cap C=A\cap(B\cap C)$；

④吸收率：$(A\cup B)\cup B=B, (A\cap B)\cap B=B$；

⑤分配率：$A\cap(B\cup C)=(A\cap B)\cup(A\cap C), A\cup(B\cap C)=(A\cup B)\cap(A\cup C)$；

⑥复原群：$(A')'=A$；

⑦两极群：$A\cup U=U, A\cap U=A, A\cup\varnothing=A, A\cap\varnothing=\varnothing$；

⑧De Morrgan 对偶率：$(A\cup B)'=A'\cap B', (A\cap B)'=A'\cup B'$；

⑨排中率(互补率)：$A\cup A'=U, A\cap A'=\varnothing$。

3.6 人工神经网络

所谓人工神经网络(Artificial Neural Network,ANN)是指由大量简单的处理单元组成的非线性自适应自组织系统,它是根据现代人类神经科学研究而建立的模仿人脑工作原理的信息处理系统。

常用的神经元非线性特性可描述如下。

阈值型,在这种模型中神经元没有内部状态而且函数 f 为一阶阶跃函数

$$h(x_i)=f(x_i)=U(x_i)=\begin{cases}1, x_i>0\\0, x_i\leqslant 0\end{cases} \tag{3-6-1}$$

分段线性型

$$f(x)=\begin{cases}1, x\geqslant x_0\\ax+b, x_1\leqslant x<x_0(a,b\text{ 为常数})\\0, x<x_1\end{cases} \tag{3-6-2}$$

Sigmoid 型

$$f(x)=\frac{1}{1+\exp(-x)} \tag{3-6-3}$$

人工神经网络最具有吸引力的特点是它的学习能力。1962年 Rosenblatt 给出了人工神经网络著名的学习定理,人工神经网络可以学会它能表达的任何东西,但是,人工神经网络的表达能力是有限的,这就大大限制了它的学习能力。

虽然神经网络的学习规则形式多样,但从本质出发,可归为如下两类:

(1)有指导学习

不仅需要学习用的输入示例(也称训练样本,通常为矢量),同时还要求与之对应的表示所需期望输出的目标矢量。进行学

习时首先计算一个输入矢量的网络输出,然后同相应的目标输出比较,比较结果的误差用来按规定的算法改变权值。如上述纠错规则以及随机学习规则就是典型的有指导学习。

(2)无指导学习

不要求有目标矢量,网络通过自身的经历学会某种功能。在学习时关键不在于网络实际输出怎样与外部的期望输出相一致,而在于调整权重以反映学习样本的分布,因此整个训练过程实质是抽取训练样本集的统计特性,如相关规则和竞争学习规则。

在人工神经网络中学习是修正权的一个算法以获得合适的映射函数或其他系统性能。

第 4 章 检测融合

在具体应用中，传感器往往应用在较为广阔的地理范围之上，综合多传感器的信息，将多传感器的信息在空间上进行融合，这样就提高了系统的可靠性及生存能力。分布式检测融合的作用是判断目标是否存在，它属于分布式融合的主要内容之一，并且是属于检测级融合的。在分布式检测融合中，各局部检测器的任务是向融合中心提供目标是否存在的局部信息，从各个局部检测器向融合中心提供的信息的层次出发，分布式检测融合可以在数据级、特征级和决策级进行。

4.1 假设检验

假设检验是融合检测技术的基础，假设检验主要包括假设检验问题描述和似然比判决准则。

4.1.1 假设检验问题描述

目标检测实际上是一种假设检验问题，例如，在雷达信号检测问题中，假设有“目标不存在”和“目标存在”两种假设，分别用 H_0 和 H_1 表示。对于二元假设检验问题，记

$$H_1: r(t)=n(t)+s(t)\ (\text{目标存在})$$

$$H_0: r(t)=n(t)(\text{目标不存在})$$

式中，$r(t)$为观测信号；$n(t)$为噪声；$s(t)$为待检测信号（如雷达的回波信号）。对于更一般的情形，在 M 个假设 $H_1, H_2, \cdots, H_M$ 中，判断哪一个为真，也就是 M 元假设检验问题，其中

$$
\begin{gathered}
H_1: r(t)=s_1(t)+n(t) \\
H_2: r(t)=s_2(t)+n(t) \\
\vdots \\
H_M: r(t)=s_M(t)+n(t)
\end{gathered}
$$

例如，M 元通信系统是一个典型的 M 元假设检验例子。

采用假设检验进行统计判决，主要包含如下 4 步。

①给出各种可能的假设。分析所有可能出现的结果，并分别给出一种假设。二元假设检验问题可以省略这一步骤。

②选择最佳判决准则。根据实际问题，选择合适的判决准则。

③获取所需的数据材料。统计判决所需要的数据资料包括观测到的喜欢数据、假设的先验概率以及在各种假设下接收样本的概率密度函数等。

④根据给定的最佳准则，利用接收样本进行统计判决。

对应于各种假设，假设观测样本 z 是按照某一概率规律产生的随机变量。统计假设检验的任务就是根据观测样本 x 的测量结果，来判决哪个假设为真。x 的取值范围构成观测空间。

在二元假设情况下，判决问题实质上是把观测空间分割成 R_0 和 R_1 两个区域，当 x 属于 R_0 时，判决 H_0 为真；当 x 属于 R_1 时，判决 H_1 为真。区域 R_0 和 R_1 称作判决区域。

用 D_i 表示随机事件“判决假设 H_i 为真”（公式），这样二元假设检验有 4 种可能的判决结果。

①实际是 H_0 为真，而判决为 H_0。（正确）

②实际是 H_0 为真，而判决为 H_1。（第一类错误，概率为 $p(D_1 \mid H_0)$）

③实际是 H_1 为真，而判决为 H_0。（第二类错误，概率为

$p(D_0|H_1)$)

④实际是 H_1 为真，而判决为 H_1。（正确）

在雷达信号检测问题中，第一类错误称为虚警，表示实际目标不存在而判为目标存在，$p_f=p(D_1|H_0)$ 称为虚警概率；第二类错误称为漏警，表示实际目标存在而判为目标不存在，$p_m=p(D_0|H_1)$ 称为漏警概率；实际目标存在而判为目标存在的概率称为检测概率或发现概率，记为 p_d。容易验证，$p_d=1-p_m$。

4.1.2 似然比判决准则

对于信号检测问题，需要确定合理的判决准则。以下是几种常用的判决准则，最终它们都归结为似然比检验。

1.极大后验概率准则

考虑二元检测问题：设观测样本为 x，后验概率 $p(H_1|x)$ 表示在得到样本 x 的条件下 H_1 为真的概率，$p(H_0|x)$ 表示在得到样本 x 的条件下 H_0 为真的概率。需在 H_0 与 H_1 两个假设中选择一个为真。合理的判决准则就是选择最大概率发生的假设，即假设

$$p(H_1|x)>p(H_0|x) \tag{4-1-1}$$

则判 H_1 为真；否则，判 H_0 为真。这个准则称为最大后验概率准则（MAP）。

式(4-1-1)转化为

$$\frac{p(H_1|x)}{p(H_0|x)}>1 \tag{4-1-2}$$

根据贝叶斯公式，用先验概率和条件概率来表示后验概率，即

$$p(H_1 \mid x)=\frac{f(x \mid H_i)p(H_i)}{\sum\limits_{i=0}^{1} f(x \mid H_i)p(H_i)} \quad i=0,1 \tag{4-1-3}$$

式中，$f(x|H_1)$ 及 $f(x|H_0)$ 是条件概率密度函数，又称似然函数；

$p(H_i)$表示假设 H_i 出现的概率。把式(4-1-3)代入式(4-1-2)中,可得

$$\frac{p(H_1|x)}{p(H_0|x)}=\frac{f(x|H_1)}{f(x|H_0)}\cdot\frac{p(H_1)}{p(H_0)}>1 \tag{4-1-4}$$

所以,MAP 可以改写为

$$l(x)=\frac{f(x|H_1)}{f(x|H_0)}>\frac{p(H_0)}{p(H_1)} \tag{4-1-5}$$

则判 H_1 为真;否则,判 H_0 为真。其中,$l(x)=\frac{f(x|H_1)}{f(x|H_0)}$称为似然比。

上述判决是通过将似然比 $l(x)$与门限$\frac{p(H_0)}{p(H_1)}=\frac{p(H_0)}{1-p(H_0)}$相比较来做出判决检验,从而称为似然比检验(LRT)。下面将会看到,根据其他几种准则进行判决检验,最后也都归结为似然比检验,只不过门限不同而已。

为了方便,MAP 还可以改写为对数似然比检验,如果

$$h(x)=\ln l(x)=\ln f(x|H_1)-\ln f(x|H_0)>\ln\frac{p(H_0)}{p(H_1)} \tag{4-1-6}$$

则判 H_1 为真;否则,判 H_0 为真。

例 4-1 考虑二元假设检验

H_1:$x=1+v$(目标存在)

H_0:$x=v$(目标不存在)

式中,v 为高斯噪声,均值为 0,方差为 1。

在这两种假设下,x 的概率密度为

$$f(x|H_0)=\frac{1}{\sqrt{2}\pi}\exp\left(-\frac{x^2}{2}\right)$$

$$f(x|H_1)=\frac{1}{\sqrt{2}\pi}\exp\left(-\frac{(x-1)^2}{2}\right)$$

似然比为

$$l(x)=\frac{f(x|H_1)}{f(x|H_0)}=\exp\left(x-\frac{1}{2}\right)$$

判决准则为:若

$$\exp(x-\frac{1}{2})>\frac{p(H_0)}{p(H_1)} \tag{4-1-7}$$

则判 H_1 为真;否则,判 H_0 为真。

对式(4-1-7)两边取对数,可得其对数似然比判决准则为:若

$$x>\frac{1}{2}+\ln\frac{p(H_0)}{p(H_1)} \tag{4-1-8}$$

则判 H_1 为真;否则,判 H_0 为真。

下面证明,最大后验概率准则使平均错误概率达到最小。

第一类错误概率与第二类错误概率分别表示为

$$p_{\mathrm{f}} = p(D_1 \mid H_0) = \int_{R_1} f(x \mid H_0)\mathrm{d}x \tag{4-1-9}$$

$$p_{\mathrm{m}} = p(D_0 \mid H_1) = \int_{R_0} f(x \mid H_1)\mathrm{d}x \tag{4-1-10}$$

并且

$$p(D_0 \mid H_0) = 1 - p(D_1 \mid H_0) = 1 - \int_{R_1} f(x \mid H_0)\mathrm{d}x \tag{4-1-11}$$

式中,R_0 和 R_1 为判决区域。因此,总的错误概率为

$$\begin{aligned} p_e &= p(D_0 \mid H_1) + p(D_1 \mid H_0) \\ &= p(H_1)p(D_0 \mid H_1) + p(H_0)p(D_1 \mid H_0) \\ &= p(H_1)\int_{R_0} f(x \mid H_1)\mathrm{d}x + p(H_0)\int_{R_1} f(x \mid H_0)\mathrm{d}x \\ &= p(H_1)\left[1 - \int_{R_1} f(x \mid H_1)\mathrm{d}x\right] + p(H_0)\int_{R_1} f(x \mid H_0)\mathrm{d}x \\ &= p(H_1) + \int_{R_1} [p(H_0)f(x \mid H_0) - p(H_1)f(x \mid H_1)]\mathrm{d}x \end{aligned} \tag{4-1-12}$$

要使 p_e 达到最小,要求 R_1 是满足如下关系的点的集合,即

$$p(H_0)f(x|H_0) - p(H_1)f(x|H_1) < 0 \tag{4-1-13}$$

从而可以得到如下准则：若

$$l(x)=\frac{f(x|H_1)}{f(x|H_0)}>\frac{p(H_0)}{p(H_1)}$$

则判 H_1 为真；否则，判 H_0 为真。因此，MAP 又称为最小错误概率准则。这恰好是最大后验概率准则。

2. 最小风险贝叶斯判决准则

在最大后验概率准则中，错误判决所付出的代价或风险没有被充分地认识，或简单地认为两类错误判断所付出的代价或风险是相同的。而在实际应用中两类错误判断所付出的代价或损失很少相同。例如，在雷达信号检测中，漏警的后果比虚警的后果更为严重。

为了反映不同的判决存在的差别，这里引入代价函数 G_{ij}，表示当假设 H_j 为真时，判决假设 H_i 成立所付出的代价 $(i=0,1;j=0,1)$。一般地，取

$$C_{10}>C_{00},\ C_{01}>C_{11} \tag{4-1-14}$$

即正确判决的代价小于错误判决的代价。

二元假设检验的平均风险或代价为

$$\begin{aligned}R &= \sum_{i,j}C_{ij}p(D_{i'},H_j) = \sum_{i,j}C_{ij}p(D_{i'},H_j)p(H_j)\\ &= [C_{00}p(D_0 \mid H_0)+C_{10}p(D_1 \mid H_0)]p(H_0)+\\ &\quad [C_{01}p(D_0 \mid H_1)+C_{11}p(D_1 \mid H_1)]p(H_1)\end{aligned}$$

$$p(D_0 \mid H_0) = 1-p(D_1 \mid H_0) = 1-\int_{R_1} f(x \mid H_0)\mathrm{d}x$$

$$p(D_0 \mid H_1) = 1-p(D_1 \mid H_1) = 1-\int_{R_1} f(x \mid H_1)\mathrm{d}x$$

所以

$$\begin{aligned}R = C_{00}p(H_0)+C_{01}p(H_1)+\int_{R_1}[&(C_{10}-C_{00})p(H_0)f(x \mid H_0)\\ &-(C_{01}-C_{11})p(H_1)f(x \mid H_1)]\mathrm{d}x\end{aligned}$$

要使 R 达到最小，要求 R_1 是满足如下关系的点的集合，即

$$(C_{10}-C_{00})p(H_0)f(x|H_0)-(C_{01}-C_{11})p(H_1)f(x|H_1)<0 \tag{4-1-15}$$

从而得到如下准则：若

$$l(x)=\frac{f(x|H_0)}{f(x|H_1)}>\frac{C_{10}-C_{00}}{C_{01}-C_{11}}\cdot\frac{p(H_0)}{p(H_1)} \tag{4-1-16}$$

则判 H_1 为真；否则，判 H_0 为真。

令门限 $\eta=[(C_{10}-C_{00})p(H_0)]/[(C_{01}-C_{11})p(H_1)]$，则最小风险贝叶斯判决准则归结为似然比检验。

若取 $C_{10}-C_{00}=C_{01}-C_{11}$ 则最小风险贝叶斯判决准则变成最大后验概率准则，即最大后验概率准则是最小风险贝叶斯判决准则的特例。

3.聂曼—皮尔逊（Neyman-Person）准则

通常情况下，不但先验概率无从得知，就连代价也很难指定。解决这个困难的简单做法是在给定虚警概率 p_f 的条件下，使检测概率 p_d 达到最大，这一思想是聂曼—皮尔逊（Neyman-Person）准则的基本内容①。

一般地，人们希望虚警概率 p_f 和漏警概率 p_m 都尽量小。但这几乎是不可能的，由于这两个要求是相互矛盾的，减少其中一个，另一个必定增加。因为

$$p(D_1 \mid H_0)=\int_{R_1} f(x \mid H_0)\mathrm{d}x \tag{4-1-17}$$

$$p(D_0 \mid H_1)=1-\int_{R_1} f(x \mid H_1)\mathrm{d}x \tag{4-1-18}$$

给定条件概率密度函数 $f(x|H_0)$、$f(x|H_1)$，要使虚警概率 $p(D_1|H_0)$ 变小，则判决域 R_1 应变小，从而漏警概率 $p(D_0|H_1)$变大；反之亦然。

---

① 潘泉，程咏梅，梁彦，等. 多源信息融合理论及应用[M]. 北京：清华大学出版社，2013.

聂曼—皮尔逊准则就是在 $p_f=p(D_1|H_0)=\alpha$（常数）的约束条件下，使 $p_m=p(D_0|H1_1)$ 达到最小，或 $p_d=p(D_1|H1_1)$ 达到最大。其中，α 称作检验的水平；p_d 的最大值称作检验的势。

根据拉格朗日(Lagrange)乘数法，定义目标函数

$$L=p(D_0|H_1)+\mu(p(D_1|H_0)-\alpha) \tag{4-1-19}$$

式中，μ 产为 Lagrange 乘子。将式(4-1-17)和式(4-1-18)代入式(4-1-19)得到

$$\begin{aligned}L &= \left[l-\int_{R_1} f(x \mid H_1)\mathrm{d}x\right]+\left[\int_{R_1} f(x \mid H_0)\mathrm{d}x-\alpha\right]\\ &= (1-\mu\alpha)+\int_{R_1}[\mu f(x \mid H_0)-f(x \mid H_1)]\mathrm{d}x\end{aligned} \tag{4-1-20}$$

为了使 L 达到最小，则要求使被积函数 $\mu f(x|H_0)-f(x|H_1)$ 小于 0 的点全部落入 R_1 中，且 R_1 中的点使被积函数 $\mu f(x|H_0)-f(x|H_1)$ 小于 0，因此，有

$$R_1=\{x|\mu f(x|H_0)-f(x|H_1)<0\}$$

从而可得到判决准则为：若

$$\frac{f(x|H_1)}{f(x|H_0)}>\mu \tag{4-1-21}$$

则判 H_1 为真；否则，判 H_0 为真。

式(4-1-21)左边为似然比函数，右边为判决阈值，形式与前两种判决准则相似。不同之处在于阈值是 Lagrange 乘子，需要根据约束条件求解，即

$$\int_{R_1} f(x \mid H_0)\mathrm{d}x=\alpha \tag{4-1-22}$$

其中

$$R_1=\left\{x|l(x)=\frac{f(x|H_1)}{f(x|H_0)}>\mu\right\} \tag{4-1-23}$$

由于 μ 的作用主要是影响积分域，因此，根据式(4-1-23)求 μ 的解析式比较困难，下面给出了一种简单实用的方法。

根据式(4-1-23)可知，μ 越大，R_1 越小，从而 α 也越小，即 α

是μ的单调减函数，给定一个μ值，可求出一个α值。在计算的值足够多的情况下，可构成一个二维表备查，给定一个α后，可通过查表得到相应的μ值，这种方法得到的是计算解，它的精度主要取决于二维表的制作精度。

例 4-2 例 4-1 中，取$p_f=0.1$，利用聂曼—皮尔逊准则进行假设检验。根据例 4-1 的推导，似然比为

$$l(x)=\exp\left(x-\frac{1}{2}\right)$$

此时，聂曼—皮尔逊判决准则为：若

$$x>\frac{1}{2}+\ln\mu \xlongequal{\text{def}} \gamma$$

则判H_1为真；否则，判H_0为真。利用$p_f=0.1$来计算，由

$$p_f=\int_{\gamma}^{+\infty}\frac{1}{\sqrt{2\pi}}\exp\left(-\frac{x^2}{2}\right)\mathrm{d}x=0.1$$

可得

$$\gamma=1.2816$$

从而有

$$\mu=\exp\left(\gamma-\frac{1}{2}\right)=2.185$$

进一步可得检测概率为

$$p_d=p(D_1\mid H_1)=\int_{\gamma}^{+\infty}\frac{1}{\sqrt{2\pi}}\exp\left(-\frac{(x-1)^2}{2}\right)\mathrm{d}x=0.3891$$

上述检测概率太低了，难以接受。如果增大p_f值，则可以减少门限γ，从而提高检测概率p_d。

至此，介绍了 3 种判决准则，它们都要求计算似然比，只是门限不同而已。检验的性能可以利用检测概率p_d随虚警概率p_f变化的曲线来分析，这条曲线称为接收机工作特性（receiver operating characteristic，ROC）。图 4-1 表示例 4-2 的 ROC 曲线。

对于聂曼—皮尔逊判决准则，由p_f和p_d的定义，可以证明在任意特定p_f值下 ROC 曲线的斜率代表似然比的l临界值。

事实上

$$\frac{\mathrm{d}p_{\mathrm{f}}}{\mathrm{d}\mu}=\frac{\mathrm{d}}{\mathrm{d}\mu}\int_{\mu}^{+\infty}f(l(x)\mid H_0)\mathrm{d}l$$
$$=-f(\mu\mid H_0)$$

此外

$$p_{\mathrm{d}}=\int_{\mu}^{+\infty}f(l(x)\mid H_1)\mathrm{d}l$$
$$=\int_{\mu}^{+\infty}l(x)f(l(x)\mid H_0)\mathrm{d}l$$

从而

$$\frac{\mathrm{d}p_{\mathrm{d}}}{\mathrm{d}\mu}=-\mu f(\mu\mid H_0)$$

因此

$$\frac{\mathrm{d}p_{\mathrm{d}}}{\mathrm{d}p_{\mathrm{f}}}=\mu$$

式中，μ 为 Lagrange 乘子，也是似然比的临界值。

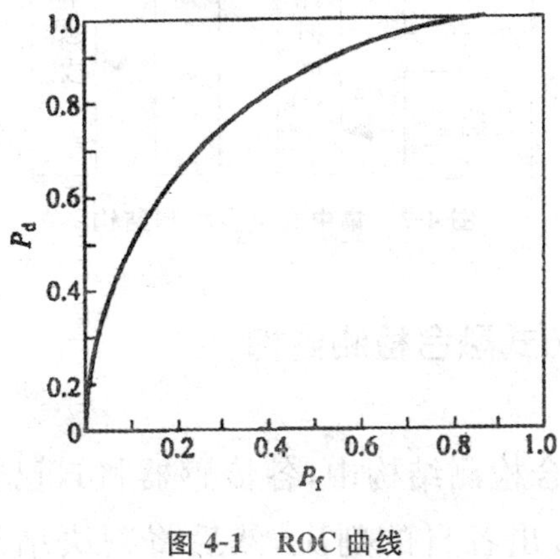

图 4-1　ROC 曲线

4.2　检测融合结构模型

融合检测是通过对多个传感器的信息进行融合处理，从而消除单个或单类传感器的不确定性，以提高检测的概率。多传感器融合检测系统的结构分为两类：一类是集中式融合检测结构；另一类是分布式融合检测结构。

4.2.1 集中式融合检测结构

在集中式融合检测结构中，每个传感器直接将观测数据传送到融合中心，融合中心按照一定的融合准则和算法进行假设检验，实现目标的融合检测，如图 4-2 所示。

这种结构的优点是信息的损失小，但对系统的通信要求较高，融合中心计算负担重，系统的生存能力较差。

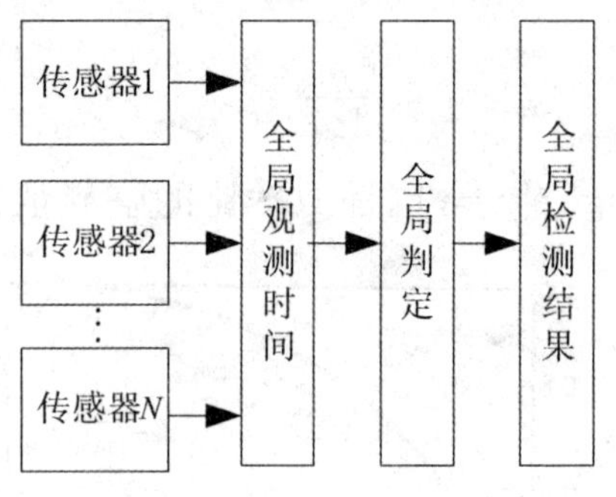

图 4-2 集中式融合检测结构

4.2.2 分布式融合检测结构

在分布式融合检测结构中，各传感器将自己接收到的观测数据先进行处理，做出各自的判决，然后将判决结果传送到融合中心，融合中心再根据这些判决结果进行假设检验，最后形成系统的判决，具体过程如图 4-3 所示。

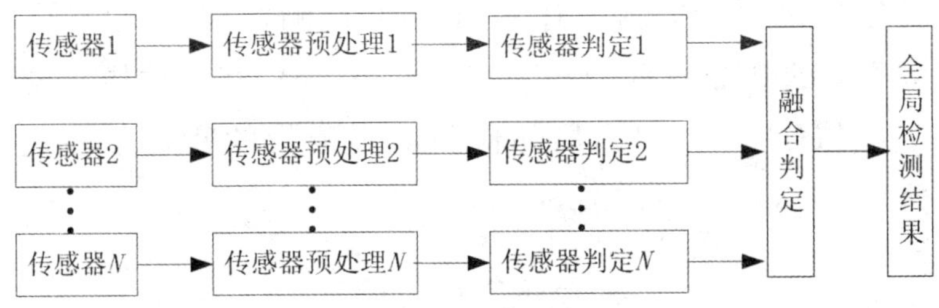

图 4-3　分布式融合检测结构

由于分布式融合检测系统的融合判定不需要大量的原始观测数据，因此其通信开销就不是很大，对网络传输的要求也较低，因此从整体上提高了系统的可行性。同时，融合中心处理时间缩短，响应速度可以提高。目前，分布式融合检测结构已成为传感器融合检测的主要结构。

分布式融合检测系统常用的拓扑结构有并行结构、串行结构、树状结构。后续各节分别讨论这 3 种分布式融合检测系统。

4.3　基于并行结构的分布式检测融合

4.3.1　并行分布式融合检测系统结构

并行分布式融合检测系统结构如图 4-4 所示。由图 4-4 可知，N 个局部传感器在接收到观测数据 $y_i(i=1,2,\cdots,N)$后，分别进行处理，做出局部检测结果 $u_i(i=1,2,\cdots,N)$，并将局部检测结果传送到融合中心，融合中心进行融合处理并得到全局检测结果 u_0。

为了便于研究并行分布式融合检测的问题，做出如下假设：

①表示“无目标”假设，H_1 表示“有目标”假设，其先验概率分别为 P_0 和 P_1。

②分布式融合检测中有 N 个局部检测器和一个融合中心。局部检测器的观测数据为 $y_i(i=1,2,\cdots,N)$，其条件概率密度函数为 $f(y_i|H_i)(j=0,1)$；局部检测器观测量的联合条件概率密度函数为 $f(y_1,y_2,\cdots,y_N|H_j)(j=0,1)$。

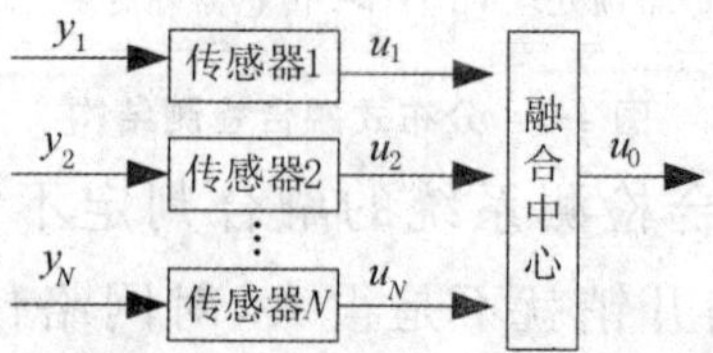

图 4-4 并行分布式融合检测系统结构

③各个局部检测器的判决结果为 $u_i(i=1,2,\cdots,N)$，构成判决向量 $u=(u_1,u_2,\cdots,u_N)^T$，融合中心的判决结果为 u_0；局部检测器和融合中心的判决均为硬判决，即当判决结果为无目标时，$u_i=0$；反之 $u_i=1(i=1,2,\cdots,N)$。

④各个局部检测器的虚警概率、漏警概率和检测概率分别为 p_{fi}、p_{mi} 和 $p_{di}(i=1,2,\cdots,N)$，融合系统的虚警概率、漏警概率和检测概率分别为 p_f、p_m 和 p_d。

4.3.2 并行分布式最优检测

并行分布式融合检测系统性能的优化，就是对融合规则和局部检测器的判决准则进行优化，使融合系统判决结果的贝叶斯风险达到最小。

并行分布式融合检测系统的贝叶斯风险为

$$R=\sum_{i=0}^{1}\sum_{i=0}^{1}C_{ij}p_jp(u_0=i\mid H_j) \tag{4-3-1}$$

式中，C_{ij} 表示当假设 H_j 为真时，融合判决假设 H_i 成立所付出的代价$(i,j=0,1)$。

由于

$$p(u_0=i|H_0)=(p_f)^i(1-p_f)^{1-i}$$

$$p(u_0=i|H_1)=(p_d)^i(1-p_d)^{1-i}$$

式(4-3-1)可表示为

$$R=C_f p_f - C_d p_d + C \tag{4-3-2}$$

其中

$$C_f=p_0(C_{10}-C_{00}),C_d=p_1(C_{01}-C_{11}),C=C_{01}P_1+C_{00}p_0$$

在实际应用中，通常假定错误判决付出的代价比正确判决付出的代价要大，即 $C_{10}>C_{00}$，$C_{01}>C_{11}$，从而有 $C_f>0$，$C_d>0$。

系统的虚警概率和检测概率可分别表示为

$$p_f=\sum_{u}p(u_0=1|\boldsymbol{u})p(\boldsymbol{u}|H_0) \tag{4-3-3}$$

$$p_d=\sum_{u}p(u_0=1|\boldsymbol{u})p(\boldsymbol{u}|H_1) \tag{4-3-4}$$

式中，$\sum_{u}$ 表示在判决向量 $\boldsymbol{u}$ 的所有可能取值上求和。将式(4-3-3)和式(4-3-4)代入式(4-3-2)可得

$$R=C+C_f\sum_{u}p(u_0=1|\boldsymbol{u})p(\boldsymbol{u}|H_0)-C_d\sum_{u}p(u_0=1|\boldsymbol{u})p(\boldsymbol{u}|H_1) \tag{4-3-5}$$

由式(4-3-5)可知，融合中心的判决准则和局部检测器的判决准则共同决定了融合系统的贝叶斯风险。由此可知，融合检测系统的优化与上述两类判决准则的联合优化有关。通过极小化 R 来获得判决准则，进而设计融合系统。这种优化问题可以采用“逐个优化”(person by person optimization，PBPO)方法来解决。首先，假设融合中心的判决准则已经确定，分别求出各个局部检测器的最优判决准则；其次，假设各个局部检测器的判决准则已经确定，求融合中心的最优融合规则。根据这种方法得到的系统最优判决准则是最优分布式检测的必要条件，但不是充分条件。

为了获得局部检测器 $k(k=1,2,\cdots,N)$的判决规则，可以通过极小化 R 获得。

在假定融合中心和 k 以外所有其他局部检测器都已设计好

并保持固定的前提下，对式(4-3-5)极小化，可得检测器 k 的判决规则为：若

$$f(y_k \mid H_1)\sum_{\tilde{u}_k} C_{\mathrm{d}} A(\tilde{\boldsymbol{u}}_k) p(\tilde{\boldsymbol{u}}_k \mid y_k, H_1) >$$

$$f(y_k \mid H_0)\sum_{\tilde{u}_k} C_{\mathrm{f}} A(\tilde{\boldsymbol{u}}_k) p(\tilde{\boldsymbol{u}}_k \mid y_k, H_0) \tag{4-3-6}$$

则判 H_1 为真；否则，判 H_0 为真。其中

$$\tilde{\boldsymbol{u}}_k = (u_1, u_2, \cdots, u_{k-1}, u_{k+1}, \cdots, u_N)^{\mathrm{T}}$$

$$A(\tilde{\boldsymbol{u}}_k) = p(u_0 = 1 \mid \tilde{\boldsymbol{u}}_k, \boldsymbol{u}_k = 1) - p(u_0 = 1 \mid \tilde{\boldsymbol{u}}_k, \boldsymbol{u}_k = 1)$$

为了获得融合中心的判决规则，假定所有的局部检测器已设计好并保持固定，条件分布 $p(\boldsymbol{u} \mid H_j)(j=0,1)$ 已知，则融合规则可表示为：若

$$\frac{p(\boldsymbol{u} \mid H_1)}{p(\boldsymbol{u} \mid H_0)} > \frac{C_{\mathrm{f}}}{C_{\mathrm{d}}} \tag{4-3-7}$$

则判 H_1 为真；否则，判 H_0 为真。

通过联合求解 N 个形如式(4-3-6)和 2^N 个形如式(4-3-7)的方程得到最优融合规则和最优局部判决准则。

为了简化计算，进一步假设各个传感器的观测相互独立，即

$$f(y_1, y_2, \cdots, y_N \mid H_j) = \prod_{i-1}^{N} f(y_i \mid H_j)(j = 0,1) \tag{4-3-8}$$

可得

$$p(\tilde{\boldsymbol{u}}k \mid y_k, H_1) = p(\tilde{\boldsymbol{u}}k \mid H_1) \tag{4-3-9}$$

因此，式(4-3-6)可表示为

$$\frac{f(y_k \mid H_1)}{f(y_k \mid H_0)} > \frac{\sum_{\tilde{\boldsymbol{u}}_k} C_{\mathrm{f}} A(\tilde{\boldsymbol{u}}_k) p(\tilde{\boldsymbol{u}}_k \mid y_k, H_0)}{\sum_{\tilde{\boldsymbol{u}}_k} C_{\mathrm{d}} A(\tilde{\boldsymbol{u}}_k) p(\tilde{\boldsymbol{u}}_k \mid y_k, H_1)} \tag{4-3-10}$$

式(4-3-10)可进一步简化为

$$\frac{f(y_k \mid H_1)}{f(y_k \mid H_0)} > \frac{\sum_{\tilde{u}_k} C_f A(\tilde{\boldsymbol{u}}_k) \prod_{i=1, i\neq k}^{N} p(u_i \mid H_0)}{\sum_{\tilde{u}_k} C_d A(\tilde{\boldsymbol{u}}_k) \prod_{i=1, i\neq k}^{N} p(u_i \mid H_1)} \quad (4\text{-}3\text{-}11)$$

式(4-3-11)的右边是常量,局部判决规则是阈值检验。这时求解的联合方程的数量没有变,但由于局部判决规则的简化使总体的计算难度降低了。

4.4 基于串行结构的分布式检测融合

4.4.1 串行分布式融合检测系统结构

串行分布式融合检测系统结构如图 4-5 所示。

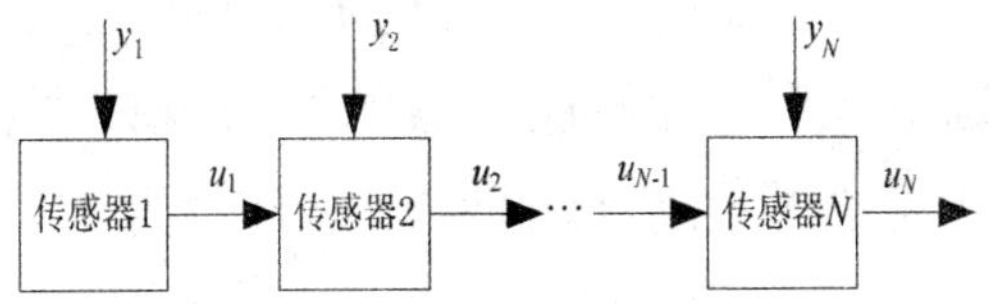

图 4-5 串行分布式融合检测系统结构

由图 4-5 可知,N 个局部传感器分别接收各自的观测数据 y_i $(i=1,2,\cdots,N)$后,首先,传感器 1 做出局部检测判决 u_1,将它传递给传感器 2;其次传感器 2 将自己的观测数据与 u_1 融合形成判决 u_2,并传送给下一个传感器,上述过程不断重复,第 i 个传感器的融合判决实际上是对自身观测 y_i 与 u_{i-1}的融合过程;最后,传感器 N 的判决 u_N 就是融合系统的最终判决。

与并行结构相比,在串行分布式融合检测系统中,不存在唯一的融合中心,融合过程由各个传感器共同完成,融合系统的最终判决由一指定的传感器完成。

为了研究串行分布式融合检测问题,这里做如下假设:

①H_0 表示“无目标”假设，H_1 表示“有目标”假设，其先验概率分别为 p_0 和 p_1。

②假设系统由 N 个检测器构成，各个检测器的观测量为 y_i $(y=1,2,\cdots,N)$，每个检测器利判决结果为 $u_i(i=1,2,\cdots,N)$，最终的融合判决由检测器 N 完成。

③各检测器的判决均为硬判决，即当判决结果为无目标时，“$u_i=0$”；反之，$u_i=1(i=1,2,\cdots,N)$。

④各个检测器的虚警概率、漏警概率和检测概率分别为 p_{fi}、p_{mi} 和 p_{di}，且 $p_{di}\geqslant p_{ti}(i=1,2,\cdots,N)$。

4.4.2 串行分布式最优检测

串行分布式融合检测系统性能的优化，就是对各个检测器的判决准则进行优化，使融合系统判决结果的贝叶斯风险达到最小。在各个传感器观测相关的条件下，最优检测器判决规则的形式较复杂，不能简化为似然比判决准则。这里主要研究各个检测器的观测相互独立条件下，各检测器的判决规则的优化问题。

串行分布式融合检测系统的贝叶斯风险为

$$R=\sum_{i=0}^{1}\sum_{i=0}^{1}C_{ij}p_j p(u_N=i\mid H_j) \tag{4-4-1}$$

式中，C_{ij} 表示当假设 H_j 为真时，最终判决假设 H_i 成立所付出的代价$(i=0,1)$。

由于

$$p(u_N=i|H_0)=(p_{fN})^i(1-p_{fN})^{1-i}$$
$$p(u_N=i|H_1)=(p_{dN})^i(1-p_{dN})^{1-i}$$

式(4-4-1)可表示为

$$R=C_f p_{fN}-C_d p_{dN}+C \tag{4-4-2}$$

其中

$$C_f=p_0(C_{10}-C_{00}),C_d=p_1(C_{01}-C_{11}),C=C_{01}p_1+C_{00}p_0$$

系统优化采用“逐个优化”(PBPO)方法，在推导某个检测器的判决规则时，都假定其他检测器的判决规则是固定的。

下面先考察第一个检测器的判决规则。

融合系统的检测概率可表示为

$$p_{dN}=p(u_N=1|H_1)=p(u_N=1|u_1=0,H_1)$$

$$p(u_1=0|H_1)+p(u_N=1|u_1=1,H_1)p(u_1=1|H_1)=$$

$$p(u_N=1|u_1=0,H_1)+[p(u_N=1|u_1=1,H_1)-p(u_N=1|u_1=0,H_1)]$$

$$p(u_1=1|H_1)$$

令 $A(u_N,u_k,H_j)=p(u_N=1|u_k=1,H_j)-p(u_N=1|u_k=0,H_j)$，其中 $k=1,2,\cdots,N-1$。可以证明，在各检测器观测独立且 $p_{di}\geqslant p_{fi}$ 条件下，$A(u_N,u_k,H_j)\geqslant 0$。

利用 $A(u_N,u_k,H_j)$ 表示 p_{dN}，可得

$$p_{dN}=p(u_N=1|u_1=0,H_1)+A(u_N,u_1,H_1)p(u_1=1|H_1) \tag{4-4-3}$$

同样可得

$$p_{fN}=p(u_N=1|u_1=0,H_0)+A(u_N,u_1,H_0)p(u_1=1|H_0) \tag{4-4-4}$$

将式(4-4-3)和式(4-4-4)代入式(4-4-2)，可得

$$\begin{aligned}R=C+C_f p(u_N=1|u_1=0,H_0)-C_{dp}(uN=1,u_1=0,H_1)+\\ C_f A(u_N,u_1,H_0)p(u_1=1|H_0)-\\ C_d A(u_N,u_1,H_1)p(u_1=1|H_1)\end{aligned} \tag{4-4-5}$$

又因为

$$p(u_1=1|H_j)=\int p(u_1=1|y_1)f(y_1|H_j)\mathrm{d}y_1(j=0,1)$$

所以

$$\begin{aligned}R=C_1+\int p(u_1=1|y_1)[C_f A(u_N,u_1,H_0)f(y_1|H_0)-\\ C_d A(u_N,u_1,H_1)f(y_1|H_1)]\mathrm{d}y_1\end{aligned} \tag{4-4-6}$$

其中

$$C_l=C+C_f p(u_N=1|u_1=0,H_0)-C_d p(u_N=1|u_1=0,H_1)$$

由于假设各个检测器观测量相互独立，可以证明，C_1 的取值与第一个检测器的判决规则无关。因此，为了使 R 达到最小，第一个检测器的判决规则必须满足：若

$$\frac{f(y_1|H_1)}{f(y_1|H_0)}>\frac{C_f A(u_N,u_1,H_0)}{C_d A(u_N,u_1,H_1)} \tag{4-4-7}$$

则取 $p(u_1=1|y_1)=1$，即判 $u_1=1$，H_1 成立；否则，取 $p(u_l=1|y_1)=0$，判 $u_1=0$，H_0 成立。

上述判决规则是似然比判决规则，其门限值是一个固定门限。

下面再考察第 $k(k=2,3,\cdots,N)$ 个检测器的判决规则。类似地，融合系统的检测概率和虚警概率分别可以表示为

$$p_{dN}=p(u_N=1|u_k=0,H_1)+A(u_N,u_k,H_1)p(u_k=1|H_1) \tag{4-4-8}$$

$$p_{fN}=p(u_N=1|u_k=0,H_0)+A(u_N,u_k,H_0)p(u_k=1|H_0) \tag{4-4-9}$$

容易验证

$$p(u_k=1|H_i)=\sum_{u_{k-1}}\int p(u_k=1|y_k,u_{k-1})\ p(u_{k-1}|H_j)f(y_k|H_j)\mathrm{d}y_k$$

所以

$$R=C_k+\sum_{u_{k-1}}\int p(u_k=1|y_k,u_{k-1})[C_f A(u_N,u_k,H_0)p(u_{k-1}|H_0)f(y_k|H_0)-C_d A(u_N,u_k,H_1)p(u_{k-1}|H_1)f(y_k|H_1)]\mathrm{d}y_k \tag{4-4-10}$$

其中

$$C_k=C+C_f p(u_N=1|u_k=0,H_0)-C_d p(u_N=1|u_k=0,H_1)$$

由于假设各个检测器观测量相互独立，可以证明，C_k 与第 k 个检测器的判决规则无关。因此为了使 R 达到最小，第 k 个检测器的判决规则必须满足：若

$$\frac{f(y_k|H_1)}{f(y_k|H_1)}>\frac{C_f A(u_N,u_k,H_0)p(u_{k-1}|H_0)}{C_d A(u_N,u_k,H_1)p(u_{k-1}|H_1)} \tag{4-4-11}$$

则取 $p(u_k=1|y_k,u_{k-1})=1$，即判 $u_k=1$，H_1 成立；否则，取 $p(u_k=1|y_k,u_{k-1})=0$，判 $u_k=0$，H_0 成立。

4.5　树状分布式检测融合

4.5.1　树状分布式融合检测系统结构

树状融合检测系统实际上是串行与并行网络的一种混合式结构，在特定条件下，可以简化为并行或串行结构，各个传感器可以具有不同的处理结构。

在图 4-6 所示的 5 个传感器构成的树状分布融合检测系统中，传感器 1、2、3 处理的只有直接观察数据 $y_k(k=1,2,3)$；传感器 4 处理的数据不仅有直接观测数据 y_4，而且还有传感器 1 和传感器 2 的检测结果，融合这些信息得到其检测结果；传感器 5 融合处理传感器 4 和传感器 3 的检测结果，得到最终的检测结果。

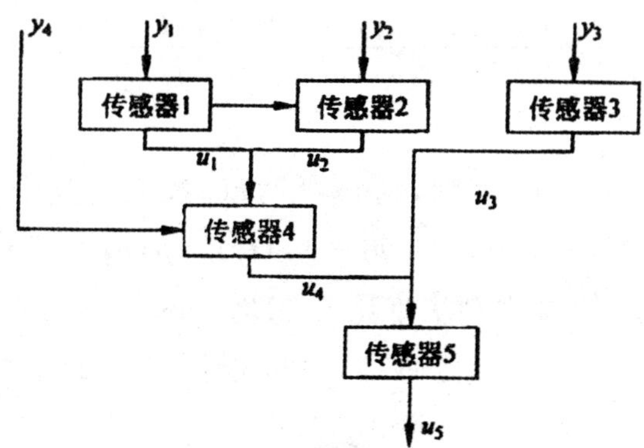

图 4-6　树状分布式融合检测系统结构

4.5.2 树状分布式最优检测

为了便于对不同机构的融合系统进行统一分析，将各传感器的处理数据分成两类，分别记为直接观测数据 y_k 和虚拟观测数据 $I_k(k=1,2,\cdots,N)$，且 I_k 与 y_k 相互独立，其中，I_k 为与传感器直接相连的前级节点检测结果的集合。对于输入数据只有直接观测的传感器 k，可以提供一个虚拟观测 I_k，满足 $p(I_k|H_0)=p(I_k|H_1)$。对于不存在直接观测数据的传感器 k，可以提供一个直接观测 y_k，其条件概率密度函数满足 $f(y_k|H_0)=f(y_k|H_1)$。

假设各个传感器的虚警概率和检测概率分别为 p_{fi} 和 p_{di} $(i=1,2,\cdots,N)$，系统的融合结果由传感器 N 给出。

与式(4-3-2)相似，融合系统的贝叶斯风险为

$$R=C_{\mathrm{f}}p_{\mathrm{f}N}-C_{\mathrm{d}}P_{\mathrm{d}N}+C \tag{4-5-1}$$

式中，常数 C、C_{f} 和 C_{d} 的定义与式(4-4-2)一致。

可以证明，如果各个传感器的直接观测量是相互独立的，那么，使树状融合系统的贝叶斯风险最小的各个传感器的判决准则为：若

$$\frac{f(y_k|H_1)}{f(y_k|H_0)}>\frac{C_{\mathrm{f}}A(u_N,u_k,H_0)p(I_k|H_0)}{C_{\mathrm{d}}A(u_N,u_k,H_1)p(I_k|H_1)}k=1,2,\cdots,N \tag{4-5-2}$$

则判 $u_k=1$，H_1 成立；否则，判 $u_k=0$，H_0 成立。其中

$$A(u_N,u_k,H_j)=p(u_N=1|u_k=1,H_j)-p(u_N=1|u_k=0,H_j)$$

式(4-5-2)的最优判决准则是在统一的传感器观测结构下推导出来的。对于具体的传感器，可以根据其观测结构，对其进行简化。

对于只有直接观测量的传感器 k，式(4-5-2)可简化为

$$\frac{f(y_k|H_1)}{f(y_k|H_0)}>\frac{C_{\mathrm{f}}A(u_N,u_k,H_0)}{C_{\mathrm{d}}A(u_N,u_k,H_1)} \tag{4-5-3}$$

对于不存在直接观测量的传感器 k，式(4-5-2)可简化为

$$\frac{p(I_k \mid H_1)}{p(I_k \mid H_0)} > \frac{C_f A(u_N, u_k, H_0)}{C_d A(u_N, u_k, H_1)} \tag{4-5-4}$$

4.6　反馈网络中的分布式检测融合

4.6.1　反馈并联网络的融合与局部判决规则

网络结构表示如图 4-7 所示。系统由 N 个局部检测器组成，各自收到观测之后，把判决送到融合中心。在组合各局部判决之后，融合中心把全局判决回送到各局部检测器。系统的运行描述如下：在时刻 t，第 $k(k=1,2,\cdots,N)$ 个检测器基于上一时刻的全局判决 u_0^{t-1}、当前时刻的观测 $y_k^{t-1}, y_k^{t-2}, \cdots, y_k^1$（用 $Y_{t-1,k}$ 表示）做出当前时刻的局部判决 $u'_k k(k=1,2,\cdots N)$。然后把局部判决 u'_k 送到融合中心，在那里把 u'_k 与其他局部判决组合在一起产生全局判决 u'_0。然后，融合中心把全局判决 u'_0 反馈到各局部检测器供 $t+1$ 时刻使用。

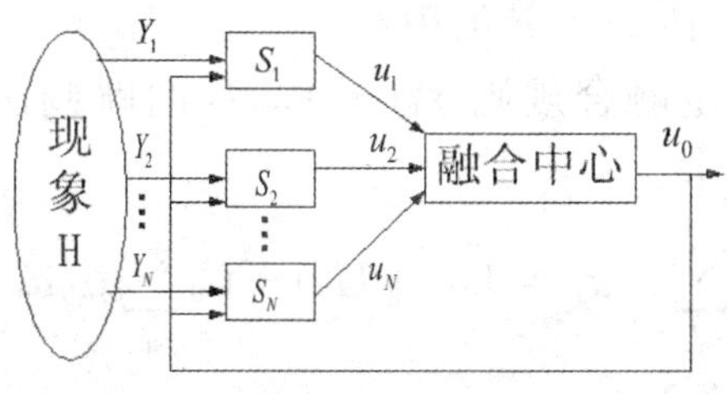

图 4-7　具有反馈信息的并联网络

我们假定联合条件概率密度函数 $f(\boldsymbol{Y}^t, \boldsymbol{Y}^{t-1}, \cdots, \boldsymbol{Y}^1 \mid H_j)$ $(j=0,1)$ 是已知的先验信息，又设 $\boldsymbol{Y}^t$ 是 t 时刻所有局部节点观测的集合，即 $\boldsymbol{Y}^t = \{y_1^t, y_2^t, \cdots, y_N^t\}$。利用判决规则 $\gamma_k^t(\cdot)$ 获得局部判决 u_k^t，即

$$u_k^t = \gamma_k^t(\boldsymbol{Y}_{t,k}, u_0^{t-1}) \tag{4-6-1}$$

式中，$\boldsymbol{Y}_{t,k}=\{y_k^t,y_k^{t-1},\cdots,y_k^1\}$。利用全局判决规则 $\gamma_k^t(\cdot)$获得全局判决 u_0^t

$$u_0^t=\gamma_k^t(Y_{t,k},u_0^{t-1}) \tag{4-6-2}$$

这里，$\boldsymbol{u}^t=\{u_1^t,u_1^t,\cdots,u_N^t\}$。

现在的问题是为每个检测器 $k(k=1,2,\cdots,N)$寻找 PBPO 判决规则 $\gamma_k^t(\cdot)$，以便极小化给定的代价函数 $R(\Gamma^t)$，其中 $k=0$ 代表融合中心，$\Gamma=\{\Gamma^t:t=1,2,\cdots\}$且 $\Gamma^t=\{\gamma_k^t(\cdot):k=0,1,\cdots,N\}$。每个检测器 k 的 PBPO 判决规则 $\gamma_k^t(\cdot)$是通过极小化代价函数 $R(\Gamma^t)$获得，$R(\Gamma^t)$由下式给出

$$\begin{aligned}R(\Gamma^t)&=C_{00}p(u_0^t=0,H_0)+C_{0l}p(u_0^t=0,H_1)+\\&\quad C_{10}p(u_0^t=1,H_0)+C_{11}p(u_0^t=1,H_1)\\&=C_{00}p(u_0^t=0,H_0)p_0+C_{01}p(u_0^t=0,H_1)p_1+\\&\quad C_{10}p(u_0^t=1,H_0)p_0+C_{11}p(u_0^t=1,H_1)p_1\end{aligned} \tag{4-6-3}$$

这里，$C_{ij}(i,j=0,1)$表示当在假设 H_j 为真时决策为 $u_0^t=i$ 的代价，$C_{ij}(i,j=0,1)$和 p_0、p_1 假定是已知的，根据时刻 t 的虚警概率 p_f^t 和检测概率 p_d^t，式(4-6-3)可重新表示为

$$R(\Gamma^t)=C_t p_f^t-C_d p_d^t+C \tag{4-6-4}$$

式中，C_f、C_d、C 已在 4.4 节给出。

下面首先确定融合规则 $\gamma_0^t(\cdot)$。我们就判决向量 u^t 展开虚警和检测概率如下：

$$\begin{aligned}R(\Gamma^t)&=C_f\sum_{u^t}\mathrm{p}(u_0^t=1,\boldsymbol{u}^t\mid H_0)-C_d\sum_{\boldsymbol{u}^t}p(u_0^t=1,\boldsymbol{u}^t\mid H_1)+C\\&=C_f\sum_{u^t}p(u_0^t=1\mid\boldsymbol{u}^t,H_0)p(\boldsymbol{u}^t\mid H_0)\\&\quad-C_d\sum_{u^t}p(u_0^t=1\mid u^t,H_1)p(\boldsymbol{u}^t\mid H_1)+C\end{aligned} \tag{4-6-5}$$

因为在给定 $\boldsymbol{u}^t$ 的条件下 u_0^t 不依赖于假设 H_0 或 H_1，于是式(4-6-5)可进一步表示为

$$R(\Gamma^t)=\sum_{u^t}p(u_0^t=1\mid\boldsymbol{u}^t)[C_f p(\boldsymbol{u}^t\mid H_0)-C_d p(\boldsymbol{u}^t\mid H_1)]+C \tag{4-6-6}$$

由于采用 PBPO 方法，我们假设局部检测器是固定的，并在融合中心通过选择判决规则使代价函数 $R(\Gamma^t)$ 极小化可得

$$p(u_0^t=1|\boldsymbol{u}^t)=\begin{cases}1 & C_f p(\boldsymbol{u}^t|H_0)-C_d p(\boldsymbol{u}^t|H_1)<0\\ 0 & 其他\end{cases} \tag{4-6-7}$$

这也就是说，$p(u_0^t=1|\boldsymbol{u}^t)$ 只有 0，1 两种取值，要想使 $R(\Gamma^t)$ 达到极小，只有使式(4-6-7)成立。于是，判决规则 $\gamma_0^t(u_0^t)$ 可以写为

$$\gamma_0^t(\boldsymbol{u}^t)=u_0^t=\begin{cases}1 & \Lambda(\boldsymbol{u}^t)>\dfrac{C_f}{C_d}\\ 0 & 其他\end{cases} \tag{4-6-8}$$

式中，$\Lambda(\boldsymbol{u}^t)=\dfrac{p_r(\boldsymbol{u}^t|H_1)}{p_r(\boldsymbol{u}^t|H_0)}$。

这样就通过使式(4-6-6)极小化获得了式(4-6-8)具有似然比形式的融合规则。下一步，推导局部判决规则。考虑第 k 个局部判决，把式(4-6-7)写成显式表达式，即

$$\begin{aligned}R(\Gamma^t)=&\sum_{u^t}\{p(\boldsymbol{u}_0^t=1\mid\boldsymbol{u}_{k1}^t)[C_f p(\boldsymbol{u}_{k1}^t\mid H_0)-C_d p(\boldsymbol{u}_{k1}^t\mid H_1)]\\&+p(u_0^t=1\mid\boldsymbol{u}_{k0}^t)[C_f p(\boldsymbol{u}_{k0}^t\mid H_0)-C_d p(\boldsymbol{u}_{k0}^t\mid H_1)]\}+C\end{aligned} \tag{4-6-9}$$

式中

$$\boldsymbol{u}_{k1}^t=\{u_1^t,u_2^t,\cdots,u_{k-1}^t,u_{k+1}^t,\cdots,u_N^t\}$$

$$\boldsymbol{u}_{ki}^t=\{u_1^t,u_2^t,\cdots,u_{k-1}^t,u_k^t=i,u_{k+1}^t,\cdots,u_N^t\}(i=0,1)$$

因为 $p(\boldsymbol{u}_{k0}^t|H_j)=p(\boldsymbol{u}_k^t|H_j)-p(\boldsymbol{u}_{k1}^t|H_j)(j=0,1)$，所以式(4-6-9)化简为

$$R(\Gamma^t)=\sum_{u^t}\{[p(u_0^t=1\mid\boldsymbol{u}_{k1}^t)-p(u_0^t=1\mid\boldsymbol{u}_{k0}^t)][C_f p(\boldsymbol{u}_{k1}^t\mid H_0)$$

$$-C_{\mathrm{d}}p(\boldsymbol{u}_{k1}^{t}\mid H_{1})+p(u_{0}^{t}=1\mid \boldsymbol{u}_{k0}^{t})[C_{\mathrm{f}}p(\boldsymbol{u}_{k}^{t}\mid H_{0})-C_{\mathrm{d}}p(\boldsymbol{u}_{k}^{t}\mid H_{1})]\}+C \tag{4-6-10}$$

就第 k 个检测器的优化而论，我们注意到式(4-6-10)中的最后两项值是固定的。

因而在推导 k 个检测器的优化准则时我们可忽略这些项。于是，经过推导，可获得第 k 个检侧器的判决规则为

$$\gamma_{k}^{t}(\boldsymbol{Y}_{t,k,u_{0}^{t-1}})=u_{k}^{t}=\begin{cases}1 & \dfrac{f(\boldsymbol{Y}_{t,k}\mid H_{1})}{f(\boldsymbol{Y}_{t,k}\mid H_{0})}>\eta_{k}^{t}(u_{0}^{t-1})\\ 0 & 其他\end{cases} \tag{4-6-11}$$

式中，$\eta_{k}^{t}(u_{0}^{t-1})$是 t 时刻第 k 检测器的阈值，表示为

$$\eta_{k}^{t}(u_{0}^{t-1})=\frac{C_{\mathrm{f}}\sum\limits_{u_{k}^{t}}g(\boldsymbol{u}_{k}^{t})p_{r}(\boldsymbol{u}_{k}^{t},u_{0}^{t-1}\mid H_{0})}{C_{\mathrm{d}}\sum\limits_{u_{k}^{t}}g(\boldsymbol{u}_{k}^{t})p_{r}(\boldsymbol{u}_{k}^{t},u_{0}^{t-1}\mid H_{1})} \tag{4-6-12}$$

这里 $g(\boldsymbol{u}_{k}^{t})\overset{\text{def}}{=\!=}p_{r}(u_{0}^{t}=1|\boldsymbol{u}_{k1}^{t})-p_{r}(u_{0}^{t}=1|\boldsymbol{u}_{k0}^{t})$。

重要的局部判决规则是似然比检验。在时间步 $t=1$ 处，没有反馈。在这一步，融合规则具有与式(4-6-8)相同的形式。但局部判决规则是单阈值似然比检验，由下式给出

$$\gamma_{k}^{1}(u^{1})=u_{k}^{1}=\begin{cases}1 & \dfrac{f(y_{k}^{1}\mid H_{1})}{f(y_{k}^{1}\mid H_{0})}>\eta_{k}^{1}\\ 0 & 其他\end{cases} \tag{4-6-13}$$

η_{k}^{1} 是时间步 $t=1$ 处第 k 个检测器阈值，定义为

$$\eta_{k}^{t}=\frac{C_{\mathrm{f}}\sum\limits_{u_{k}^{t}}g(\boldsymbol{u}_{k}^{t})p_{r}(\boldsymbol{u}_{k}^{t}\mid H_{0})}{C_{\mathrm{d}}\sum\limits_{u_{k}^{t}}g(\boldsymbol{u}_{k}^{t})p_{r}(\boldsymbol{u}_{k}^{t}\mid H_{1})} \tag{4-6-14}$$

且 $g(\boldsymbol{u}_{k}^{1})\overset{\text{def}}{=\!=}p_{r}(u_{0}^{1}=1|\boldsymbol{u}_{k1}^{1})-p_{r}(u_{0}^{1}=1|\boldsymbol{u}_{k0}^{1})$。

当时间步 $t>l$ 时，像在方程式(4-6-11)中表示的那样，第 k 个检测器的阈值 $\eta_k^t(u_0^{t-1})$ 是前一时刻全局判决 u_0^{t-1} 的函数。因为前一时刻全局判决 u_0^{t-1} 在二元假设检验情况下可取两种值。因而对局部检测器的似然函数比也存在两种阈值。

4.6.2 系统的性能描述

下面根据 p_f^t 和 p_m^t 评价系统性能，并获得关于它们的循环关系。依据 u_0^{t-1} 把 $p_f^t=\Pr(u_0^t=1|H_0)$ 展开为

$$p(u_0^t=1|H_0)=p_f^t=p(u_0^t=1|u_0^{t-1}=1,H_0)p(u_0^{t-1}=1,H_0)$$
$$+p(u_0^t=1|u_0^{t-1}=0,H_0)p(u_0^{t-1}=0,H_0) \quad (4\text{-}6\text{-}15)$$

用 $1-p(u_0^{t-1}=1|H_0)$ 代替 $p(u_0^{t-1}=0|H_0)$，并重新安排式(4-6-15)各项有

$$p_f^t=p(u_0^{t-1}=1,H_0)[p(u_0^t=1|u_0^{t-1}=1,H_0)$$
$$-p(u_0^t=1|u_0^{t-1}=0,H_0)]+p(u_0^t=1|u_0^{t-1}=0,H_0) \quad (4\text{-}6\text{-}16)$$

定义：$p_f^t(u_0^{t-1}=i)=\Pr(u_0^t=1|u_0^{t-1}=i,H_0)$，$i=0,1$，则上式可以表示为

$$p_f^t=p_f^{t-1}[p_f^t(u_0^{t-1}=1)-p_f^t(u_0^{t-1}=1)]+p_f^t(u_0^{t-1}=0) \quad (4\text{-}6\text{-}17)$$

引入局部判决向量 $\boldsymbol{u}^t$，则有

$$p_f^t(u_0^{t-1}=i)=p(u_0^t=1|u_0^{t-1}=i,H_0)$$
$$=\sum_{\boldsymbol{u}^t}p(u_0^t=1|\boldsymbol{u}^t,u_0^{t-1}=i,H_0)p(\boldsymbol{u}^t|\boldsymbol{u}_0^{t-1}=i,H_0),i=0,1 \quad (4\text{-}6\text{-}18)$$

注意到基于 $\boldsymbol{u}^t$ 的全局判决 u_0^t 不依赖于 u_0^{t-1} 和 H_0，因此，方程式(4-6-18)可表示为

$$p_f^t(u_0^{t-1}=i)=\sum_{\boldsymbol{u}^t}p(u_0^t=1|\boldsymbol{u}^t)p(\boldsymbol{u}^t|u_0^{t-1}=i,H_0),i=0,1 \quad (4\text{-}6\text{-}19)$$

用类似的方法，可以推导出系统的漏警概率 p_m^t 为

$$p_{\mathrm{m}}^{t}=p_{\mathrm{m}}^{t-1}[p_{\mathrm{m}}^{t}(u_0^{t-1}=0)-p_{\mathrm{m}}^{t}(u_0^{t-1}=1)]+p_{\mathrm{m}}^{t}(u_0^{t-1}=1) \tag{4-6-20}$$

这里 $p_{\mathrm{m}}^{t}(u_0^{t-1}=i)$表示为

$$\begin{aligned} p_{\mathrm{m}}^{t}(u_0^{t-1}=i) &= p(u_0^t=1 \mid u_0^{t-1}=i,H_1) \\ &= \sum_{u^t} p(u_0^t=0 \mid \boldsymbol{u}^t)p(u^t \mid u_0^{t-1}=i,H_1),i=0,1 \end{aligned} \tag{4-6-21}$$

基于虚警和漏警概率,我们可以写出系统的错误概率为

$$p_e^t=p_{\mathrm{f}}^t p_0+p_{\mathrm{m}}^t p_1 l \tag{4-6-22}$$

这个公式便表示了全系统的性能。

4.7 分布式恒虚警概率检测

4.7.1 CFAR 检测

目标观测中,同一传感器的检测环境会随时间、空间、频率等的不同发生较大的差异,这就导致接收信号的概率分布发生变化。若要保持恒定的虚警概率,必须根据接收信号的概率分布变化来相应地调整判决门限。

一般来说,检测主要针对的是某一特定的检测单元。由于接收目标信号的相关性,由该检测单元接收的信号概率分布可以从其周围接收单元进行估计,因此来说周围接收单元相当于一个参考窗,被检单元可视为参考窗的中心。普遍认为,参考窗单元所含杂波的统计特性与检测单元分布一致,参考单元中不包含任何目标,其仅仅存在干扰噪声。在上述条件下,检测单元的干扰杂波统计特性就可以从参考单元的数值中估计出来,进而根据该分布自适应调整判决门限,此方法称为 CFAR 检测。

CFAR 检测器处理的流程如图 4-8 所示。首先假定目标是慢起伏的 swerling Ⅰ,背景为高斯噪声,接收机采用平方律检波器,输入信号经过平方检波后以串行方式进入一个长度为 $N+1$ 的移位寄存器,寄存器的中间位置为被检测单元,前后各 $N/2$ 个单元组成参考窗,CFAR 处理器根据 N 个参考单元的信号估计背景强度,得到噪声功率估计 Z,估计算法与采用的 CFAR 检测方式有关。判决门限由估计值乘上加权系数 T 得到,即乘法器的输出 TZ。比较器将被检测单元信号与门限值进行比较得到输出结果。

图 4-8 所示的 *CFAR* 检测器的虚警概率和检测概率分别为

$$p_{\mathrm{f}} = \int_0^{\infty} p((X > TZ \mid Z, H_0) f(Z) \mathrm{d}Z) \tag{4-7-1}$$

$$p_{\mathrm{d}} = \int_0^{\infty} p((X > TZ \mid Z, H_1) f(Z) \mathrm{d}Z) \tag{4-7-2}$$

式中,Z 为 CFAR 检测器的噪声功率估计;$f(Z)$为 Z 的概率密度函数。

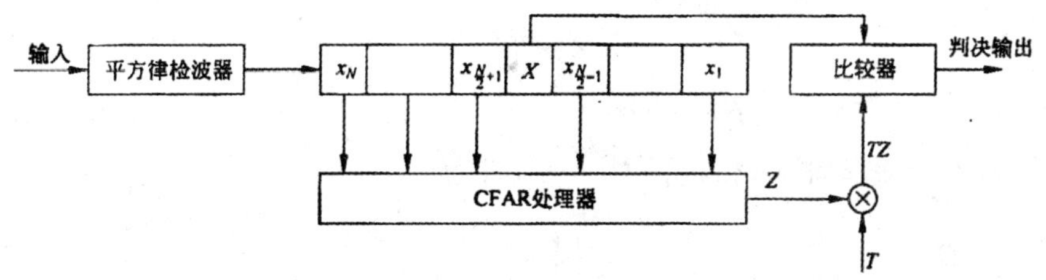

图 4-8　CFAR 检测器处理框图

由式(4-7-1)和式(4-7-2)可知,p_{f}和 p_{d} 都与 Z 的分布有关,而 Z 的分布又与 CFAR 处理器的处理算法有关。在 CFAR 检测器中,估计 Z 值的两种基本算法是单元平均法(cell average)和有序统计量法(order statistic),相应地,有单元平均 CFAR 检测和有序统计量 CFAR 检测。

在单元平均 CFAR 检测(CA-CFAR)中,Z 值是各个参考单元信号之和,即

$$Z = \sum_{i=1}^{N} x_i \tag{4-7-3}$$

根据式(4-7-1)和式(4-7-2)得到 CA-CFAR 检测的虚警概率和检测概率为

$$p_{\mathrm{f}}=(1+T)^{-N} \tag{4-7-4}$$

$$p_{\mathrm{d}}=\left(1+\frac{T}{1+S}\right)^{-N} \tag{4-7-5}$$

式中,S 是目标信号与噪声功率比。

CA-CFAR 方法在均匀环境下具有良好的检测性能,但实际的信号环境往往存在瞬态脉冲干扰、随机杂波、多目标干扰等非均匀背景信号,这就导致参考信号是非均匀分布。在这种情况下,CA-CFAR 的检测性能会明显恶化。为了提高非均匀环境下背景噪声强度估计的鲁棒性,Rohling 在 20 世纪 80 年代提出了有序统计量 CFAR 检测(OF-CFAR)。在 OS-CFAR 检测器中,首先对 N 个参考单元信号按幅度大小进行排序,取其中的某个序值 k 作为背景噪声估计,即

$$x^{(1)}\leqslant x^{(2)}\leqslant\cdots\leqslant x^{(k)}\leqslant\cdots\leqslant x^{(N)} \tag{4-7-6}$$

$$Z=x^{(k)} \tag{4-7-7}$$

式中,$x^{(i)}$ 表示排序后的第 i 个序值,其中 $i=1,2,\cdots,N$。OS-CFAR 的虚警概率和检测概率分别为

$$p_{\mathrm{f}}=\prod_{i=0}^{k-1}\frac{N-i}{N-i+T} \tag{4-7-8}$$

$$p_{\mathrm{d}}=\prod_{i=0}^{k-1}\frac{N-i}{N-i+\dfrac{T}{1+S}} \tag{4-7-9}$$

式中,S 是目标信号和噪声功率比。

4.7.2 分布式 CFAR 检测

假设分布式 CFAR 检测系统采用图 4-3 所示的并行结构,每个传感器都独立进行观测和 CFAR 检测,各传感器的参考窗长度分别为 $N_i(i=1,2,\cdots,N)$。目标假定是慢起伏的 swerling Ⅰ型

目标，均匀背景噪声为高斯噪声，各局部检测器具有相同的目标信号与噪声功率比 S，各传感器的虚警概率和检测概率分别为 p_{fi} 和 p_{di}。融合系统的虚警概率和检测概率分别为 p_f 和 p_d。

分布式融合检测系统的设计目标就是寻找一种融合算法和各传感器的 CFAR 检测参数，使得在满足 $p_f = p_{f0}$ 恒虚警条件下，融合系统的检测概率 p_d 最大。本小节主要研究局部检测器为 CA-CFAR 检测器和 OS-CFAR 检测器的情况。

1. CA-CFAR 分布式检测

在均匀背景下，对具有 CA-CFAR 局部检测器的分布式检测系统，当给定融合规则时，可通过最优地设置局部检测器的 $T_i(i=1,2,\cdots,N)$来极大化全局检测概率。应用拉格朗日乘子法得到目标函数，即

$$J(T_1,T_2,\cdots,T_N) = p_d + \mu[p_f - p_{f_0}] \tag{4-7-10}$$

式中，μ 为拉格朗日乘子。

下面讨论融合系统分别采用“与”和“或”融合规则时的结果。

①“与”融合规则。当融合系统采用“与”融合规则时，总的虚警概率和检测概率分别为

$$p_f = \prod_{i=1}^{N} p_{fi} \tag{4-7-11}$$

$$p_d = \prod_{i=1}^{N} p_{di} \tag{4-7-12}$$

把式(4-7-4)和式(4-7-5)分别代入式(4-7-11)和式(4-7-12)中，然后再把式(4-7-11)、式(4-7-12)代入式(4-7-10)，得到目标函数为

$$J(T_1,T_2,\cdots,T_N) = \prod_{i=1}^{N} \frac{(1+S)^{N_i}}{(1+S+T_i)^{N_i}} + \mu\left[\prod_{i=1}^{N} \frac{1}{(1+T_i)^{N_i}} - p_{f_0}\right] \tag{4-7-13}$$

CA-CFAR 命布式检测系统的优化问题实际上就是在 $p_f = p_{f_0}$ 约束条件下，对 $J(T_1,T_2,\cdots,T_N)$求关于 $T_j(j=1,2,\cdots,N)$的偏导数，并令其为 0，则有

$$
\begin{cases}
\dfrac{(1+S)^{N_j}}{(1+S+T_j)^{N_j+1}}\prod\limits_{\substack{i=1\\i\neq j}}^{N}\dfrac{(1+S)^{N_i}}{(1+S+T_i)^{N_i}} \\
+\dfrac{\mu}{(1+T_j)^{N_j+1}}\prod\limits_{\substack{i=1\\i\neq j}}^{N}\dfrac{1}{(1+T_i)^{N_i}}=0 \quad j=1,2,\cdots,N \\
\prod\limits_{i=1}^{N}\dfrac{1}{(1+T_i)^{N_i}}=p_{f_0}
\end{cases}
\tag{4-7-14}
$$

$T_i(i=1,2,\cdots,N)$可以通过求解上述带约束的非线性联立方程组获得。

在 $N=2$ 的特殊情况下，方程组(4-7-14)的解为

$$T_1=T_2=p_{f_0}{}^{-\frac{1}{N_1+N_2}}-1 \tag{4-7-15}$$

②“或”融合规则。当融合系统采用“或”融合规则时，总的虚警概率和检测概率分别为

$$p_f=1-\prod_{i=1}^{N}(1-p_{f_i}) \tag{4-7-16}$$

$$p_d=1-\prod_{i=1}^{N}(1-p_{d_i}) \tag{4-7-17}$$

目标函数可表示为

$$
\begin{aligned}
J(T_1,T_2,\cdots,T_N)=&1-\prod_{i=1}^{N}\left(1-\frac{(1+S)^{N_i}}{(1+S+T_i)^{N_i}}\right)\\
&+\mu\left[1-\prod_{i=1}^{N}\left(1-\frac{1}{(1+T_i)^{N_i}}\right)-p_{f_0}\right]
\end{aligned}
\tag{4-7-18}
$$

在 $p_f=p_{f_0}$ 约束条件下，对 $J(T_1,T_2,\cdots,T_N)$ 求关于 $T_j(j=1,2,\cdots,N)$ 的导数，并令其为0，则有

$$
\begin{cases}
\dfrac{(1+S)^{N_j}}{(1+S_j+T_j)^{N_j+1}}\prod\limits_{\substack{i=1\\i\neq j}}^{N}\left[1-\dfrac{(1+S_i)^{N_i}}{(1+S_i+T_i)^{N_i}}\right] \\
\quad+\dfrac{\mu}{(1+T_j)^{N_j+1}}\prod\limits_{\substack{i=1\\i\neq j}}^{N}\dfrac{1}{(1+T_i)^{N_i}}=0(j=1,2,\cdots,N) \\
1-\prod\limits_{i=1}^{N}\left(1-\dfrac{1}{(1+T_i)^{N_i}}\right)=p_{f_0}
\end{cases}
\tag{4-7-19}
$$

当 $N=2, S_1=S_2$ 时，“或”规则并不像“与”规则能够得到解析解，但当 $N_1=N_2=N$ 的情况下，上面方程组的解为

$$T_1=T_2=(\sqrt{1-p_{f_0}})^{-\frac{1}{2N}}-1 \tag{4-7-20}$$

2. OS-CFAR 分布式检测

在均匀背景下，对具有 OS-CFAR 局部检测器的分布式检测系统的、当给定融合规则时，可通过最优地设置局部检测器的 T_i 和有序值 $k_i(i=1,2,\cdots,N)$ 来极大化全局检测概率。对于给定的参考滑窗尺寸集，应用拉格朗日乘子公式得到目标函数

$$\begin{aligned}&J((T_1,k_1),(T_2,k_2),\cdots,(T_N,k_N))\\&=P_d((T_1,k_1),(T_2,k_2),\cdots,(T_N,k_N))\\&\quad+\mu[P_f((T_1,k_1),(T_2,k_2),\cdots,(T_N,k_N))-P_{f_0}]\end{aligned} \tag{4-7-21}$$

式中，μ 为拉格即日乘子。

当融合系刻采用“与”融合规则时，目标函数表示为

$$\begin{aligned}&J((T_1,k_1),(T_2,k_2),\cdots,(T_N,k_N))\\&=\prod_{i=1}^{N}\left(\prod_{l=0}^{k_i-1}\frac{N_i-l}{N_i-l+\dfrac{T_i}{1+S}}\right)+\mu\left[\prod_{i=1}^{N}\left(\prod_{l=0}^{k_i-1}\frac{N_i-l}{N_i-l+T_i}\right)-P_{f_0}\right]\end{aligned} \tag{4-7-22}$$

采用“或”融合规则时，目标函数表示为

$$\begin{aligned}&J((T_1,k_1),(T_2,k_2),\cdots,(T_N,k_N))\\&=1-\prod_{i=1}^{N}\left(1-\prod_{l=0}^{k_i-1}\frac{N_i-l}{N_i-l+\dfrac{T_i}{1+S}}\right)\\&\quad+\mu\left[1-\prod_{i=1}^{N}\left(1-\prod_{l=0}^{k_i-1}\frac{N_i-l}{N_i-l+T_i}\right)-P_{f_0}\right]\end{aligned} \tag{4-7-23}$$

令目标函数的偏导数等于零，在一定虚警率约束下，求解关于阈值和拉格朗日乘子的方程，就可以获得分布 OS-CFAR 检测系统的参数。

第 5 章　估计融合

估计融合是传统估计理论与数据融合理论的有机结合，主要研究如何利用来自多个传感器的数据集合中的有用信息。由于许多实际估计问题涉及来自多个信息源的数据，故估计融合具有广泛应用，如目标跟踪中的航迹融合等。

5.1　估计融合系统结构

在实际应用中，多传感器数据融合系统在进行估计融合时，都需要进行关联，以此决定属于同一目标的量测数据。

估计融合算法与融合结构密切相关，常见的融合结构大致分成三大类：集中式、分布式和混合式。

5.1.1　集中式融合

集中式融合将所有传感器的量测数据都传送到一个中心处理器进行处理和融合，也称为中心式融合或量测融合。图 5-1 所示为典型的集中式融合系统。

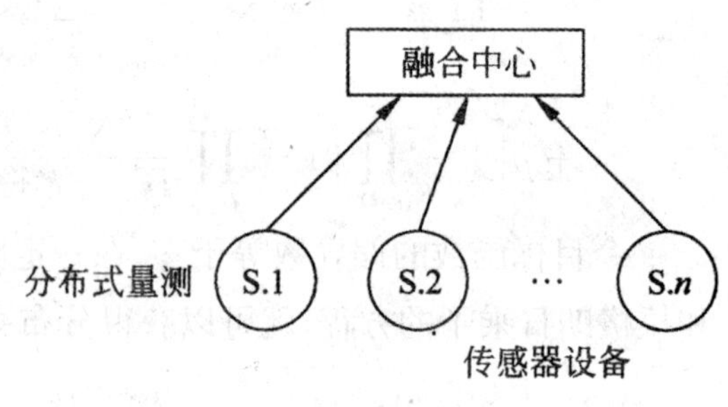

图 5-1　集中式融合结构

在集中式处理结构中，融合中心能够综合所有原始量测数据，不损失任何信息，其结果是最优的。

5.1.2 分布式融合

分布式融合结构中，传感器有独自的处理器进行预处理，将中间结果送到中心节点进行融合处理，也称为传感器级融合或自主式融合。此外，由于各传感器可形成局部航迹，主要对各局部航迹融合，也称为航迹融合。根据通信方式的不同，可将分布式航迹融合系统分为以下几种。

1. 无反馈分层融合结构

如图 5-2 所示[①]，在无反馈分层融合系统中，各传感器节点把局部估计全部传送到中心节点，进而形成全局估计，这是最常见的分布式融合结构。

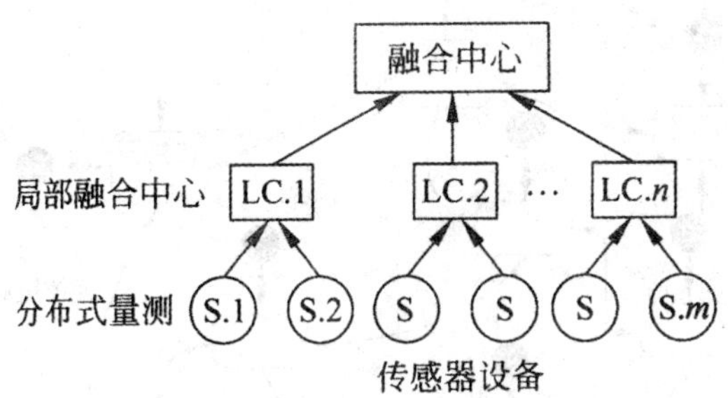

图 5-2 无反馈分层融合结构

2. 有反馈分层融合结构

如图 5-3 所示，在有反馈分层融合结构中，中心节点的全局估计可以反馈到各局部节点。该系统可以利用全局结果修改局部节点估计结果很差的状态，改善并继续利用局部节点的信息，

① 潘泉，程咏梅，梁彦，等. 多源信息融合理论及应用[M]. 北京：清华大学出版社，2013.

从而提高局部估计的精度。

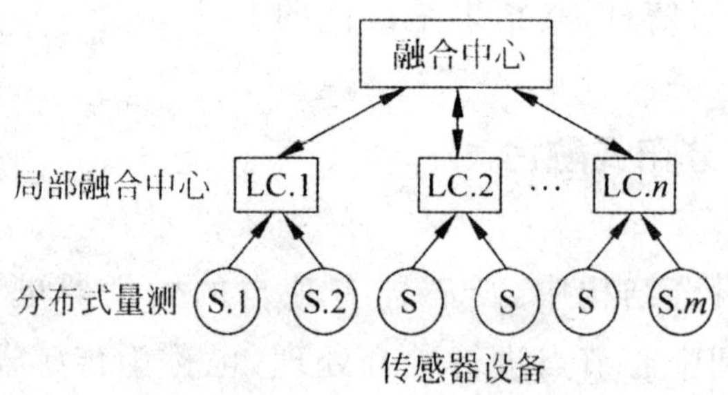

图 5-3　有反馈分层融合结构

3. 完全分布式融合结构

图 5-4 所示为完全分布式融合结构，各节点由网状或链状等形式的通信方式相连接。各局部节点可以不同程度地享有全局信息的一部分，从而获得较好的估计。在极端情况下，每个节点都可以作为中心节点获得全局最优解。

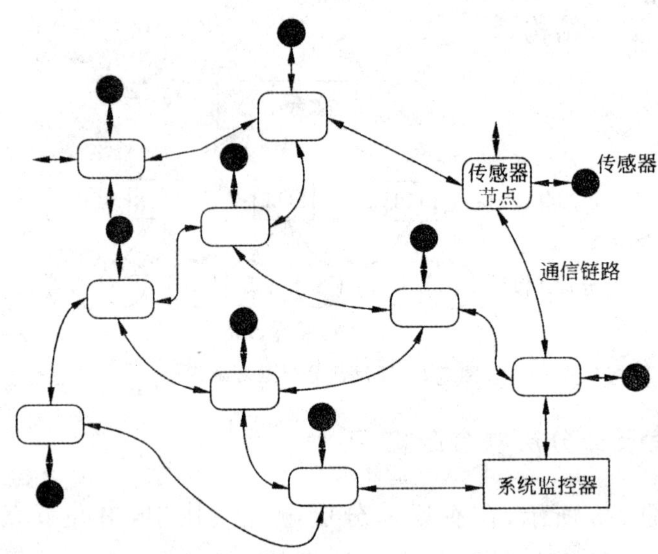

图 5-4　完全分布式融合结构

5.1.3　混合式融合结构

典型的混合式融合结构如图 5-5 所示，混合式融合结构综合集中式结构和分布式结构，其融合中心得到的可能是原始量测数据，也可能是局部节点处理过的数据。

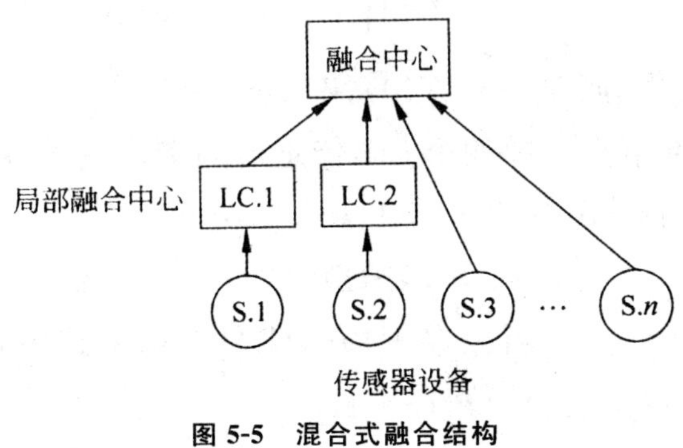

图 5-5　混合式融合结构

5.2　多传感器系统数学模型

5.2.1　线性系统

设在离散化状态方程的基础上，目标运动规律可表示为

$$\boldsymbol{X}_{k+1}=\boldsymbol{\Phi}_k\boldsymbol{X}_k+\boldsymbol{G}_k\boldsymbol{V}_k$$

其中，$\boldsymbol{X}_k\in\mathbf{R}^n$ 是 k 时刻的目标状态向量；$\boldsymbol{\Phi}_k\in\mathbf{R}^{n\times n}$ 是状态转移矩阵；$\boldsymbol{G}_k\in\mathbf{R}^{n\times h}$ 是过程噪声分布矩阵；$\boldsymbol{V}_k\in\mathbf{R}^h$ 是零均值白色高斯过程噪声向量。初始状态 $\boldsymbol{X}_0$ 是均值为 μ 和协方差矩阵为 $\boldsymbol{P}_0$ 的一个高斯随机向量，且 $\mathrm{cov}[\boldsymbol{X}_0,\boldsymbol{V}_k]=0$。

现定义两个集合，设

$$U=\{1,2,\cdots,M\}\ ,U_j=\{1,2,\cdots,N_j\}$$

其中，M 是局部节点数，N_j 是局部节点 j 的传感器数。传感器 i 的测量方程可表示为

$$\{\boldsymbol{Z}_i^j(k+1)=\boldsymbol{H}_i^j(k+1)\boldsymbol{X}_{k+1}+\boldsymbol{W}_i^j(k+1),i\in U_j,j\in U$$

其中，$\boldsymbol{Z}_i^j(k+1)\in\mathbf{R}^m$；$\boldsymbol{H}_i^j(k+1)$是测量矩阵；$\boldsymbol{W}_i^j(k+1)\in\mathbf{R}^m$ 是均值为零且相互独立的高斯序列，且

$$E\left\{\begin{bmatrix}\boldsymbol{V}(k)\\\boldsymbol{W}_i^j(k)\end{bmatrix}[\boldsymbol{V}'(l),[\boldsymbol{W}_i^j(k)]']\right\}=\begin{bmatrix}\boldsymbol{Q}(k) & 0\\0 & \boldsymbol{R}_i^j(k)\end{bmatrix}\delta_{k,l}[\boldsymbol{W}_i^j(k)]$$

$\boldsymbol{R}_i^j(k)$是正定阵，同时 $\mathrm{cov}[\boldsymbol{X}(0),\boldsymbol{W}_i^j(k)]=0$。

已知局部节点 j 中的第 i 个传感器的卡尔曼滤波方程为

$$\begin{aligned}\hat{\boldsymbol{X}}_i^j(k+1|k+1)=&\hat{\boldsymbol{X}}_i^j(k+1|k)\\&+\boldsymbol{P}_i^j(k+1)[\boldsymbol{H}_i^j(k+1)]^{\mathrm{T}}\boldsymbol{R}_i^j(k+1)^{-1}\\&=[\boldsymbol{Z}_i^j(k+1)-\boldsymbol{H}_i^j(k+1)\hat{\boldsymbol{X}}_i^j(k+1|k)]\end{aligned}$$

$$\begin{aligned}\boldsymbol{P}_i^j(k+1|k+1)^{-1}=&\boldsymbol{P}_i^j(k+1|k)^{-1}\\&+[\boldsymbol{H}_i^j(k+1)]^{\mathrm{T}}\boldsymbol{R}_i^j(k+1)^{-1}\boldsymbol{H}_i^j(k+1)\end{aligned}$$

$$\hat{\boldsymbol{X}}_i^j(k+1|k)=\boldsymbol{\Phi}(k)\hat{\boldsymbol{X}}_i^j(k|k)$$

$$\begin{aligned}\boldsymbol{P}_i^j(k+1|k)=&\boldsymbol{\Phi}(k)\boldsymbol{P}_i^j(k|k)\boldsymbol{\Phi}^{\mathrm{T}}(k)\\&+\boldsymbol{G}(k)\boldsymbol{Q}(k)\boldsymbol{G}^{\mathrm{T}}(k),i\in U_j,j\in U\end{aligned}$$

其初始条件为 $\boldsymbol{X}_i^j(0|0)=\mu,\boldsymbol{P}_i^j(0|0)=\boldsymbol{P}_0$。

在多源信息融合系统中，经常被采用的另外一种滤波方法是信息滤波(information filter)。信息滤波是在卡尔曼滤波基础上发展起来的一种滤波器，本质上也是一种卡尔曼滤波。其对所感兴趣的参数信息量测表示，而不是直接对状态估计和相应的协方差表示。这种滤波器也称为卡尔曼滤波的逆协方差形式，估计精度与卡尔曼滤波是一致的，但是由于滤波器解耦合分散比较容易，更容易应用在多源信息融合系统中。

5.2.2 非线性系统

非线性离散时间系统的一般状态方程可描述为

$$\boldsymbol{X}(k+1)=\boldsymbol{f}(k,\boldsymbol{X}(k))+\boldsymbol{G}(k)\boldsymbol{V}(k)$$

其中，$\boldsymbol{f}(\cdot,k)$是非线性状态转移函数。

传感器 i 的测量方程可以表示为

$$\boldsymbol{Z}_i^j(k+1)=\boldsymbol{h}_i^j(k+1,\boldsymbol{X}(k+1))+\boldsymbol{W}_i^j(k+1),i\in U_j,j\in U$$

其中，$\boldsymbol{h}_i^j(k+1,\boldsymbol{X}(k+1))$是非线性状态转移函数。

如果系统的状态估计采用 EKF，局部节点 j 中的第 i 个传感器的一阶 EKF 滤波方程为

$$\hat{\boldsymbol{X}}_i^j(k+1|k+1)=\hat{\boldsymbol{X}}_i^j(k+1|k)+\boldsymbol{K}_i^j(k+1)[\boldsymbol{Z}_i^j(k+1)-\hat{\boldsymbol{Z}}_i^j(k+1|k)]$$

$$\boldsymbol{P}_i^j(k+1|k+1)=[\boldsymbol{I}-\boldsymbol{K}_i^j(k+1)\boldsymbol{h}_{iX}^j(k+1)]\boldsymbol{P}_i^j(k+1|k)[\boldsymbol{I}+\boldsymbol{K}_i^j(k+1)\boldsymbol{h}_{iX}^j(k+1)]^{\mathrm{T}}-K_i^j(k+1)R_i^j(k+1)[K_i^j(k+1)]^{\mathrm{T}}$$

$$\hat{\boldsymbol{X}}_i^j(k+1)=\boldsymbol{f}(k,\hat{\boldsymbol{X}}_i^j(k|k))$$

$$\boldsymbol{P}_i^j(k+1|k)=\boldsymbol{f}_{\boldsymbol{X}}(k)\boldsymbol{P}_i^j(k|k)\boldsymbol{f}_X^{\mathrm{T}}(k)+\boldsymbol{G}(k)\boldsymbol{Q}(k)\boldsymbol{G}^{\mathrm{T}}(k)$$

$$\hat{\boldsymbol{Z}}_i^j(k+1|k)=\boldsymbol{h}_i^j(k+1,\hat{\boldsymbol{X}}_i^j(k+1|k))$$

$$\boldsymbol{S}_i^j(k+1)=\boldsymbol{h}_{iX}^j(k+1)\boldsymbol{P}_i^j(k+1|k)[\boldsymbol{h}_{iX}^j(k+1)]^{\mathrm{T}}+\boldsymbol{R}_i^j(k+1)$$

$$\boldsymbol{K}_i^j(k+1)=\boldsymbol{P}_i^j(k+1|k)[\boldsymbol{h}_{iX}^j(k+1)]^{\mathrm{T}}[\boldsymbol{S}_i^j(k+1)]^{-1}$$

虽然扩展卡尔曼滤波(EKF)被广泛应用于解决非线性系统的状态估计问题，但其滤波效果在很多复杂系统中并不能令人满意。这是因为模型的线性化误差往往会严重影响最终的滤波精度，甚至导致滤波发散。此外，在许多实际应用中，模型的线性化过程比较复杂，而且也不容易得到。

5.3 集中式融合系统

由于集中式融合结构可以提供最优的融合性能，故可以作为其他融合算法性能的参照物。

多传感器目标跟踪系统中，目标运动方程为

$$x_{k+1}=\boldsymbol{\Phi}_k x_k+\boldsymbol{\Gamma}_k w_k \tag{5-3-1}$$

其中，$x_k\in\mathbf{R}^n$ 是 k 时刻目标运动的状态向量；$\boldsymbol{\Phi}_k\in\mathbf{R}^{n\times n}$ 是状态转移矩阵，$w_k\in\mathbf{R}^r$ 是均值为零的白噪声序列；$\boldsymbol{\Gamma}_k\in\mathbf{R}^{n\times r}$ 是过程噪声分布矩阵。目标运动初始状态 x_0 是均值为 $\bar{x}_0$，协方差阵为 $\boldsymbol{P}_0$ 的随机向量，且

$$\mathrm{cov}[w_k,w_j]=\boldsymbol{Q}_k\delta_{kj},\boldsymbol{Q}_k\geqslant 0$$

$$\mathrm{cov}[x_0,w_k]=0$$

其中，δ_{kj} 是 Kronecker delta 函数，即

$$\delta_{kj}=\begin{cases}1,k=j\\0,k\neq j\end{cases}$$

假设 N 个传感器对运动目标进行量测，对应的量测方程为

$$z_{k+1}^i=\boldsymbol{H}_{k+1}^i x_{k+1}^i+v_{k+1}^i,i=1,2,\cdots,N \tag{5-3-2}$$

其中，$z_{k+1}^i\in\mathbf{R}^m$ 是第 i 个传感器在 $k+1$ 时刻的量测值；$\boldsymbol{H}_{k+1}^i\in\mathbf{R}^{m\times n}$ 是量测矩阵；$v_{k+1}^i\in\mathbf{R}^m$ 是量测噪声，假定 $w_k\in\mathbf{R}^r$ 是均值为零的白噪声序列，则有

$$\begin{cases}\mathrm{cov}[v_{k+1}^i,v_{j+1}^i]=\boldsymbol{R}_{j+1}^i\delta_{kj},\boldsymbol{R}_{j+1}^i>0\\\mathrm{cov}[w_j,v_k^i]=0,\mathrm{cov}[x_0,v_k^i]=0\end{cases}$$

如果各传感器在同一时刻的量测噪声不相关，那么各传感器在不同时刻的量测噪声也不相关。

常见的集中式融合算法有三种：并行滤波、序贯滤波以及数据压缩滤波。

5.3.1 并行滤波

在并行滤波结构的集中式融合算法中，令

$$\begin{cases}z_{k+1}=[(z_{k+1}^1)^{\mathrm{T}},(z_{k+1}^2)^{\mathrm{T}},\cdots,(z_{k+1}^N)^{\mathrm{T}}]^{\mathrm{T}}\\\boldsymbol{H}_{k+1}=[(\boldsymbol{H}_{k+1}^1)^{\mathrm{T}},(\boldsymbol{H}_{k+1}^2)^{\mathrm{T}},\cdots,(\boldsymbol{H}_{k+1}^N)^{\mathrm{T}}]^{\mathrm{T}}\\v_{k+1}=[(v_{k+1}^1)^{\mathrm{T}},(v_{k+1}^2)^{\mathrm{T}},\cdots,(v_{k+1}^N)^{\mathrm{T}}]^{\mathrm{T}}\end{cases} \tag{5-3-3}$$

则融合中心相应于接收到的所有传感器量测的广义量测方程可以表示为

$$\boldsymbol{z}_{k+1}=\boldsymbol{H}_{k+1}\boldsymbol{x}_{k+1}+\boldsymbol{v}_{k+1} \tag{5-3-4}$$

由式(5-3-2)可知

$$\begin{cases}E[\boldsymbol{v}_{k+1}]=0\\ \boldsymbol{R}_{k+1}=\operatorname{cov}[\boldsymbol{v}_{k+1},\boldsymbol{v}_{k+1}]=\operatorname{diag}[\boldsymbol{R}_{k+1}^{1},\boldsymbol{R}_{k+1}^{2},\cdots,\boldsymbol{R}_{k+1}^{N}]\\ \operatorname{cov}[\boldsymbol{w}_{j},\boldsymbol{v}_{k}]=0,\operatorname{cov}[\boldsymbol{x}_{0},\boldsymbol{v}_{k}]=0\end{cases} \tag{5-3-5}$$

根据式(5-3-1)的目标运动状态方程以及式(5-3-4)的融合中心虚拟传感器量测方程,如果融合中心在 k 时刻对目标运动状态的融合估计为 $\hat{\boldsymbol{x}}_{k|k}$,且相应的误差协方差阵为 $\boldsymbol{P}_{k|k}$,则根据信息滤波器形式,融合中心相对于所有传感器量测的集中式融合过程的 Kalman 滤波器可以表示为

$$\begin{cases}\hat{\boldsymbol{x}}_{k+1|k}=\boldsymbol{\Phi}_{k}\hat{\boldsymbol{x}}_{k|k}\\ \boldsymbol{P}_{k+1|k}=\boldsymbol{\Phi}_{k}\boldsymbol{P}_{k|k}\boldsymbol{\Phi}_{k}^{\mathrm{T}}+\boldsymbol{\Gamma}_{k}\boldsymbol{Q}_{k}\boldsymbol{\Gamma}_{k}^{\mathrm{T}}\end{cases} \tag{5-3-6}$$

$$\begin{cases}\hat{\boldsymbol{x}}_{k+1|k+1}=\hat{\boldsymbol{x}}_{k+1|k}+\boldsymbol{K}_{k+1}(\boldsymbol{z}_{k+1}-\boldsymbol{H}_{k+1}\hat{\boldsymbol{x}}_{k+1|k})\\ \boldsymbol{K}_{k+1}=\boldsymbol{P}_{k+1|k+1}\boldsymbol{H}_{k+1}^{\mathrm{T}}\boldsymbol{R}_{k+1}^{-1}\\ \boldsymbol{P}_{k+1|k+1}^{-1}=\boldsymbol{P}_{k+1|k}^{-1}+\boldsymbol{H}_{k+1}^{\mathrm{T}}\boldsymbol{R}_{k+1}^{-1}\boldsymbol{H}_{k+1}\end{cases} \tag{5-3-7}$$

由式(5-3-5)可知

$$\boldsymbol{R}_{k+1}^{-1}=\operatorname{diag}[(\boldsymbol{R}_{k+1}^{1})^{-1},(\boldsymbol{R}_{k+1}^{2})^{-1},\cdots,(\boldsymbol{R}_{k+1}^{N})^{-1}] \tag{5-3-8}$$

将式(5-3-3)和式(5-3-8)代入式(5-3-7),可得

$$\boldsymbol{K}_{k+1}=\boldsymbol{P}_{k+1|k+1}[(\boldsymbol{H}_{k+1}^{1})^{\mathrm{T}}(\boldsymbol{R}_{k+1}^{1})^{-1},(\boldsymbol{H}_{k+1}^{2})^{\mathrm{T}}(\boldsymbol{R}_{k+1}^{2})^{-1},\cdots,(\boldsymbol{H}_{k+1}^{N})^{\mathrm{T}}(\boldsymbol{R}_{k+1}^{N})^{-1}] \tag{5-3-9}$$

$$\boldsymbol{P}_{k+1|k+1}^{-1}=\boldsymbol{P}_{k+1|k}^{-1}+\sum_{i=1}^{N}(\boldsymbol{H}_{k+1}^{i})^{\mathrm{T}}(\boldsymbol{R}_{k+1}^{i})^{-1}\boldsymbol{H}_{k+1}^{i} \tag{5-3-10}$$

将式(5-3-9)和式(5-3-3)代入式(5-3-7),可得

$$\hat{\boldsymbol{x}}_{k+1|k+1}=\hat{\boldsymbol{x}}_{k+1|k}+\boldsymbol{P}_{k+1|k+1}\sum_{i=1}^{N}(\boldsymbol{H}_{k+1}^{i})^{\mathrm{T}}(\boldsymbol{R}_{k+1}^{i})^{-1}(\boldsymbol{z}_{k+1}^{i}-\boldsymbol{H}_{k+1}^{i}\hat{\boldsymbol{x}}_{k+1|k}) \tag{5-3-11}$$

综上，式(5-3-6)、式(5-3-10)和式(5-3-11)构成并行滤波方式下集中式融合完整的递推方程组。

5.3.2 序贯滤波

序贯滤波结构的集中式融合结果与并行滤波结构的集中式融合结果具有相同的估计精度。

对于多传感器集中式融合目标跟踪系统，假设融合中心在 k 时刻的融合估计为 $\hat{\boldsymbol{x}}_{k|k}$，误差协方差阵为 $\boldsymbol{P}_{k|k}$，则融合中心对于目标运动状态的一步预测为

$$\begin{cases}\hat{\boldsymbol{x}}_{k+1|k}=\boldsymbol{\Phi}_k\hat{\boldsymbol{x}}_{k|k}\\ \boldsymbol{P}_{k+1|k}=\boldsymbol{\Phi}_k\boldsymbol{P}_{k|k}\boldsymbol{\Phi}_k^{\mathrm{T}}+\boldsymbol{\Gamma}_k\boldsymbol{Q}_k\boldsymbol{\Gamma}_k^{\mathrm{T}}\end{cases}$$

在同一时刻，各传感器量测噪声互不相关，因此，在融合中心可以按照传感器的序号 $1\rightarrow N$ 对目标运动状态估计值进行序贯更新，其中传感器 1 的量测更新为

$$\begin{cases}\hat{\boldsymbol{x}}_{k+1|k+1}^{1\sim1}=\hat{\boldsymbol{x}}_{k+1|k}+\boldsymbol{K}_{k+1}^{1\sim1}(\boldsymbol{z}_{k+1}^{1}-\boldsymbol{H}_{k+1}^{1}\hat{\boldsymbol{x}}_{k+1|k})\\ \boldsymbol{K}_{k+1}^{1\sim1}=\boldsymbol{P}_{k+1|k+1}^{1\sim1}(\boldsymbol{H}_{k+1}^{1})^{\mathrm{T}}(\boldsymbol{R}_{k+1}^{1})^{-1}\\ (\boldsymbol{P}_{k+1|k+1}^{1\sim1})^{-1}=\boldsymbol{P}_{k+1|k}^{-1}+(\boldsymbol{H}_{k+1}^{1})^{\mathrm{T}}(\boldsymbol{R}_{k+1}^{1})^{-1}\boldsymbol{H}_{k+1}^{1}\end{cases}$$

传感器 $1<i\leqslant N$ 的量测更新为

$$\begin{cases}\hat{\boldsymbol{x}}_{k+1|k+1}^{1\sim i}=\hat{\boldsymbol{x}}_{k+1|k}+\boldsymbol{K}_{k+1}^{1\sim i}(\boldsymbol{z}_{k+1}^{i}-\boldsymbol{H}_{k+1}^{i}\hat{\boldsymbol{x}}_{k+1|k+1}^{1\sim i-1})\\ \boldsymbol{K}_{k+1}^{1\sim i}=\boldsymbol{P}_{k+1|k+1}^{1\sim i}(\boldsymbol{H}_{k+1}^{i})^{\mathrm{T}}(\boldsymbol{R}_{k+1}^{i})^{-1}\\ (\boldsymbol{P}_{k+1|k+1}^{1\sim i})^{-1}=(\boldsymbol{P}_{k+1|k+1}^{1\sim i-1})^{-1}+(\boldsymbol{H}_{k+1}^{i})^{\mathrm{T}}(\boldsymbol{R}_{k+1}^{i})^{-1}\boldsymbol{H}_{k+1}^{i}\end{cases}$$

融合中心的最终状态估计为

$$\begin{cases}\hat{\boldsymbol{x}}_{k+1|k+1}=\hat{\boldsymbol{x}}_{k+1|k+1}^{1\sim N}\\ \boldsymbol{P}_{k+1|k+1}=\boldsymbol{P}_{k+1|k+1}^{1\sim N}\end{cases}$$

5.3.3 数据压缩滤波

在数据压缩滤波的集中式融合结构下，融合中心的广义量测

方程可表示为

$$z_{k+1}^{j}=\boldsymbol{H}_{k+1}^{j}\boldsymbol{x}_{k+1}+\boldsymbol{v}_{k+1}^{j},j=a,b,c \tag{5-3-12}$$

其中，z_{k+1}^{j} 为融合中心经过数据压缩后的伪量测；$\boldsymbol{H}_{k+1}^{j}$ 为相应的量测矩阵；$\boldsymbol{v}_{k+1}^{j}$ 为均值为零且协方差阵为 $\boldsymbol{R}_{k+1}^{j}$ 的白噪声序列；j 是数据压缩滤波方法的编号。

以式(5-3-1)为目标运动的状态方程与式(5-3-12)为多传感器的伪量测方程，其融合估计为

$$\begin{cases}\hat{\boldsymbol{x}}_{k+1|k}=\boldsymbol{\Phi}_{k}\hat{\boldsymbol{x}}_{k|k}\\ \boldsymbol{P}_{k+1|k}=\boldsymbol{\Phi}_{k}\boldsymbol{P}_{k|k}\boldsymbol{\Phi}_{k}^{\mathrm{T}}+\boldsymbol{\Gamma}_{k}\boldsymbol{Q}_{k}\boldsymbol{\Gamma}_{k}^{\mathrm{T}}\\ \hat{\boldsymbol{x}}_{k+1|k+1}=\hat{\boldsymbol{x}}_{k+1|k}+\boldsymbol{K}_{k+1}^{j}(z_{k+1}^{j}-\boldsymbol{H}_{k+1}^{j}\hat{\boldsymbol{x}}_{k+1|k})\\ \boldsymbol{K}_{k+1}^{j}=\boldsymbol{P}_{k+1|k+1}(\boldsymbol{H}_{k+1}^{j})^{\mathrm{T}}(\boldsymbol{R}_{k+1}^{j})^{-1}\\ \boldsymbol{P}_{k+1|k+1}^{-1}=\boldsymbol{P}_{k+1|k}^{-1}+(\boldsymbol{H}_{k+1}^{j})^{\mathrm{T}}(\boldsymbol{R}_{k+1}^{j})^{-1}\boldsymbol{H}_{k+1}^{j}\end{cases}$$

常见的数据压缩方法有 a、b、c 三种，其中数据压缩滤波方法 a、b 的集中式融合结果与并行滤波结构的集中式融合结果具有相同的估计精度。

1. 数据压缩方法 a

当矩阵 $\sum_{i=1}^{N}(\boldsymbol{H}_{k+1}^{i})^{\mathrm{T}}(\boldsymbol{R}_{k+1}^{i})^{-1}\boldsymbol{H}_{k+1}^{i}$ 可逆时，由式(5-3-4)可得 $\boldsymbol{x}_{k+1}$ 的加权最小二乘估计为

$$\hat{\boldsymbol{x}}_{k+1}^{\mathrm{WLS}}=\left[\sum_{i=1}^{N}(\boldsymbol{H}_{k+1}^{i})^{\mathrm{T}}(\boldsymbol{R}_{k+1}^{i})^{-1}\boldsymbol{H}_{k+1}^{i}\right]^{-1}\sum_{i=1}^{N}(\boldsymbol{H}_{k+1}^{i})^{\mathrm{T}}(\boldsymbol{R}_{k+1}^{i})^{-1}\boldsymbol{z}_{k+1}^{i}$$

相应的估计误差的协方差阵为

$$\mathrm{cov}[\tilde{\boldsymbol{x}}_{k+1}^{\mathrm{WLS}},\tilde{\boldsymbol{x}}_{k+1}^{\mathrm{WLS}}]=\left[\sum_{i=1}^{N}(\boldsymbol{H}_{k+1}^{i})^{\mathrm{T}}(\boldsymbol{R}_{k+1}^{i})^{-1}\boldsymbol{H}_{k+1}^{i}\right]^{-1}$$

此时，由 $\tilde{\boldsymbol{x}}_{k+1}^{\mathrm{WLS}}=\boldsymbol{x}_{k+1}-\tilde{\boldsymbol{x}}_{k+1}^{\mathrm{WLS}}$，可令

$$\begin{cases}\boldsymbol{z}_{k+1}^{a}=\hat{\boldsymbol{x}}_{k+1}^{\mathrm{WLS}}\\ \boldsymbol{H}_{k+1}^{a}=\boldsymbol{I}\\ \boldsymbol{R}_{k+1}^{a}=\mathrm{cov}[\tilde{\boldsymbol{x}}_{k+1}^{\mathrm{WLS}},\tilde{\boldsymbol{x}}_{k+1}^{\mathrm{WLS}}]\end{cases}$$

2. 数据压缩方法 b

当各传感器的量测矩阵具有相同的乘性因子 H_{k+1}，即

$$\boldsymbol{H}_{k+1}^{i}=\boldsymbol{M}_{k+1}^{i}\boldsymbol{H}_{k+1},i=1,2,\cdots,N$$

且矩阵 $\sum_{i=1}^{N}(\boldsymbol{M}_{k+1}^{i})^{\mathrm{T}}(\boldsymbol{R}_{k+1}^{i})^{-1}\boldsymbol{M}_{k+1}^{i}$ 可逆时，令 $\boldsymbol{b}_{k+1}=\boldsymbol{H}_{k+1}\boldsymbol{x}_{k+1}$，由式(5-3-4) 可得 $\boldsymbol{b}_{k+1}$ 的加权最小二乘估计为

$$\hat{\boldsymbol{b}}_{k+1}^{\mathrm{WLS}}=\left[\sum_{i=1}^{N}(\boldsymbol{M}_{k+1}^{i})^{\mathrm{T}}(\boldsymbol{R}_{k+1}^{i})^{-1}\boldsymbol{M}_{k+1}^{i}\right]^{-1}\sum_{i=1}^{N}(\boldsymbol{M}_{k+1}^{i})^{\mathrm{T}}(\boldsymbol{R}_{k+1}^{i})^{-1}\boldsymbol{z}_{k+1}^{i}$$

相应的估计误差的协方差阵为

$$\operatorname{cov}[\tilde{\boldsymbol{b}}_{k+1}^{\mathrm{WLS}},\tilde{\boldsymbol{b}}_{k+1}^{\mathrm{WLS}}]=\left[\sum_{i=1}^{N}(\boldsymbol{M}_{k+1}^{i})^{\mathrm{T}}(\boldsymbol{R}_{k+1}^{i})^{-1}\boldsymbol{M}_{k+1}^{i}\right]^{-1}$$

此时，由 $\tilde{\boldsymbol{b}}_{k+1}^{\mathrm{WLS}}=\boldsymbol{b}_{k+1}-\hat{\boldsymbol{b}}_{k+1}^{\mathrm{WLS}}=\boldsymbol{H}_{k+1}\boldsymbol{x}_{k+1}-\hat{\boldsymbol{b}}_{k+1}^{\mathrm{WLS}}$，可令

$$\boldsymbol{z}_{k+1}^{b}=\hat{\boldsymbol{b}}_{k+1}^{\mathrm{WLS}}$$

$$\boldsymbol{H}_{k+1}^{b}=\boldsymbol{H}_{k+1}$$

$$\boldsymbol{R}_{k+1}^{b}=\operatorname{cov}[\tilde{\boldsymbol{b}}_{k+1}^{\mathrm{WLS}},\tilde{\boldsymbol{b}}_{k+1}^{\mathrm{WLS}}]$$

3. 数据压缩方法 c

在式(5-3-2) 的两边乘以 $\left[\sum_{i=1}^{N}(\boldsymbol{R}_{k+1}^{i})^{-1}\right]^{-1}(\boldsymbol{R}_{k+1}^{i})^{-1}$，可得

$$\begin{aligned}&\left[\sum_{i=1}^{N}(\boldsymbol{R}_{k+1}^{i})^{-1}\right]^{-1}(\boldsymbol{R}_{k+1}^{i})^{-1}\boldsymbol{z}_{k+1}^{i}\\=&\left[\sum_{i=1}^{N}(\boldsymbol{R}_{k+1}^{i})^{-1}\right]^{-1}(\boldsymbol{R}_{k+1}^{i})^{-1}\boldsymbol{H}_{k+1}^{i}\boldsymbol{x}_{k+1}\\&+\left[\sum_{i=1}^{N}(\boldsymbol{R}_{k+1}^{i})^{-1}\right]^{-1}(\boldsymbol{R}_{k+1}^{i})^{-1}\boldsymbol{v}_{k+1}^{i},i=1,2,\cdots,N\end{aligned}\tag{5-3-13}$$

对于已知的 N 个传感器，将相应的式(5-3-13)左右两边进行相加，可得

$$\Big[\sum_{i=1}^{N}(\boldsymbol{R}_{k+1}^{i})^{-1}\Big]^{-1}\sum_{i=1}^{N}(\boldsymbol{R}_{k+1}^{i})^{-1}\boldsymbol{z}_{k+1}^{i}$$
$$=\Big\{\Big[\sum_{i=1}^{N}(\boldsymbol{R}_{k+1}^{i})^{-1}\Big]^{-1}\sum_{i=1}^{N}(\boldsymbol{R}_{k+1}^{i})^{-1}\boldsymbol{H}_{k+1}^{i}\Big\}x_{k+1}$$
$$+\Big[\sum_{i=1}^{N}(\boldsymbol{R}_{k+1}^{i})^{-1}\Big]^{-1}\sum_{i=1}^{N}(\boldsymbol{R}_{k+1}^{i})^{-1}\boldsymbol{v}_{k+1}^{i} \qquad (5\text{-}3\text{-}14)$$

令

$$\boldsymbol{z}_{k+1}^{c}=\Big[\sum_{i=1}^{N}(\boldsymbol{R}_{k+1}^{i})^{-1}\Big]^{-1}\sum_{i=1}^{N}(\boldsymbol{R}_{k+1}^{i})^{-1}\boldsymbol{z}_{k+1}^{i}$$
$$\boldsymbol{H}_{k+1}^{c}=\Big[\sum_{i=1}^{N}(\boldsymbol{R}_{k+1}^{i})^{-1}\Big]^{-1}\sum_{i=1}^{N}(\boldsymbol{R}_{k+1}^{i})^{-1}\boldsymbol{H}_{k+1}^{i}$$
$$\boldsymbol{v}_{k+1}^{c}=\Big[\sum_{i=1}^{N}(\boldsymbol{R}_{k+1}^{i})^{-1}\Big]^{-1}\sum_{i=1}^{N}(\boldsymbol{R}_{k+1}^{i})^{-1}\boldsymbol{v}_{k+1}^{i}$$

有

$$E[\boldsymbol{v}_{k+1}^{c}]=0$$
$$\boldsymbol{R}_{k+1}^{c}=\mathrm{cov}[\boldsymbol{v}_{k+1}^{c},\boldsymbol{v}_{k+1}^{c}]=\Big[\sum_{i=1}^{N}(\boldsymbol{R}_{k+1}^{i})^{-1}\Big]^{-1}$$

当 $\boldsymbol{H}_{k+1}^{1}=\boldsymbol{H}_{k+1}^{2}=\cdots=\boldsymbol{H}_{k+1}^{N}=\boldsymbol{H}_{k+1}$ 时，数据压缩滤波方法 c 的集中式融合结果与并行滤波结构的集中式融合结果在功能上是等价的，这也就相当于在数据压缩滤波方法 b 中，$\boldsymbol{M}_{k+1}^{1}=\boldsymbol{M}_{k+1}^{2}=\cdots=\boldsymbol{M}_{k+1}^{N}=\boldsymbol{I}$；但是，如果 $\boldsymbol{H}_{k+1}^{1}\neq\boldsymbol{H}_{k+1}^{2}\neq\cdots\neq\boldsymbol{H}_{k+1}^{N}$，则这一功能的等价性将不再成立。

多传感器集中式融合算法主要针对在同一时刻各传感器的量测噪声互不相关的情形，然而，实际情况并非如此。常见的量测噪声相关有以下几种。

①通过对连续时间内的多传感器系统进行采样，得到的系统量测噪声相关。

②在共同的噪声环境下，量测目标运动状态，所得到的各传感器量测噪声也是相关的，如在出现大气噪声时，对一个目标的状态进行量测。

③许多实际传感器的量测误差是耦合的，这是因为运动目标

依赖于状态或载机的不确定性，如雷达量测的斜距误差可能依赖于目标的距离。

④即使量测误差在原始坐标系中不相关，在经过非线性的坐标转化后，也会变得相关。

5.4 分布式估计融合

分布式融合系统将各传感器、跟踪器产生的自身局部航迹周期性地传送到融合中心进行融合，也称为航迹融合系统。

5.4.1 分布式融合结构

图 5-6 所示为由多个模块组成的航迹融合系统[①]。

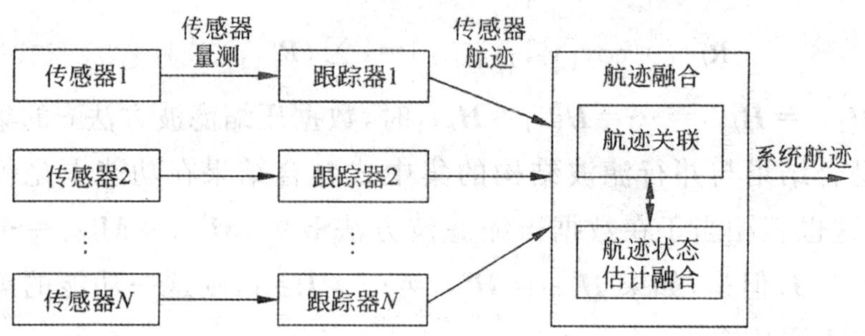

图 5-6 航迹融合系统

根据是否利用系统航迹的状态估计，航迹融合通常有两种可能的处理结构。

1. 传感器到传感器的航迹融合

传感器到传感器的航迹融合结构如图 5-7 所示，这一过程不利用系统航迹以前的状态估计，而是将来自不同传感器航迹的状

① 韩崇昭，朱洪艳，段战胜. 多源信息融合[M]. 2 版. 北京：清华大学出版社，2010.

态估计互相关联和融合,进而得到系统航迹的状态估计。

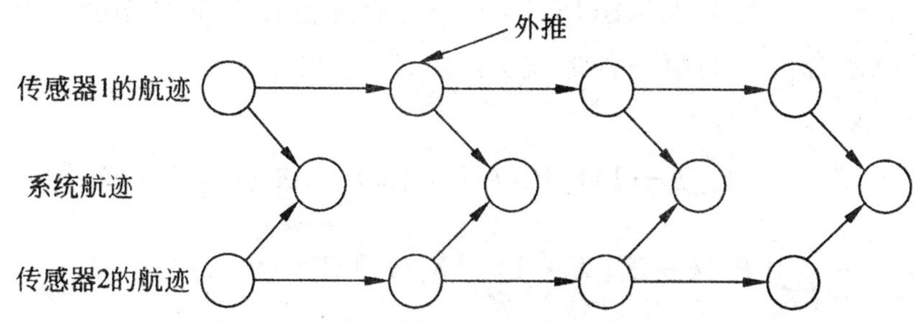

图 5-7 传感器到传感器的航迹融合

这种结构基本上是一个无记忆的操作,不必处理关联和航迹估计融合中的误差。

2. 传感器到系统的航迹融合

传感器到系统的航迹融合将关联问题简化为 bipartite 分配问题,可以利用常见的分配算法。其航迹融合如图 5-8 所示,A 点的传感器航迹和 B 点的系统航迹依赖于 C 点,具有相关误差。也就是说,由于关联或融合中过去处理误差导致的系统航迹中的任何误差均可能影响最终的融合性能。

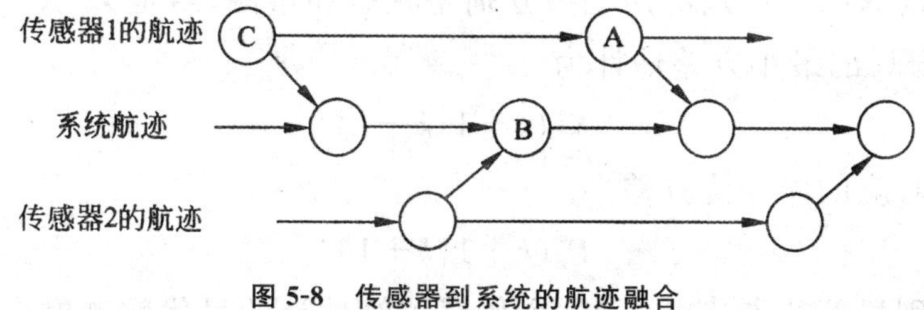

图 5-8 传感器到系统的航迹融合

5.4.2 不带反馈信息的分布式估计融合

1. 三种最优解析形式

以局部节点 $j(j\in U)$ 为例,假定各传感器同是时间采样且没有信息传输损失,可给出三种融合等价形式。

(1)第一种形式

对于传感器级状态估计,其 N_j 个传感器在局部节点 j 的最优航迹合成解的第一种形式为

$$
\begin{aligned}
&\hat{\boldsymbol{X}}^j(k+1 \mid k+1) \\
&= \boldsymbol{P}^j(k+1 \mid k+1)\{[\boldsymbol{P}^j(k+1 \mid k)]^{-1}\hat{\boldsymbol{X}}^j(k+1 \mid k) \\
&\quad + \sum_{i=1}^{N_j}[\boldsymbol{P}_i^j(k+1 \mid k+1)^{-1}\hat{\boldsymbol{X}}_i^j(k+1 \mid k+1) \\
&\quad - \boldsymbol{P}_i^j(k+1 \mid k)^{-1}\hat{\boldsymbol{X}}^j(k+1 \mid k)]\}
\end{aligned}
$$

(2)第二种形式

若局部节点来自 N_j 个传感器,则其最优航迹合成解的第二种形式为

$$
\begin{aligned}
&\hat{\boldsymbol{X}}^j(k+1 \mid k+1) \\
&= \hat{\boldsymbol{X}}^j(k+1 \mid k) + \boldsymbol{P}^j(k+1 \mid k+1)\sum_{i=1}^{N_j}\{[\boldsymbol{P}_i^j(k+1 \mid k+1)]^{-1} \\
&\quad \times [\hat{\boldsymbol{X}}_i^j(k+1 \mid k+1) - \hat{\boldsymbol{X}}^j(k+1 \mid k)] \\
&\quad - [\boldsymbol{P}_i^j(k+1 \mid k)]^{-1}[\hat{\boldsymbol{X}}_i^j(k+1 \mid k) - \hat{\boldsymbol{X}}^j(k+1 \mid k)]\}
\end{aligned}
$$

(3)第三种形式

设 $\boldsymbol{X}(k+1)$)、$\boldsymbol{Z}_i^j(k+1)$分别是状态和量测,给定 $\boldsymbol{Z}_i^j(k+1)$时 $\boldsymbol{X}(k+1)$的最小方差估计为

$$\hat{\boldsymbol{X}}_i^j(k+1|k+1)$$

对应的误差协方差

$$\boldsymbol{P}_i^j(k+1|k+1)$$

则局部节点 j 来自 N_j 个传感器级估计的最优航迹融合解的第三种形式为

$$
\begin{aligned}
&\hat{\boldsymbol{X}}^j(k+1 \mid k+1) \\
&= \boldsymbol{h}^j(k+1) + \boldsymbol{P}^j(k+1 \mid k+1) \times \\
&\quad \left\{\sum_{i=1}^{N_j}\boldsymbol{P}_i^j(k+1 \mid k+1)^{-1}\hat{\boldsymbol{X}}_i^j(k+1 \mid k+1) + f^j(k+1)\right\}
\end{aligned}
$$

其中

$$\boldsymbol{h}^j(k+1)=\boldsymbol{F}^j(k+1)\boldsymbol{h}^j(k)+\boldsymbol{P}^j(k+1\mid k+1)\sum_{i=1}^{N_j}\boldsymbol{S}_i^j(k+1)\hat{\boldsymbol{X}}_i^j(k\mid k)$$

$$\boldsymbol{f}^j(k+1)=\boldsymbol{A}^j(k+1)\boldsymbol{f}^j(k)$$

三种分布估计都是最优的，也是等价的。实际上，第一种和第二种表示形式没有本质差别，只要稍微变换便可直接相互推出，并且它们对通信资源的要求是完全相同的。

从计算速度上看，第一种形式只是较第二种形式多计算一次 $\boldsymbol{P}^j(k+1|k)$，而这又是计算 $\boldsymbol{P}^j(k+1)$ 必须完成的运算，因而它们对计算资源的要求也是相同的。

第三种表示形式单独用两个变量表示了消除过程噪声和初始条件对各传感器估计间关联性的影响，是一种递推结构。其中，$\boldsymbol{h}^j(k+1)$ 用于消除过程噪声所产生的估计相关性，$\boldsymbol{f}^j(k+1)$ 用来描述共同初始条件所引起的影响。

就对通信资源的要求看，第三种形式与前面两种形式相同，但在局部融合节点及计算和存储量要比前面两种形式大。其最突出的优点是便于分析和研究过程噪声及初始条件对局部节点最优航迹融合的影响。

综合以上分析，在工程实践应用中，建议选用第一种形式和第二种形式，而当需要对融合估计算法的性能进行研究和分析时，应采用第三种形式。

2. 次优融合

不考虑过程噪声和初始条件时，局部节点 j 的次优航迹融合解可表示为

$$\hat{\boldsymbol{X}}^j(k\mid k)=\boldsymbol{P}_f^j(k\mid k)\sum_{i=1}^{N_j}[\boldsymbol{P}_i^j(k\mid k)]^{-1}\hat{\boldsymbol{X}}_i^j(k\mid k)$$

其中

$$\boldsymbol{P}_f^j(k \mid k)=\left[\sum_{i=1}^{N_j}\boldsymbol{P}_i^j(k \mid k)^{-1}\right]^{-1}$$

如果各传感器的测量模型相同,则对共同的初始协方差,$\forall i,i' \in U_j(j\in U)$,存在

$$\boldsymbol{P}_i^j(k|k)=\boldsymbol{P}_{i'}^j(k|k)$$

由此可推出一个平凡结构为

$$\boldsymbol{P}_f^j(k|k)=\boldsymbol{P}_i^j(k|k)/N_j,j\in U$$

且

$$\hat{\boldsymbol{X}}_f^j(k \mid k)=\sum_{i=1}^{N_j}\hat{\boldsymbol{X}}_i^j(k \mid k)/N_j$$

此即为 N_j 个传感器的状态估计平均。

在实际系统中,由于一般对目标初始状态 $\boldsymbol{X}(0)$ 的统计描述是未知的,因此在对目标航迹滤波或融合时通常取 $\boldsymbol{P}(0|0)=\zeta\boldsymbol{I}$,$\zeta$ 是一个较大的数。此时 $\boldsymbol{f}^j(k)$ 对 $\hat{\boldsymbol{X}}^j(k)$ 的影响通常可以忽略。这样最优与次优融合解的差别就主要取决于过程噪声的影响。在过程噪声较小的情况下,利用次优融合也可获得满意的结果。

5.4.3 带反馈信息的分布式估计融合

对于一个带反馈的二层分布式系统,为了讨论问题的方便,设局部节点 $j(j\in U)$,假设它有 L_j 个传感器带有反馈信息,其具有反馈信息的分布航迹融合结构如图 5-9 所示①。

① 潘泉,程咏梅,梁彦,等. 多源信息融合理论及应用[M]. 北京:清华大学出版社,2013.

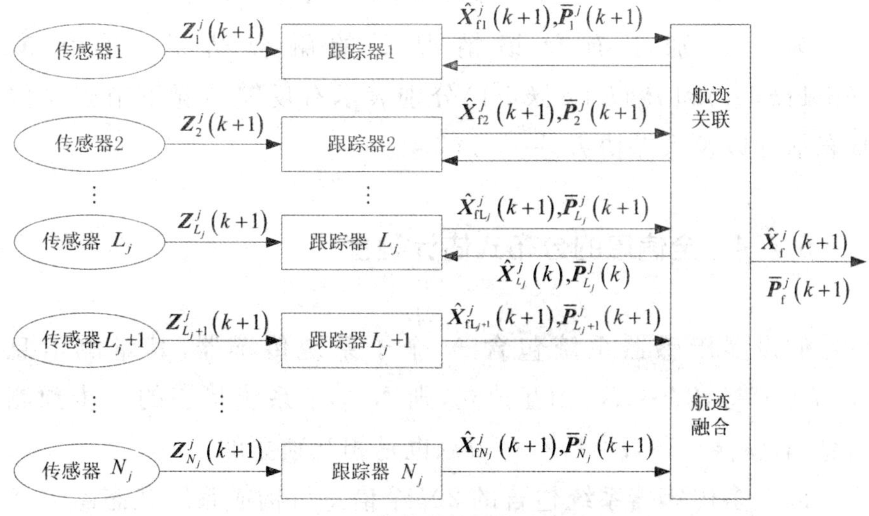

图 5-9 具有反馈信息的分布航迹融合结构

在无反馈信息的传感器中,其状态估计就是标准的卡尔曼滤波。如果传感器 i 接收来自于局部融合中心 j 的反馈信息,则状态估计可以利用卡尔曼滤波器循环计算为

$$\begin{aligned}&\boldsymbol{X}_{fi}^j(k+1|k+1)\\&=\boldsymbol{X}_f^j(k+1|k)+\bar{\boldsymbol{P}}_i(k+1|k+1)[\boldsymbol{H}_i^j(k+1)]^{\mathrm{T}}[\boldsymbol{R}_i^j(k+1)]^{-1}\\&\quad\cdot[\boldsymbol{Z}_i^j(k+1)-\boldsymbol{H}_i^j(k+1)\boldsymbol{X}_f^j(k+1|k)],i=1,2,\cdots,L_j\end{aligned}$$

$$\begin{aligned}&[\bar{\boldsymbol{P}}_i^j(k+1|k+1)]^{-1}\\&=[\bar{\boldsymbol{P}}_i^j(k+1|k)]^{-1}+[\boldsymbol{H}_i^j(k+1)]^{\mathrm{T}}[\boldsymbol{R}_i^j(k+1)]^{-1}\boldsymbol{H}_i^j(k+1)\end{aligned}$$

$$\boldsymbol{X}_f^j(k+1|k)=\boldsymbol{\Phi}(k)\boldsymbol{X}_f^j(k|k)$$

$$\bar{\boldsymbol{P}}_i^j(k+1|k)=\boldsymbol{\Phi}(k)\boldsymbol{P}_f^j(k|k)\boldsymbol{\Phi}^{\mathrm{T}}(k)+\boldsymbol{G}(k)\boldsymbol{Q}(k)\boldsymbol{G}^{\mathrm{T}}(k)$$

其中,$\boldsymbol{X}_f^j(k|k)$、$\boldsymbol{P}_f^j(k|k)$分别为带反馈信息的局部融合中心 j 在 k 时刻产生的航迹状态估计与误差协方差,二者可被反馈到 L_j 个局部处理器中作为先验统计量。

无反馈时,节点 j 的融合结果为

$$\begin{aligned}\hat{\boldsymbol{X}}^j(k+1\mid k+1)=\boldsymbol{P}^j(k+1\mid k+1)\{[\boldsymbol{P}^j(k+1\mid k)]^{-1}\hat{\boldsymbol{X}}^j(k+1\mid k)\\+\sum_{i=1}^{N_j}[\boldsymbol{P}_i^j(k+1\mid k+1)^{-1}\hat{\boldsymbol{X}}_i^j(k+1\mid k+1)\end{aligned}$$

$$-\boldsymbol{P}_i^j(k+1 \mid k)^{-1}\hat{\boldsymbol{X}}^j(k+1 \mid k)]\}$$

为了区别于有反馈情况下的融合结果，可用 $\hat{\boldsymbol{X}}_f^j(k+1|k+1)$ 和 $\boldsymbol{P}_f^j(k+1|k+1)$ 分别表示有反馈情况下节点 j 的状态估计以及误差协方差。

5.4.4 全信息的分布式估计融合

假设多传感器系统包含 N 个子系统传感器，其量测信息 $\{\boldsymbol{z}_i(k), i=1,2,\cdots,N\}$ 相互独立，则 N 个子系统状态的一步预测信息 $\{\boldsymbol{y}_i(k|k-1), i=1,2,\cdots,N\}$ 也是相互独立的。

以上多传感器系统包含的 $2N$ 个信息可构成系统状态融合滤波的所有信息，同时满足信息融合估计定理的条件，故能够直接进行融合计算。

根据系统状态预测信息独立性原理，系统状态预测信息包括子系统预测信息和所有量测信息中不含有的信息成分。因此，即使有了 N 个子系统状态预测信息，系统状态预测信息仍可对系统状态作出估计融合。

多传感器系统的全信息是指系统所能提供的信息。对于 N 个传感器组成的多传感器系统，全信息有

①N 个量测信息 $\{\boldsymbol{z}_i(k), i=1,2,\cdots,N\}$；

②N 个预测信息 $\{\hat{\boldsymbol{y}}_i(k|k-1), i=1,2,\cdots,N\}$；

③系统预测信息 $\hat{\boldsymbol{x}}_i(k|k-1)$。

根据信息融合估计理论，融合的信息越多，估计精度就越高，由此可知，全信息融合滤波的估计精度比其他融合滤波的估计精度都要高。

多传感器系统全信息融合滤波的算法结构如图 5-10 所示，该结构采用多处理器分层处理的方式实现信息的利用。

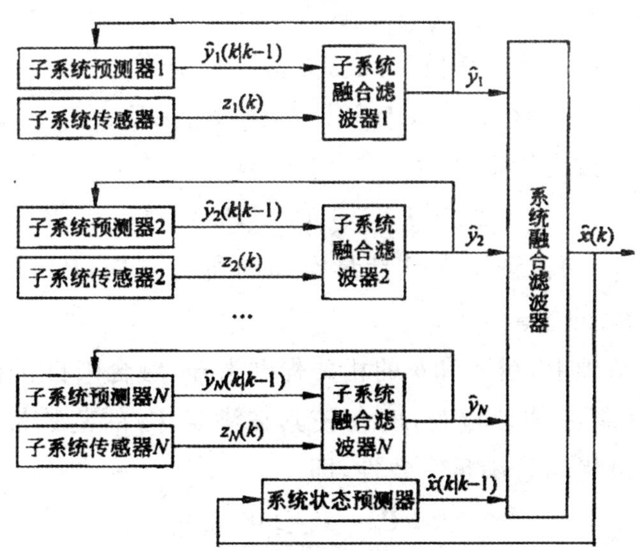

图 5-10 多传感器系统全信息融合滤波的算法结构

在全信息融合算法中，常采用正交化融合滤波算法和延长周期融合滤波算法。其中，正交化融合滤波器算法首先需要将子系统状态估计信息和系统状态预测信息进行正交化处理，然后再进行正交化融合滤波。

5.5 基于协方差交集的分布式信息融合

在分布式融合中计算局部估计误差间的相关性较为烦琐，此时，Julier 等人提出的不需要计算局部估计误差之间的相关性的协方差交叉法应运而生。协方差交叉法通过优化一定的目标函数得到保守的分布式融合估计。

协方差交叉法考虑如何数据融合两个相关估计量 a 和 b，进而得到最优融合估计量 c 以及协方差阵的估计阵 $\boldsymbol{P}_{cc}$。

假设 a 和 b 的数学期望和协方差阵分别为 $\bar{a}$，$\bar{b}$ 和 $\bar{\boldsymbol{P}}_{aa}$，$\bar{\boldsymbol{P}}_{bb}$，其真实值未知，但已知 $\{a,\boldsymbol{P}_{aa}\}$ 和 $\{b,\boldsymbol{P}_{bb}\}$ 对 $\{\bar{a},\bar{\boldsymbol{P}}_{aa}\}$ 和 $\{\bar{b},\bar{\boldsymbol{P}}_{bb}\}$ 的估计具有一致性，再设

$$\tilde{a}=a-\bar{a},\tilde{b}=b-\bar{b}$$

则 a 和 b 的协方差阵和互协方差阵分别为

$$\bar{\boldsymbol{P}}_{aa}=E[\tilde{a}\tilde{a}^{\mathrm{T}}],\bar{\boldsymbol{P}}_{bb}=E[\tilde{b}\tilde{b}^{\mathrm{T}}],\bar{\boldsymbol{P}}_{ab}=E[\tilde{a}\tilde{b}^{\mathrm{T}}]$$

根据一致性的定义，有

$$\boldsymbol{P}_{aa}-\bar{\boldsymbol{P}}_{aa}\geqslant 0,\boldsymbol{P}_{bb}-\bar{\boldsymbol{P}}_{bb}\geqslant 0 \tag{5-5-1}$$

式(5-5-1)保证了在估计量空间的所有方向，$\boldsymbol{P}_{aa}$，$\boldsymbol{P}_{bb}$ 都不会低估 $\bar{\boldsymbol{P}}_{aa}$，$\bar{\boldsymbol{P}}_{bb}$ 的值。

在此基础上，设 a 和 b 的相关程度未知，融合来自 a 和 b 的信息，以产生新的估计量 $\{c,\boldsymbol{P}_{cc}\}$，使其在满足 $\boldsymbol{P}_{cc}$ 的范数最小；同时该估计是最优的且满足一致性，即

$$\boldsymbol{P}_{cc}-\bar{\boldsymbol{P}}_{cc}\geqslant 0$$

这里

$$\bar{\boldsymbol{P}}_{cc}=E[\tilde{c}\tilde{c}^{T}],\tilde{c}=c-\bar{c}$$

且在估计空间的任何一个方向上，c 的精度不低于 a 或者 b 的最低精度。

对于任意一个协方差矩阵 $\boldsymbol{P}$，其协方差椭球为满足条件

$$\boldsymbol{x}^{\mathrm{T}}\boldsymbol{P}^{-1}\boldsymbol{x}=c \quad (c\text{ 为一常数})$$

的所有点构成的轨迹。

5.5.1 相关程度已知的相关估计量最优融合

现给出矩阵不等式与方差椭球间的几何对应关系。

若 $\hat{\boldsymbol{x}}_1$ 和 $\hat{\boldsymbol{x}}_2$ 是同一随机向量的两个无偏估计，$\boldsymbol{P}_1$ 和 $\boldsymbol{P}_2$ 是相应的协方差阵，则矩阵不等式

$$\boldsymbol{P}_1\geqslant\boldsymbol{P}_2 \tag{5-5-2}$$

等价于由 $\boldsymbol{P}_2$ 确定的 $\hat{\boldsymbol{x}}_2$ 的空间方差椭球包含于由 $\boldsymbol{P}_1$ 确定的 $\hat{\boldsymbol{x}}_1$ 的空间方差椭球。

根据矩阵不等式的定义，式(5-5-2)等价于

$$\boldsymbol{P}_2^{-1}\geqslant\boldsymbol{P}_1^{-1}$$

即 $\boldsymbol{P}_2^{-1}-\boldsymbol{P}_1^{-1}$ 为非负定阵。

再根据非负定阵的性质，对任意向量 $\boldsymbol{x}$ 均有

$$\boldsymbol{x}^{\mathrm{T}}(\boldsymbol{P}_2^{-1}-\boldsymbol{P}_1^{-1})\boldsymbol{x}\geqslant 0$$

即

$$\boldsymbol{x}^{\mathrm{T}}\boldsymbol{P}_1^{-1}\boldsymbol{x}\leqslant \boldsymbol{x}^{\mathrm{T}}\boldsymbol{P}_2^{-1}\boldsymbol{x} \tag{5-5-3}$$

如图 5-11 所示[①]，以二维示意，椭球退化为椭圆，作 $\hat{\boldsymbol{x}}_2$ 的协方差椭球

$$\boldsymbol{x}^{\mathrm{T}}\boldsymbol{P}_2^{-1}\boldsymbol{x}=1$$

在椭球的任意方向上取一点 y_2，则有

$$\boldsymbol{y}_2^{\mathrm{T}}\boldsymbol{P}_2^{-1}\boldsymbol{y}_2=1 \tag{5-5-4}$$

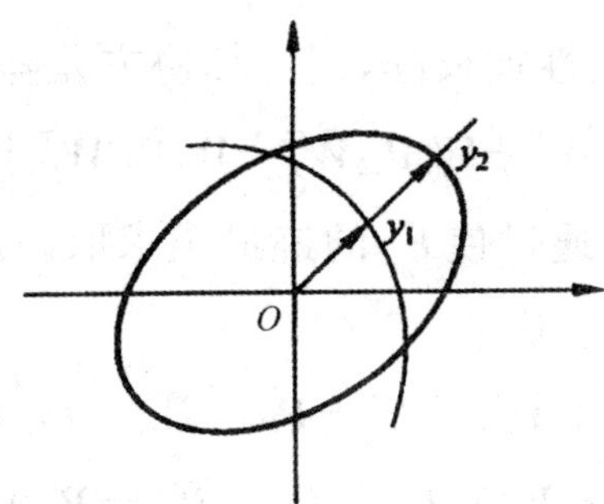

图 5-11　协方差椭球示意图

同时在 $O\rightarrow y_2$ 的相同方向上的 y_2 和 O 之间取一点 y_1，则必有一个常数 $\lambda\in[0,1)$ 存在，使得

$$y_1=\lambda y_2 \tag{5-5-5}$$

若 y_1 恰好位于 $\hat{\boldsymbol{x}}_1$ 的协方差椭圆 $\boldsymbol{x}^{\mathrm{T}}\boldsymbol{P}_1^{-1}\boldsymbol{x}=1$ 上，则有

$$\boldsymbol{y}_1^{\mathrm{T}}\boldsymbol{P}_1^{-1}\boldsymbol{y}_1=1$$

再由式(5-5-3)可得

$$\boldsymbol{y}_1^{\mathrm{T}}\boldsymbol{P}_2^{-1}\boldsymbol{y}_1\geqslant \boldsymbol{y}_1^{\mathrm{T}}\boldsymbol{P}_1^{-1}\boldsymbol{y}_1=1 \tag{5-5-6}$$

将式(5-5-4)和式(5-5-5)代入式(5-5-6)的左边，可得

$$\boldsymbol{y}_1^{\mathrm{T}}\boldsymbol{P}_2^{-1}\boldsymbol{y}_1=\lambda^2\boldsymbol{y}_2^{\mathrm{T}}\boldsymbol{P}_2^{-1}\boldsymbol{y}_2=\lambda^2<1 \tag{5-5-7}$$

---

① 潘泉，程咏梅，梁彦，等. 多源信息融合理论及应用[M]. 北京：清华大学出版社，2013.

式(5-5-6)与式(5-5-7)矛盾，因此，y_1 不可能是 $\hat{\boldsymbol{x}}_1$ 的协方差椭圆上的一点。

由 y_2 取值的任意性可知，$\hat{\boldsymbol{x}}_1$ 的方差椭球上的任意一点都不会落在 $\hat{\boldsymbol{x}}_1$ 的方差椭球的内部，即 $\hat{\boldsymbol{x}}_2$ 的方差椭球被完全包含在 $\hat{\boldsymbol{x}}_1$ 的方差椭球之内。

现设 a 和 b 的互协方差阵 $\overline{\boldsymbol{P}}_{ab}$ 的估计 $\boldsymbol{P}_{ab}$ 已知，且 $\boldsymbol{P}_{ab}$ 满足

$$\boldsymbol{P}=\begin{bmatrix}\boldsymbol{P}_{aa} & \boldsymbol{P}_{ab}\\ \boldsymbol{P}_{ba} & \boldsymbol{P}_{bb}\end{bmatrix}\geqslant 0 \tag{5-5-8}$$

为非负定阵。估计融合的一般方法是计算两个估计的线性组合

$$c=\boldsymbol{W}_a a+\boldsymbol{W}_b b$$

式中，$\boldsymbol{W}_a$ 和 $\boldsymbol{W}_b$ 为线性加权阵，则计算协方差阵为

$$\boldsymbol{P}_{cc}=\boldsymbol{W}_a\boldsymbol{P}_{aa}\boldsymbol{W}_a^{\mathrm{T}}+\boldsymbol{W}_a\boldsymbol{P}_{ab}\boldsymbol{W}_b^{\mathrm{T}}+\boldsymbol{W}_b\boldsymbol{P}_{ba}\boldsymbol{W}_a^{\mathrm{T}}+\boldsymbol{W}_b\boldsymbol{P}_{bb}\boldsymbol{W}_b^{\mathrm{T}}$$

最优 $\boldsymbol{W}_a$ 和 $\boldsymbol{W}_b$ 可以通过使 $\boldsymbol{P}_{cc}$ 的迹最小求取。最优融合估计量及其协方差阵的更新方程为

$$c=a+(\boldsymbol{P}_{aa}-\boldsymbol{P}_{ab})(\boldsymbol{P}_{aa}+\boldsymbol{P}_{bb}-\boldsymbol{P}_{ab}-\boldsymbol{P}_{ba})^{-1}(b-a)$$

$$\boldsymbol{P}_{cc}=\boldsymbol{P}_{aa}-(\boldsymbol{P}_{aa}-\boldsymbol{P}_{ab})(\boldsymbol{P}_{aa}+\boldsymbol{P}_{bb}-\boldsymbol{P}_{ab}-\boldsymbol{P}_{ba})^{-1}(\boldsymbol{P}_{aa}-\boldsymbol{P}_{ab})^{\mathrm{T}}$$

因此，不等式在几何上的意义就是：c 的方差椭球被包围在由 a 和 b 的方差椭球构成的交叉区域中。

如果相关估计量的融合算法

$$c=f(a,b)$$

可以保证在使式(5-5-8)非负定的条件下，无论 $\boldsymbol{P}_{ab}$ 取什么值，c 的方差椭球总是包含 a 和 b 的方差椭球的交叉区域，并位于二者之间，那么该算法必然满足：

①融合估计量具有一致性，即 $\boldsymbol{P}_{cc}-\overline{\boldsymbol{P}}_{cc}\geqslant 0$；

②融合估计量的精度有界。

这样的融合算法将融合估计量的精度适当降低，使其不受相关性的影响，但在空间某方向上，融合后的估计量精度不低于参与融合的估计量最低精度。

5.5.2 相关程度未知的相关估计量最优融合

设 $\boldsymbol{P}_{ab}$ 未知，a 和 b 的协方差椭球方程分别为

$$\boldsymbol{x}^{\mathrm{T}}\boldsymbol{P}_{aa}^{-1}\boldsymbol{x}=k,\boldsymbol{x}^{\mathrm{T}}\boldsymbol{P}_{bb}^{-1}\boldsymbol{x}=k$$

根据解析几何的知识，过两轨迹的交界，且位于两轨迹间的轨迹方程为

$$\omega(\boldsymbol{x}^{\mathrm{T}}\boldsymbol{P}_{aa}^{-1}\boldsymbol{x}-k)+(1-\omega)(\boldsymbol{x}^{\mathrm{T}}\boldsymbol{P}_{bb}^{-1}\boldsymbol{x}-k)=0 \tag{5-5-9}$$

式中，$\omega\in[0,1]$。整理式(5-5-9)可得

$$\boldsymbol{x}^{\mathrm{T}}[\omega\boldsymbol{P}_{aa}^{-1}+(1-\omega)\boldsymbol{P}_{bb}^{-1}]\boldsymbol{x}=0 \tag{5-5-10}$$

如果取

$$\boldsymbol{P}_{cc}^{-1}=\omega\boldsymbol{P}_{aa}^{-1}+(1-\omega)\boldsymbol{P}_{bb}^{-1} \tag{5-5-11}$$

那么式(5-5-10)即为 $\boldsymbol{P}_{cc}$ 的等值轨迹。

假设式(5-5-11)表示融合算法的协方差阵更新，则式(5-5-10)即为算法。

现寻找与式(5-5-11)对应的估计量更新方程。

对于相关性已知条件下的估计量最优融合方程，如果已知 $\boldsymbol{P}_{ab}=0$，即 a 和 b 不相关，则最优融合估计量及其协方差阵的更新方程分别表示为

$$c=a+P_{aa}(\boldsymbol{P}_{aa}+\boldsymbol{P}_{bb})^{-1}(b-a) \tag{5-5-12}$$

$$\boldsymbol{P}_{cc}=\boldsymbol{P}_{aa}-\boldsymbol{P}_{aa}(\boldsymbol{P}_{aa}+\boldsymbol{P}_{bb})^{-1}\boldsymbol{P}_{aa} \tag{5-5-13}$$

对式(5-5-13)应用矩阵反演公式后与式(5-5-12)左右同乘，可得到最优融合方程

$$\boldsymbol{P}_{cc}^{-1}=\boldsymbol{P}_{aa}^{-1}+\boldsymbol{P}_{bb}^{-1}$$

$$\boldsymbol{P}_{cc}^{-1}c=\boldsymbol{P}_{aa}^{-1}a+\boldsymbol{P}_{bb}^{-1}b$$

将 $\boldsymbol{P}_{aa}^{-1}$ 和 $\boldsymbol{P}_{bb}^{-1}$ 分别放大 ω 倍和 $(1-\omega)$ 倍，即

$$\hat{\boldsymbol{P}}_{aa}^{-1}=\omega\boldsymbol{P}_{aa}^{-1},\hat{\boldsymbol{P}}_{bb}^{-1}=(1-\omega)\boldsymbol{P}_{bb}^{-1}$$

代替 $\boldsymbol{P}_{aa}^{-1}$ 和 $\boldsymbol{P}_{bb}^{-1}$，则 a 和 b 的融合为

$$\hat{\boldsymbol{P}}_{cc}^{-1}=\hat{\boldsymbol{P}}_{aa}^{-1}+\hat{\boldsymbol{P}}_{bb}^{-1}$$

$$\hat{\boldsymbol{P}}_{cc}^{-1}c = \hat{\boldsymbol{P}}_{aa}^{-1}a + \hat{\boldsymbol{P}}_{bb}^{-1}b$$

此即为要构建的融合方法。

图 5-12 所示为一个二维空间的融合实例，其中 ω 分别取 0.1、0.5 和 0.9。

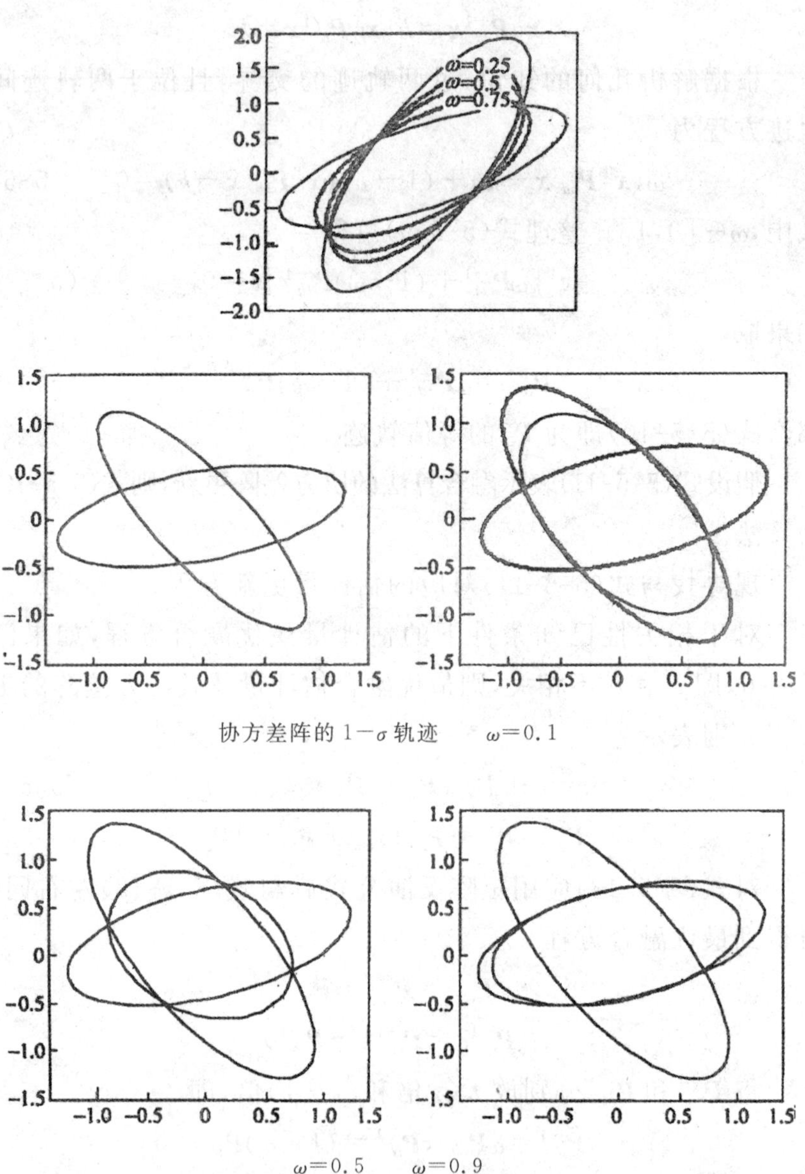

协方差阵的 1−σ 轨迹　　ω=0.1

ω=0.5　　ω=0.9

图 5-12　相关性未知的两个二维估计量利用新算法进行融合的协方差椭圆

估计的最优性由 ω 决定，ω 可通过最优化方法，依据 $\boldsymbol{P}_{cc}$ 的某一范数（如迹、特征值、行列式等）最小准则搜索得到。采用行列式可充分利用 $\boldsymbol{P}_{cc}$，所有元素提供的信息，得到的 $\boldsymbol{P}_{cc}$ 等值图是一系列包含在交会区的等值图中最紧凑的。

与独立估计量的最优融合算法相比，通过解析几何构建的估计量融合算法只是增加了信息矩阵的放大过程以及加权因子的最优化搜索过程，方程简单，易于使用。

5.6 混合式估计融合

来自 L_j 个传感器的航迹融合解为

$$
\begin{aligned}
&\hat{\boldsymbol{X}}^j(k+1 \mid k+1)\\
&=\hat{\boldsymbol{X}}^j_f(k+1 \mid k)+\boldsymbol{P}^j(k+1 \mid k+1)\sum_{i=1}^{N_j}\{[\boldsymbol{P}^j_i(k+1 \mid k+1)]^{-1}\\
&\quad\times[\hat{\boldsymbol{X}}^j_i(k+1 \mid k+1)-\hat{\boldsymbol{X}}^j_f(k+1 \mid k)]\\
&\quad-[\boldsymbol{P}^j_i(k+1 \mid k)]^{-1}[\hat{\boldsymbol{X}}^j_i(k+1 \mid k)-\hat{\boldsymbol{X}}^j_f(k+1 \mid k)]\}
\end{aligned}
\tag{5-6-1}
$$

其中

$$
\begin{aligned}
[\boldsymbol{P}^j(k+1 \mid k+1)]^{-1} &= [\boldsymbol{P}^j_f(k+1 \mid k)]^{-1}\\
&+\sum_{i=1}^{L_j}[\boldsymbol{H}^j_i(k+1)]^{\mathrm{T}}[\boldsymbol{R}^j_i(k+1)]^{-1}\boldsymbol{H}^j_i(k+1)
\end{aligned}
$$

式中，$\hat{\boldsymbol{X}}^j_f(k+1|k)$是局部节点 j 的状态预测。

如图 5-13 所示为 N_j 个传感器局部节点 j 的两层结构，$\forall i \in L_j+1, L_j+2, \cdots, L_j$。

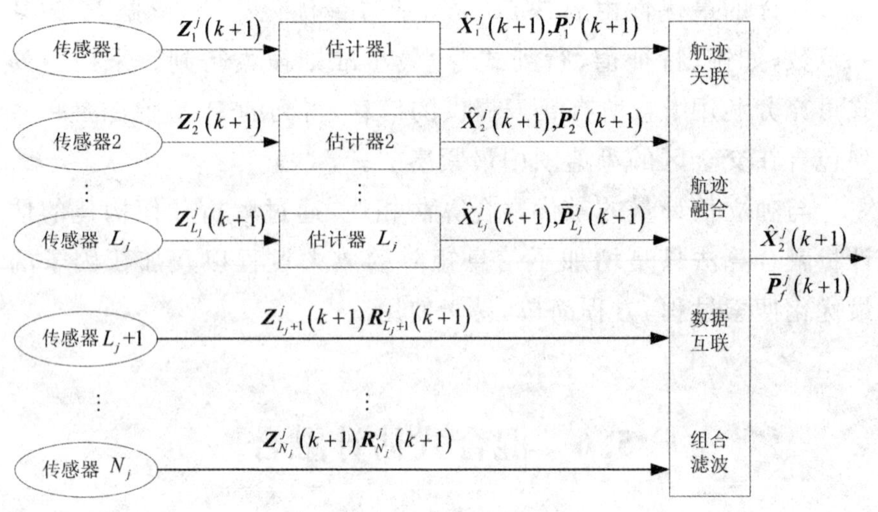

图 5-13　两层混合式融合结构

5.6.1　顺序估计

如果将 $\forall i \in L_j+1, L_j+2, \cdots, L_j$ 所对应的各传感器的测量 $Z_i^j(k+1)$ 看作一个具有零预测时间的新测量，并用卡尔曼滤波技术顺序地更新状态估计、增益和协方差，即可获得式(5-6-1)航迹融合的混合状态估计方程，表示为

$$\hat{X}_{(i)}(k+1|k+1) = \hat{X}_{(i-1)}(k+1|k+1) + G_i^j(k+1) \cdot [Z_i^j(k+1) - H_i^j(k+1)\hat{X}_{(i-1)}(k+1|k+1)]$$

$$G_i^j(k+1) = P_{(i)}^j(k+1|k+1)H_i^j(k+1)[R_i^j(k+1)]^{-1}$$

$$[P_{(i)}^j(k+1|k+1)]^{-1} = [P_{(i-1)}^j(k+1|k+1)]^{-1} + H_i^j(k+1)[R_i^j(k+1)]^{-1}H_i^j(k+1)$$

其中

$$P_{(L_i)}^j(k+1|k+1) = P^j(k+1|k+1);$$

$$\hat{X}_{(L_i)}^j(k+1|k+1) = \hat{X}^j(k+1|k+1)$$

经过 $N_j - L_j$ 步更新之后，可得两层混合系统的状态估计为

$$
\begin{aligned}
&\hat{\boldsymbol{X}}_{\mathrm{f}}^{j}(k+1 \mid k+1) \\
&= \hat{\boldsymbol{X}}^{j}_{(L_j)}(k+1 \mid k+1) + \sum_{i=L_j+1}^{N_j} \boldsymbol{G}_i^j(k+1)[\boldsymbol{Z}_i^j(k+1) \\
&\quad - \boldsymbol{H}_i^j(k+1)\hat{\boldsymbol{X}}^{j}_{(i-1)}(k+1 \mid k+1)] \\
&= \hat{\boldsymbol{X}}_{\mathrm{f}}^{j}(k+1 \mid k) + \boldsymbol{P}^j(k+1 \mid k+1) \\
&\quad \times \sum_{i=1}^{L_j} \left\{ \begin{array}{l} [\boldsymbol{P}_i^j(k+1 \mid k+1)]^{-1}[\hat{\boldsymbol{X}}_i^j(k+1 \mid k+1) \\ - \hat{\boldsymbol{X}}_f^j(k+1 \mid k)] \end{array} \right. \\
&\quad - [\boldsymbol{P}_i^j(k+1 \mid k)]^{-1} \cdot [\hat{\boldsymbol{X}}_i^j(k+1 \mid k+1)\} \\
&\quad - \hat{\boldsymbol{X}}_{\mathrm{f}}^{j}(k+1 \mid k)] \\
&\quad + \sum_{i=L_j+1}^{N_j} \boldsymbol{G}_i^j(k+1)[\boldsymbol{Z}_i^j(k+1) - \boldsymbol{H}_i^j(k+1)\hat{\boldsymbol{X}}^{j}_{(i-1)}(k+1 \mid k+1)]
\end{aligned}
$$

式中，$\hat{\boldsymbol{X}}_{\mathrm{f}}^{j}(k+1|k+1) = \boldsymbol{\Phi}(k)\hat{\boldsymbol{X}}_{\mathrm{f}}^{j}(k|k)$。

对应的状态更新和预测协方差为

$$
\begin{aligned}
[\boldsymbol{P}_{\mathrm{f}}^j(k+1 \mid k+1)]^{-1} &= [\boldsymbol{P}_{\mathrm{f}}^j(k+1 \mid k)]^{-1} \\
&\quad + \sum_{i=1}^{N_j} [\boldsymbol{H}_i^j(k+1)]^{\mathrm{T}}[\boldsymbol{R}_i^j(k+1)]^{-1}\boldsymbol{H}_i^j(k+1)
\end{aligned}
$$

$$
\boldsymbol{P}_{\mathrm{f}}^j(k+1 \mid k) = \boldsymbol{\Phi}(k)\boldsymbol{P}_f^j(k \mid k)\boldsymbol{\Phi}^{\mathrm{T}}(k)' + \boldsymbol{G}(k)\boldsymbol{Q}(k)\boldsymbol{G}^{\mathrm{T}}(k)
$$

5.6.2 加权估计

从工程实践的角度出发，可对 $i = L_j+1, L_j+2, \cdots, N_j$ 所对应的各传感器的测量 $\boldsymbol{Z}_i^j(k+1)$ 进行数据压缩

$$
\boldsymbol{Z}^j_{L_j+1-N_j}(k+1) = \boldsymbol{R}^j_{L_j+1-N_j}(k+1) \sum_{i=L_j+1}^{N_j} [R_i^j(k+1)]^{-1}\boldsymbol{Z}_i^j(k+1)
$$

$$
\boldsymbol{R}^j_{L_j+1-N_j}(k+1) = \sum_{i=L_j+1}^{N_j} [\boldsymbol{R}_i^j(k+1)]^{-1}
$$

根据数据压缩后的量测值，可以运用卡尔曼滤波技术更新估计状态、增益和协方差。如此，作为具有混合结构的节点 j 可与其他节点一同参与多层系统融合。

5.7 异步估计融合

在实际多传感器动态系统中，传感器系统存在不同的观测时间和传输中延迟的不同，这种同步假设实际上有时是难以保证的。例如，在舰载综合电子信息系统中，由于需要执行各种不同的作战任务，各种雷达的扫描周期往往是不一致的，并且对同一目标的观测时间起始基准也可能不同。针对异步信息的状态估计问题，通常采用内插、外推等方法进行时间配准，同时获得各传感器数据采样，然后应用同步融合算法进行目标状态估计。

5.7.1 异步融合的概念

由于多传感器数据融合技术在不同领域中的广泛应用及其未来发展的广阔前景，对它的研究也在迅速升温。但在多传感信息融合理论中，研究较多的是同步融合问题。然而，实际中经常遇到的却是异步融合问题。

异步融合问题分为顺序量测（in-sequence measurement，ISM）异步融合问题与非顺序量测（out-of-sequence measurement，OOSM）异步融合问题两类，二者的主要差别在于各传感器获得量测数据的时间顺序是否与量测数据到达融合中心的时间顺序一致。一致，则为顺序量测异步融合问题，否则为非顺序量测异步融合问题。

5.7.2 顺序量测异步融合

1. 问题描述

对一个运动目标进行跟踪，其动态方程可以用随机微分方程

表示为

$$\mathrm{d}\boldsymbol{x}(t)=\boldsymbol{A}(t)\boldsymbol{x}(t)\mathrm{d}t+\boldsymbol{\sigma}(t)\mathrm{d}\xi(t) \tag{5-7-1}$$

式中，$\boldsymbol{x}(t)\in\mathbf{R}^n$，$\boldsymbol{A}(t)$、$\boldsymbol{\sigma}(t)$是适当维数的系数矩阵；$\xi(t)$是具有零均值和单位增量协方差阵的 Wiener 过程。

设 $\boldsymbol{\Phi}(t,s)$是 $\boldsymbol{A}(t)$对应的状态转移矩阵，T 为融合中心的采样周期，则对随机微分方程(5-7-1)所描述的连续时间线性系统进行采样离散化后可得

$$\boldsymbol{x}_k\triangleq\boldsymbol{x}(t_k)=\boldsymbol{\Phi}_{k,k-1}\boldsymbol{x}_{k-1}+\boldsymbol{w}_{k,k-1} \tag{5-7-2}$$

其中

$$\boldsymbol{\Phi}_{k,k-1}=\boldsymbol{\Phi}(t_k,t_{k-1})$$

$$t_k=kT$$

$$\boldsymbol{w}_{k,k-1}$$

根据随机积分的性质，离散化后得到的过程噪声$\{w_{k,k-1}\}$是均值为零的高斯白噪声序列，其协方差阵为

$$\boldsymbol{Q}_{k,k-1}=\mathrm{cov}[\boldsymbol{w}_{k,k-1}]=\int_{t_{k-1}}^{t_k}\boldsymbol{\Phi}(t_k,\tau)\boldsymbol{\sigma}(\tau)\boldsymbol{\sigma}^{\mathrm{T}}(\tau)\boldsymbol{\Phi}^{\mathrm{T}}(t_k,\tau)\mathrm{d}\tau$$

假定有 N 个传感器对目标的运动状态独立地进行量测，传感器 i 的采样周期为 T_i。假定在时间间隔$(t_{k-1},t_k]$所有的传感器共量测到了 N_k 个量测，在这一时间间隔中，某个给定的传感器可能提供了一个或者多个量测，也可能没有提供任何量测。令 n_k^i 为传感器 i 在时间间隔$(t_{k-1},t_k]$提供的量测数，则

$$N_k=\sum_{i=1}^{N}n_k^i \tag{5-7-3}$$

如果在这一时间间隔上传感器 j 没有提供任何量测，则在式(5-7-3)中令 n_k^i 为零。

令 λ_k^i 为 t_k 和量测 $i(i=1,2,\cdots,N_k)$产生时刻之间的时间间隔，在$(t_{k-1},t_k]$时间间隔上，量测传送到融合中心后，根据数据帧中的“时戳”标记，按照量测时间的先后顺序排序，可以得到 λ_k^1，

$\lambda_k^2,\cdots,\lambda_k^{N_k}$,如图 5-14 所示①。则量测 i 可以被表示成

$$z_{k-\lambda_k^i}^i=\boldsymbol{H}_{k-\lambda_k^i}^i\boldsymbol{x}_{k-\lambda_k^i}+\boldsymbol{v}_{k-\lambda_k^i}^i,i=1,2,\cdots,N_k \tag{5-7-4}$$

式中,$\boldsymbol{H}_{k-\lambda_k^i}^i$ 为提供量测 i 的传感器的量测矩阵;$\boldsymbol{v}_{k-\lambda_k^i}^i$ 是均值为零的量测噪声;$\boldsymbol{R}_{k-\lambda_k^i}^i$ 为协方差阵的白噪声序列。

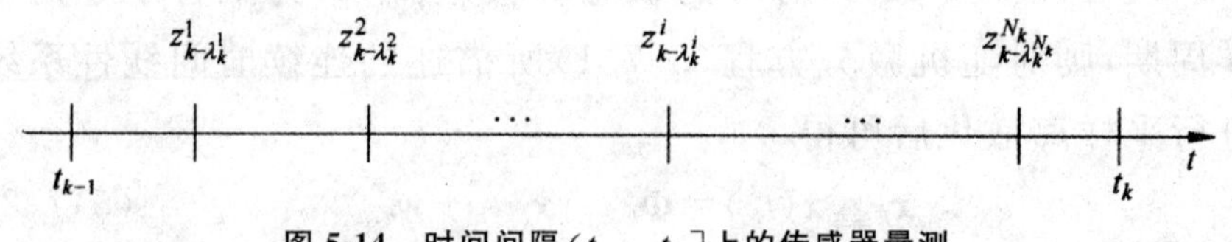

图 5-14 时间间隔(t_{k-1},t_k]上的传感器量测

令

$$\boldsymbol{z}_l=\{\boldsymbol{z}_{l-\lambda_l^i}^i\}_{i=1}^{N_l}$$

$$\boldsymbol{Z}^k=\{\boldsymbol{z}_l\}_{i=1}^k$$

假定 t_{k-1}时刻融合中心得到的上个时刻状态估计为

$$\hat{\boldsymbol{x}}_{k-1|k-1}=E^*[\boldsymbol{x}_{k-1}|\boldsymbol{Z}^{k-1}]$$

估计误差的协方差阵为

$$\boldsymbol{P}_{k-1|k-1}=\text{cov}[\hat{\boldsymbol{x}}_{k-1|k-1}|\boldsymbol{Z}^{k-1}]$$

则异步中心式融合问题可以简单地描述为:

在 t_k 时刻,融合中心获得新的量测 z_k 后,求解

$$\hat{\boldsymbol{x}}_{k|k}=E^*[\boldsymbol{x}_k|\boldsymbol{Z}^k]$$

和

$$\boldsymbol{P}_{k|k}=\text{cov}[\hat{\boldsymbol{x}}_{k|k}|\boldsymbol{Z}^k]$$

序贯滤波算法是解决顺序量测异步融合问题的最优算法,但该算法的计算量非常大。为减小计算量,W. D. Blair 教授等人研究光学传感器和雷达间的量测融合问题,首先采用最小二乘估计技术实现光学传感器多个异步量测的融合,使得融合后的等效量测同步于雷达量测,最后进行同步量测的融合。

然而,由于在融合时假设目标作匀速运动,所以最小二乘估

① 潘泉,程咏梅,梁彦,等.多源信息融合理论及应用[M].北京:清华大学出版社,2013.

计仅仅依靠传感器量测数据，并没有考虑目标实际运动模型的融合算法，难以进行准确的时间同步。

现介绍考虑目标运动模型来进行严格时间同步的异步量测融合算法——顺序量测异步融合算法。

2.顺序量测异步融合算法

由式(5-7-2)可知，在 $t_{k-\lambda_k^i}$ 时刻，$\boldsymbol{x}_k$ 可以表示为

$$\boldsymbol{x}_k=\boldsymbol{\Phi}_{k,k-\lambda_k^i}\boldsymbol{x}_{k-\lambda_k^i}+\boldsymbol{w}_{k,k-\lambda_k^i} \tag{5-7-5}$$

进一步，有

$$\boldsymbol{x}_{k-\lambda_k^i}=\boldsymbol{\Phi}_{k,k-\lambda_k^i}^{-1}(\boldsymbol{x}_k-\boldsymbol{w}_{k,k-\lambda_k^i}) \tag{5-7-6}$$

将式(5-7-6)代入(5-7-4)中，有

$$\begin{aligned}\boldsymbol{z}_{k-\lambda_k^i}^i&=\boldsymbol{H}_{k-\lambda_k^i}^i\boldsymbol{\Phi}_{k,k-\lambda_k^i}^{-1}(\boldsymbol{x}_k-\boldsymbol{w}_{k,k-\lambda_k^i})+\boldsymbol{v}_{k-\lambda_k^i}^i\\&=\boldsymbol{H}_{k-\lambda_k^i}^i\boldsymbol{\Phi}_{k,k-\lambda_k^i}^{-1}\boldsymbol{x}_k-\boldsymbol{H}_{k-\lambda_k^i}^i\boldsymbol{\Phi}_{k,k-\lambda_k^i}^{-1}\boldsymbol{w}_{k,k-\lambda_k^i}+\boldsymbol{v}_{k-\lambda_k^i}^i\end{aligned}$$

定义 5.1

$$\begin{cases}\overline{\boldsymbol{H}}_k^i=\boldsymbol{H}_{k-\lambda_k^i}^i\boldsymbol{\Phi}_{k,k-\lambda_k^i}^{-1}\\ \overline{\boldsymbol{\eta}}_k^i=\boldsymbol{v}_{k-\lambda_k^i}^i-\overline{\boldsymbol{H}}_k^i\boldsymbol{w}_{k,k-\lambda_k^i}\\ \overline{\boldsymbol{z}}_k^i=\boldsymbol{z}_{k-\lambda_k^i}^i\end{cases}$$

由式(5-7-2)和式(5-7-4)可知

$$\begin{cases}E[\overline{\boldsymbol{\eta}}_k^i]=0,\operatorname{cov}[\overline{\boldsymbol{\eta}}_k^i]=\boldsymbol{R}_{k-\lambda_k^i}^i+\overline{\boldsymbol{H}}_k^i\boldsymbol{Q}_{k,k-\lambda_k^i}(\overline{\boldsymbol{H}}_k^i)^{\mathrm{T}}\\ \operatorname{cov}[\overline{\boldsymbol{\eta}}_k^i,\overline{\boldsymbol{\eta}}_k^i]=\overline{\boldsymbol{H}}_k^i\boldsymbol{Q}_{k,k-\lambda_k^s}(\overline{\boldsymbol{H}}_k^j)^{\mathrm{T}},s=\max(i,j)\\ \operatorname{cov}[\boldsymbol{w}_{k,k-\lambda_k^i},\overline{\boldsymbol{\eta}}_k^i]=-\boldsymbol{Q}_{k,k-\lambda_k^i}(\overline{\boldsymbol{H}}_k^i)^{\mathrm{T}}\end{cases}$$

令

$$\begin{cases}\boldsymbol{z}_k=[(\overline{\boldsymbol{z}}_k^1)^{\mathrm{T}},(\overline{\boldsymbol{z}}_k^2)^{\mathrm{T}},\cdots,(\overline{\boldsymbol{z}}_k^{N_k})^{\mathrm{T}}]^{\mathrm{T}}\\ \boldsymbol{H}_k=[(\overline{\boldsymbol{H}}_k^1)^{\mathrm{T}},(\overline{\boldsymbol{H}}_k^2)^{\mathrm{T}},\cdots,(\overline{\boldsymbol{H}}_k^{N_k})^{\mathrm{T}}]^{\mathrm{T}}\\ \boldsymbol{\eta}_k=[(\overline{\boldsymbol{\eta}}_k^1)^{\mathrm{T}},(\overline{\boldsymbol{\eta}}_k^2)^{\mathrm{T}},\cdots,(\overline{\boldsymbol{\eta}}_k^{N_k})^{\mathrm{T}}]^{\mathrm{T}}\end{cases}$$

则有

$$\boldsymbol{z}_k=\boldsymbol{H}_k\boldsymbol{x}_k+\boldsymbol{\eta}_k$$

且

$$\operatorname{cov}[\boldsymbol{\eta}_k,\boldsymbol{\eta}_k]=$$

$$\begin{bmatrix} \overline{\boldsymbol{H}}_k^1\boldsymbol{Q}_{k,k-\lambda_k^1}(\overline{\boldsymbol{H}}_k^1)^{\mathrm{T}} & \overline{\boldsymbol{H}}_k^1\boldsymbol{Q}_{k,k-\lambda_k^2}(\overline{\boldsymbol{H}}_k^2)^{\mathrm{T}} & \cdots & \overline{\boldsymbol{H}}_k^1\boldsymbol{Q}_{k,k-\lambda_k^{N_k}}(\overline{\boldsymbol{H}}_k^{N_k})^{\mathrm{T}} \\ \overline{\boldsymbol{H}}_k^2\boldsymbol{Q}_{k,k-\lambda_k^2}(\overline{\boldsymbol{H}}_k^1)^{\mathrm{T}} & \overline{\boldsymbol{H}}_k^2\boldsymbol{Q}_{k,k-\lambda_k^2}(\overline{\boldsymbol{H}}_k^2)^{\mathrm{T}} & \cdots & \overline{\boldsymbol{H}}_k^2\boldsymbol{Q}_{k,k-\lambda_k^{N_k}}(\overline{\boldsymbol{H}}_k^{N_k})^{\mathrm{T}} \\ \vdots & \vdots & \vdots & \vdots \\ \overline{\boldsymbol{H}}_k^{N_k}\boldsymbol{Q}_{k,k-\lambda_k^{N_k}}(\overline{\boldsymbol{H}}_k^1)^{\mathrm{T}} & \overline{\boldsymbol{H}}_k^{N_k}\boldsymbol{Q}_{k,k-\lambda_k^{N_k}}(\overline{\boldsymbol{H}}_k^2)^{\mathrm{T}} & \cdots & \overline{\boldsymbol{H}}_k^{N_k}\boldsymbol{Q}_{k,k-\lambda_k^{N_k}}(\overline{\boldsymbol{H}}_k^{N_k})^{\mathrm{T}} \end{bmatrix}$$

$$\operatorname{cov}[\boldsymbol{w}_{k,k-\lambda_k^i},\overline{\boldsymbol{\eta}}_k^i]=$$

$$[-\boldsymbol{Q}_{k,k-\lambda_k^1}(\overline{\boldsymbol{H}}_k^1)^{\mathrm{T}},-\boldsymbol{Q}_{k,k-\lambda_k^2}(\overline{\boldsymbol{H}}_k^2)^{\mathrm{T}},\cdots,-\boldsymbol{Q}_{k,k-\lambda_k^{N_k}}(\overline{\boldsymbol{H}}_k^{N_k})^{\mathrm{T}}]$$

对式(5-7-2)和式(5-7-7)应用 Kalman 滤波器，即可得到融合中心的最优估计，但由于相应的协方差阵的维数相当高，所以该算法的计算复杂度也非常高，应该进一步研究能够简化计算的方法。

第6章　目标跟踪与航迹融合

使用多传感器测量值跟踪移动的物体(包括目标、砟动机器人和其他的交通工具)的问题,在军事应用和民用中引起了人们极大的兴趣。实际中,目标跟踪的情形包括目标机动、交叉和分离(相遇和分离)。对这样的情形有不同的算法可以实现目标跟踪。选择的算法一般依赖于应用,也需要考虑算法优点,问题的复杂度(数据受到地面杂波的干扰,噪声处理过程等)和计算负担。

6.1　目标跟踪的基本概念和原理

目标跟踪是指为了维持对目标当前状态的估计,与此同时,对传感器接收到的关于目标的观测信息进行处理的过程。这些观测信息已被噪声污染,且不是原始的观测数据,而是信息处理或检测子系统的输出信号。

机动多目标跟踪(Multiple Maneuvering Target Tracking, MMTT)是指将所接收到的观测信息进行分解,从中提取有效信息,输出目标数目以及目标运动参数,为战场态势评估和威胁估计提供决策支持①。

航迹(track)是目标跟踪领域经常提到的概念,它是指基于源

① 韩崇昭,朱洪艳,段战胜.多源信息融合[M].2版.北京:清华大学出版社,2010.

于同一目标的一组量测信息获得目标状态轨迹的估计。在多目标跟踪理论中,目标方式和目标观测信息的不确定性导致研究困难,其滤波性能受到模型的影响较为严重。多目标跟踪处理过程实质上是一个递推过程,根据上一步的信息处理来建立目标航迹。一旦确定目标与航迹的匹配关系,多目标跟踪就可以转化为单目标跟踪问题。

6.2 跟踪门

6.2.1 跟踪门的形成与选择

跟踪门是指以被跟踪目标的预测位置为中心,用来确定该目标的观测值可能出现范围的一块区域。跟踪门的形状和大小受真实观测信息落入门内的高概率影响。从某一方面讲,跟踪门是一种决策门限,主要用于判断观测信息是否来自目标。一旦确定了跟踪门的形状和大小,真实目标的观测信息被正确检测概率和虚假目标被错误检测到的虚警概率也随之确定。

常用的跟踪门有环形、矩形、椭圆(球)形以及扇形四种,在不同阶段选择合适的跟踪门模型对跟踪算法有较大影响。本节以矩形跟踪门和环形跟踪门为例进行简要介绍。为了以后讨论方便,我们把量测方程、新息方程(量测残差)和新息协方差重新描述。

量测方程为

$$\boldsymbol{Z}(k+1)=\boldsymbol{H}(k+1)X(k+1)+\boldsymbol{W}(k+1)$$

式中,$\boldsymbol{H}(k+1)$为量测矩阵;$\boldsymbol{X}(k+1)$为状态向量;$\boldsymbol{W}(k+1)$是具有协方差$\boldsymbol{R}(k+1)$的零均值、白色高斯量测噪声序列。

新息为

$$\boldsymbol{v}(k+1)=\boldsymbol{Z}(k+1)-\hat{\boldsymbol{Z}}(k+1|k)$$

新息协方差为

$$\boldsymbol{S}(k+1)=\boldsymbol{H}(k+1)\boldsymbol{P}(k+1|k)\boldsymbol{H}^{\mathrm{T}}(k+1)+\boldsymbol{R}(k+1)$$

式中，$\boldsymbol{P}(k+1|k)$为协方差的一步预测。

根据卡尔曼滤波算法，如果 k 时刻的新息向量（也称残差向量）为 $\boldsymbol{v}(k+1)$，新息协方差阵为 $\boldsymbol{S}(k+1)$，观测维数为 n_z，记新息的范数为

$$g(k+1)=\boldsymbol{v}(k+1)^{\mathrm{T}}\boldsymbol{S}(k+1)^{-1}\boldsymbol{v}(k+1)$$

可以证明，$g(k+1)$服从自由度为 n_z 的 $\chi^2_{n_z}$ 分布。

6.2.2 矩形跟踪门

最简单的跟踪门形成方法是在跟踪空间内定义一个矩形区域，即矩形跟踪门。

设残差向量 $\tilde{\boldsymbol{z}}(k|k-1)$、量测向量 $\boldsymbol{z}(k)$以及预报量测向量 $\hat{\boldsymbol{z}}(k|k-1)$ 的第 i 个分量分别为 $\tilde{z}(k|k-1,i)$，$z(k,i)$ 和 $\hat{z}(k|k-1,i)$；跟踪门常数为 $K(G,i)$，它取决于观测密度、检测概率以及状态矢量的维数。则当观测量 $\boldsymbol{z}(k)$满足如下关系

$$\tilde{z}(k|k-1,i)\triangleq|z(k,i)-\hat{z}(k|k-1,i)|\leqslant K(G,i)\cdot\sigma_r(i)(i=1,2,\cdots,M)$$

则称 $z(k)$为候选回波。这里 $\sigma_r(i)$为第 i 个残差的标准偏差。

6.2.3 环形跟踪门

环形波门一般是用在航迹起始中的初始波门，它是一个以航迹头为中心建立一个由目标最大、最小运动速度以及采样间隔决定的 360°环形大波门。这是由于航迹起始时目标一般距离较远，传感器探测分辨力低、量测精度差，所以初始波门相应地要建大

波门，环形波门的内径和外径应满足 $R_1=V_{\min}T$，$R_2=V_{\max}T$，如图 6-1 所示，其中 $V_{\min}$ 和 $V_{\max}$ 分别为目标的最小和最大速度，T 为采样间隔。

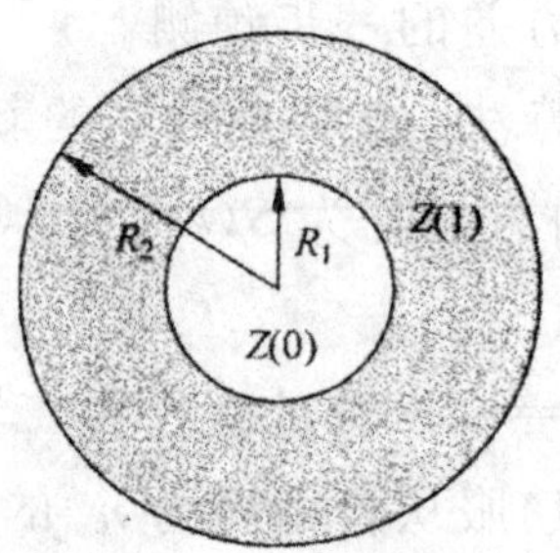

图 6-1　环形波门图

除了前面提到的两种常见的跟踪门外，还有球面坐标系下的扇形跟踪门，以及基于数据关联性能评价的优化跟踪门算法等。

6.3　目标跟踪模型

多传感器多目标跟踪是军事信息融合的核心内容。而多传感器多目标跟踪的技术基础是基本的单传感器单目标跟踪技术。目标跟踪的核心是如何最优化地提取目标运动状态的有效信息。要完成这一过程需要借助目标跟踪模型，目标跟踪模型一般包括目标动态模型和传感器测量(观测)模型。

6.3.1　目标动态模型

常见的目标动态模型有非机动目标动态模型、坐标解耦的目标机动模型、机动目标跟踪的教学模型、二维水平运动模型和三维运动模型。本节主要对后三种目标动态模型进行简要的阐述。

1.机动目标跟踪的教学模型

目标跟踪的主要目的是估计(运动)目标的状态轨迹。目标动态模型或运动模型描述的是目标运动状态 x 随时间的变化过程。

几乎所有的机动目标跟踪方法都是基于模型的。其中最常用的模型是如下形式的状态空间模型。

$$\boldsymbol{x}_{k+1}=f_k(\boldsymbol{x}_k,\boldsymbol{u}_k,\boldsymbol{w}_k)$$
$$\boldsymbol{z}_k=h_k(\boldsymbol{x}_k)+\boldsymbol{v}_k$$

式中,$\boldsymbol{x}_k$、$\boldsymbol{z}_k$ 和 $\boldsymbol{u}_k$ 分别是离散时刻 t_k(用 k 标识)目标状态、观测和控制输入向量;$\boldsymbol{w}_k$ 和 $\boldsymbol{v}_k$ 分别是过程和量测噪声序列;f_k 和 h_k 是向量值时变函数。这种离散模型可看作离散化以下的连续模型的结果。

$$\dot{\boldsymbol{x}}(t)=f(\boldsymbol{x}(t),\boldsymbol{u}(t),\boldsymbol{w}(t),t)\boldsymbol{x}(t_0)=x_0$$
$$\boldsymbol{z}(t)=h(\boldsymbol{x}(t),t)+\boldsymbol{v}(t)$$

式中,$\boldsymbol{x}_k=\boldsymbol{x}(t_k)$,$\boldsymbol{z}_k=\boldsymbol{z}(t_k)$,$\boldsymbol{v}_k=\boldsymbol{v}(t_k)$,$\boldsymbol{u}_k=\boldsymbol{u}(t_k)$,$h_k(\boldsymbol{x}_k)=h_k(\boldsymbol{x}(t_k),t_k)$。

注意:$\boldsymbol{w}_k\neq\boldsymbol{w}(t_k)$,$f_k(\boldsymbol{x}_k,\boldsymbol{u}_k,\boldsymbol{w}_k)\neq f_k(\boldsymbol{x}(t_k),\boldsymbol{u}(t_k),\boldsymbol{w}(t_k),t_k)$

事实上,对多数跟踪问题而言,下面的混合时间模型更为合适。

$$\dot{\boldsymbol{x}}(t)=f(\boldsymbol{x}(t),\boldsymbol{u}(t),\boldsymbol{w}(t),t)\boldsymbol{x}(t_0)=\boldsymbol{x}_0$$
$$\boldsymbol{z}_k=h_k(\boldsymbol{x}_k)+\boldsymbol{v}_k \tag{6-3-1}$$

因为,观测通常仅在某些离散时刻得到,而目标运动用连续时间模型描述更为精确。目标运动行为应该不依赖于观测样本是如何、何时获取的,而离散模恰恰依赖这些。

与上述模型相对应的连续、离散和混合时间的线性模型是以下等式的相应组合对。

$$\boldsymbol{x}_{k+1}=\boldsymbol{F}_k\boldsymbol{x}_k+\boldsymbol{G}_k^u\boldsymbol{u}_k+\boldsymbol{G}_k\boldsymbol{w}_k$$
$$\dot{\boldsymbol{x}}(t)=A(t)\boldsymbol{x}(t)+\boldsymbol{B}^u(t)\boldsymbol{u}(t)+\boldsymbol{B}(t)\boldsymbol{w}_c(t)\boldsymbol{x}(t_0)=\boldsymbol{x}_0$$
$$\boldsymbol{z}_k=\boldsymbol{H}_k\boldsymbol{x}_k+\boldsymbol{v}_k$$

$$\boldsymbol{z}(t)=\boldsymbol{C}(t)\boldsymbol{z}(t)+\boldsymbol{v}(t)$$

上述状态空间模型包括两部分：目标动态/运动模型以及它的观测模型。后面将会对它们进行描述。在目标跟踪中，控制输入 $\boldsymbol{u}$ 通常是未知的。

目标跟踪的两大挑战之一源于目标运动的不定性，即跟踪器无法得到被跟踪目标的精确动态模型。更具体地说，虽然模型式(6-3-1)的一般形式通常可以得到，但航迹缺乏被跟踪目标的有关具体 W 信息，如目标的实际控制输入 $\boldsymbol{u}$、以及函数 f 的具体形式及其参数、噪声 $\boldsymbol{w}$ 的统计特征等。因此，目标运动建模是机动目标跟踪的首要任务之一，目的是要建立一个能够反映目标运动效果且易于处理的模型。

有实际价值的目标运动建模应当能够有利于在未知目标真正的动态行为的条件下实现对一个机动目标的跟踪。这样的建模研究主要是通过两条途径来进行的：①将实际非随机的控制输入 u 近似为一个具有某些特征的随机过程；②用某些有代表性的运动模型辅以适当的设计参数来描述典型的目标轨迹。

2. 二维水平运动模型

二维水平运动模型主要用来处理转弯运动，基于目标的运动学特性而建立。二维目标运动几何学如图 6-2 所示，方程如下：

$$\begin{cases}\dot{x}(t)=v(t)\cos\varphi(t)\\ \dot{y}(t)=v(t)\cos\varphi(t)\\ \dot{v}(t)=a_{\mathrm{t}}(t)\\ \dot{\varphi}(t)=a_{\mathrm{n}}(t)/v(t)\end{cases}\tag{6-3-2}$$

式中，a_{t} 为切向加速度，沿着速度方向；a_{n} 为法向加速度，垂直于速度方向；(x,y)、v、φ 分别代表目标在笛卡尔坐标系中的位置、地速，以及航向改变角(偏航角)。

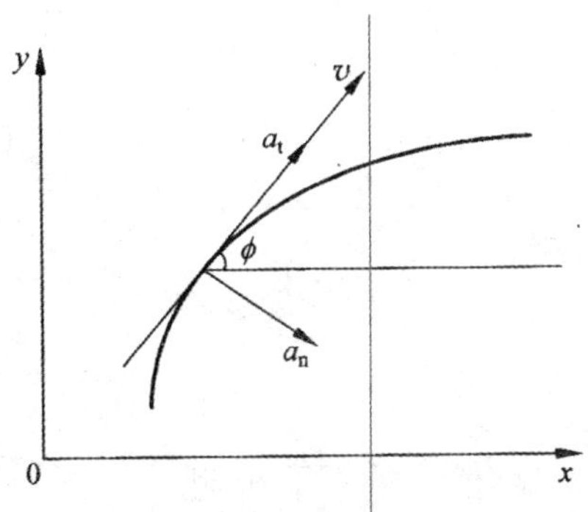

图 6-2　二维目标运动几何学

下面重点描述二维匀速转弯模型。

(1)已知转弯角速度 ω 的 CT 模型

该模型假设目标以(近似)匀速和(近似)匀角速度速动。令 $\omega=\dot{\varphi}$ 代表转弯角速度(turn rate),状态向量为 $\boldsymbol{x}=[x,\dot{x},y,\dot{y}]^{\mathrm{T}}$,由式(6-3-2)可得

$$\dot{\boldsymbol{x}}(t)=[\dot{x}(t),-\omega\dot{y}(t),\dot{y}(t),\omega\dot{x}(t)]^{\mathrm{T}}=\boldsymbol{A}(\omega)x(t)+\boldsymbol{B}(\omega)\boldsymbol{w}(t) \tag{6-3-3}$$

式中,$\boldsymbol{w}(t)=[w_x,w_y]^{\mathrm{T}}$,且

$$\boldsymbol{A}(\omega)=\begin{bmatrix}0 & 1 & 0 & 0\\0 & 0 & 0 & -\omega\\0 & 0 & 0 & 1\\0 & \omega & 0 & 0\end{bmatrix},\boldsymbol{B}(\omega)=\begin{bmatrix}0 & 0\\1 & 0\\0 & 0\\0 & 1\end{bmatrix}$$

如果 ω 已知,此方程就是线性方程。其离散形式为

$$x_{k+1}=\begin{bmatrix}1 & \dfrac{\sin\omega T}{\omega} & 0 & -\dfrac{1-\cos\omega T}{\omega}\\0 & \cos\omega T & 0 & -\sin\omega T\\0 & \dfrac{1-\cos\omega T}{\omega} & 1 & \dfrac{\sin\omega T}{\omega}\\0 & \sin\omega T & 0 & \cos\omega T\end{bmatrix}x_k+\begin{bmatrix}T^2/2 & 0\\T & 0\\0 & T^2/2\\0 & T\end{bmatrix}\boldsymbol{w}_k \tag{6-3-4}$$

其中噪声的协方差阵是

$$Q=\mathrm{cov}(\boldsymbol{w}_k)=S_k\begin{bmatrix}\frac{2(\omega T-\sin\omega T)}{\omega^3} & \frac{1-\cos\omega T}{\omega^2} & 0 & \frac{\omega T-\sin\omega T}{\omega^2}\\ \frac{1-\cos\omega T}{\omega^2} & T & -\frac{\omega T-\sin\omega T}{\omega^2} & 0\\ 0 & -\frac{\omega T-\sin\omega T}{\omega^2} & \frac{2(\omega T-\sin\omega T)}{\omega^3} & \frac{1-\cos\omega T}{\omega^2}\\ \frac{\omega T-\sin\omega T}{\omega^2} & 0 & \frac{1-\cos\omega T}{\omega^2} & T\end{bmatrix}$$

(2)未知转弯角速度 ω 的 CT 模型

不同于前面的已知角速度的 CT 模型，这时的目标转弯角速度作为状态向量中的一个分量，需要估计。此时扩展的目标状态向量描述如下

$$\boldsymbol{x}=[x,\dot{x},y,\dot{y},\omega]^{\mathrm{T}}$$

同理，有上面的式(6-3-3)和式(6-3-4)成立，只是附加了一个有关转弯角速度 ω 额外的方程。

下面给出两种常见的对转弯角速度 ω 的建模方法。

①wiener 过程模型

连续时间形式 $\dot{\omega}(t)=w_\omega(t)$

离散时间形式 $\omega_{k+1}=\omega_k+w_{\omega,k}$

②一阶 Markov 过程模型

连续时间形式 $\dot{\omega}(t)=-\dfrac{1}{\tau_w}\omega(t)+w_\omega(t)$

离散时间形式 $\omega_{k+1}=e^{-T/\tau_\omega}\omega_k+w_{\omega,k}$

这里，τ_w 表示角速度的时间相关常数，w_ω 为白噪声。

3. 三维运动模型

许多上述二维水平模型都被考虑应用于 ATC 系统的三维民用飞机跟踪。这种目标的机动主要是在一个水平面上进行，速度和转向率均近于保持常数。采用上述二维模型即可得到令人满意的跟踪效果。但是，在跟踪高度机动的三维军事目标的过程中，上述方法却远不能达到要求。此时，机动并不仅仅发生在水

平面上,因此需要引出三维模型。在此仅介绍转向率已知的三维运动模型——固定圆心常转向率模型。

分别记 $\boldsymbol{p}$、$\boldsymbol{v}$ 和 $\boldsymbol{a}$ 为惯性坐标系下的目标位置、速度和加速度向量。围绕一个固定圆心 $\boldsymbol{p}_0$ 作一般旋转运动的粒子可以用如下的刚体运动向量方程来描述

$$\boldsymbol{v}=\boldsymbol{\Omega}\times(\boldsymbol{p}-\boldsymbol{p}_0) \tag{6-3-5}$$

式中,$\boldsymbol{\Omega}$ 为角速度向量;× 为向量(叉)乘运算。假定角速度为常数:$\dot{\boldsymbol{\Omega}}=\boldsymbol{0}$,对式(6-3-5)求导即得出三维固定圆心常角速度(CAV)模型,即

$$\boldsymbol{a}=\boldsymbol{\Omega}\cdot\boldsymbol{v} \tag{6-3-6}$$

由式(6-3-6),角速度可以用速度和加速度向量项表示为

$$\boldsymbol{\Omega}=\frac{\boldsymbol{v}\cdot\boldsymbol{a}}{\boldsymbol{v}^2} \tag{6-3-7}$$

式中,$\boldsymbol{v}^2\triangleq\boldsymbol{v}\cdot\boldsymbol{v}$。式(6-3-7)是多数三维转弯模型的基础,因此它可以称为是三维转弯运动的基本方程。尽管式(6-3-7)由式(6-3-6)推导而来,它比式(6-3-6)更为一般。

CAV 模型式(6-3-6)还可以用转向率 ω 表示为 $\dot{\boldsymbol{a}}=-\omega^2\boldsymbol{v}$,其中

$$\omega\triangleq\|\boldsymbol{\Omega}\|=\frac{\|\boldsymbol{v}\cdot\boldsymbol{a}\|}{v^2} \tag{6-3-8}$$

因此,三维固定圆心常转向率(CTR)机动模型具有如下的二阶 Markov 过程的形式

$$\boldsymbol{a}^2=-\boldsymbol{\omega}^2\boldsymbol{v}+\boldsymbol{w} \tag{6-3-9}$$

其中的常转向率 ω 由式(6-3-8)给定,$\boldsymbol{w}$ 是功率谱密度为 $\sigma_w^2\boldsymbol{I}$ 的白噪声。

S. S. Blackman 在转弯模型的分析和设计中对联合转弯模型的几种实现进行了综述。

若取状态为 $\boldsymbol{x}=[$位置,速度,加速度$]^{\mathrm{T}}$,则该模型每个直角坐标的状态空间形式显然为

$$\dot{\boldsymbol{x}}(t)=\begin{bmatrix}0 & 1 & 0\\0 & 0 & 1\\0 & -\omega^2 & 0\end{bmatrix}\boldsymbol{x}(t)+\boldsymbol{w}(t) \tag{6-3-10}$$

对于状态 $\boldsymbol{x}=[x,\dot{x},\ddot{x}]^{\mathrm{T}}$ 的每个直角坐标，其常规离散化所得的离散模型为

$$\boldsymbol{x}_{k+1}=\begin{bmatrix}1 & \dfrac{\sin\omega T}{\omega} & \dfrac{1-\cos\omega T}{\omega^2}\\0 & \cos\omega T & \dfrac{\sin\omega T}{\omega}\\0 & -\omega\sin\omega T & \cos\omega T\end{bmatrix}\boldsymbol{x}_k+\begin{bmatrix}\dfrac{\omega T-\sin\omega T}{\omega^3}\\\dfrac{1-\cos\omega T}{\omega^2}\\\dfrac{\sin\omega T}{\omega}\end{bmatrix}w_k \tag{6-3-11}$$

式中，协方差阵 $\mathrm{cov}(\boldsymbol{w}_k)=\sigma_w^2$。

该模型的 x、y、z 坐标方向仅通过公共的 ω 耦合。它通过速度和加速度向量定义了所谓机动平面上的一种常转向率圆弧运动。

对于常速率目标，速度和加速度向量是正交的(即 $\boldsymbol{a}\cdot\boldsymbol{v}=0$)，因此，转向率大小的方程式(6-3-8)简化为

$$\omega=\frac{\|\boldsymbol{a}\|}{\|\boldsymbol{v}\|} \tag{6-3-12}$$

三维固定圆心常速率常转向率运动具有同样的形式。唯一的区别在于现在转向率由式(6-3-12)给定，而不是式(6-3-8)给定。后者还适于变速率转弯运动。

若欲将常转向率模型用于状态估计，则还需要估计出 ω。它可一般地由式(6-3-8)或式(6-3-12)所得的最新速度和加速度估计得到。不过，这会将额外的非线性引入模型并降低精度，尤其是当常速率运动正交性质 $\boldsymbol{a}\cdot\boldsymbol{v}=0$ 不能满足时更是如此。一个可能的弥补办法是将 $\boldsymbol{a}\cdot\boldsymbol{v}=0$ 设置为运动约束。该约束可引入上述目标动态模型，但这会使得模型高度非线性。还可将约束引入伪测量模型，主要目的就是避免上述非线性。

下面是 CAV 模型式(6-3-6)的另一种形式。取

$$\boldsymbol{x}=[\boldsymbol{p}^{\mathrm{T}},\boldsymbol{v}^{\mathrm{T}},\boldsymbol{\Omega}^{\mathrm{T}}]^{\mathrm{T}}=[x,y,z,\dot{x},\dot{y},\dot{z},\Omega_x,\Omega_y,\Omega_z]^{\mathrm{T}}$$

则式(6-3-6)变为

$$\begin{bmatrix}\ddot{x}\\ \ddot{y}\\ \ddot{z}\end{bmatrix}=\begin{bmatrix}\Omega_x\\ \Omega_y\\ \Omega_z\end{bmatrix}\times\begin{bmatrix}\dot{x}\\ \dot{y}\\ \dot{z}\end{bmatrix}=\begin{bmatrix}\Omega_y\dot{z}-\Omega_z\dot{y}\\ \Omega_z\dot{x}-\Omega_x\dot{z}\\ \Omega_x\dot{y}-\Omega_y\dot{x}\end{bmatrix} \tag{6-3-13}$$

因此,连续模型为

$$\dot{\boldsymbol{x}}(t)=\begin{bmatrix}\boldsymbol{0} & \boldsymbol{I} & \boldsymbol{0}\\ \boldsymbol{0} & \boldsymbol{A}_{\boldsymbol{\Omega}} & \boldsymbol{0}\\ \boldsymbol{0} & \boldsymbol{0} & \boldsymbol{0}\end{bmatrix}\boldsymbol{x}(t)+\boldsymbol{w}(t) \tag{6-3-14}$$

其中

$$\boldsymbol{A}_{\Omega}=\begin{bmatrix}0 & -\Omega_z & \Omega_y\\ \Omega_z & 0 & -\Omega\\ -\Omega_y & \Omega_x & 0\end{bmatrix}$$

在这一形式中,角速度向量是状态向量的一部分,从而将被直接估计出来;而在式(6-3-10)的形式中,加速度向量是状态向量的一部分,将被直接估计出来。

对于水平面常转向率运动,式(6-3-13)退化为二维联合转弯模型式(6-3-9),因为此时 $\omega=\Omega_z$,$\Omega_x=\Omega_y=0$。对式(6-3-10)也有同样的退化,只是不容易看出而已。

6.3.2 传感器测量模型

1. 传感器坐标系下的测量模型

用于目标跟踪的传感器按自然传感器坐标系(coordinate system,CS)或框架提供对目标的量测。在包括雷达等很多情况下,这个 CS 表示的就是三维的球坐标系或二维的极坐标系,量测为距离 r、方位角 θ 和俯仰角 η,如图 6-3 所示,可能还有距离变化

率(Doppler)$\dot{r}$。在实用中,这些量通常是带噪声量测,即

$$\begin{cases} r_m = r + \tilde{r} \\ \theta_m = \theta + \tilde{\theta} \\ \eta_m = \eta + \tilde{\eta} \\ \dot{r}_m = \dot{r} + \tilde{\dot{r}} \end{cases}$$

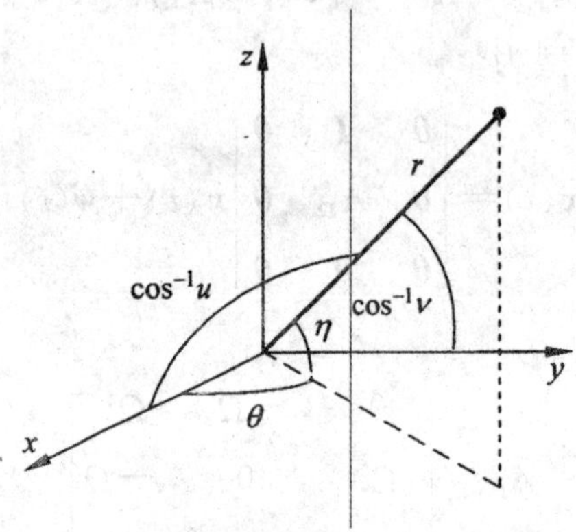

图 6-3 传感器坐标系

其中,(r,θ,η)表示在传感器球坐标中目标真实位置(无误差),而$\tilde{r}$、$\tilde{\theta}$、$\tilde{\eta}$、$\tilde{\dot{r}}$分别是各量测的随机误差。假定这些量测都是在 k 时刻得到的。通常假定这些量测噪声是零均值的 Gauss 白噪声,互不相关,即 $\boldsymbol{v}_k = [\tilde{r}_k, \tilde{\theta}_k, \tilde{\eta}_k, \tilde{\dot{r}}_k]^T, k=1,2,\cdots$是零均值白噪声序列,且

$$\boldsymbol{v}_k \sim N(\boldsymbol{0}, \boldsymbol{R}_k), R_k = \mathrm{diag}(\sigma_r^2, \sigma_\theta^2, \sigma_\eta^2, \sigma_{\dot{r}}^2)$$

需要指出的是,对于相控阵雷达等边跟踪边搜索(SWT)的监视系统,传感器提供的量测数据是以目标位置相对于坐标轴的方向余弦 u 和 v 的形式给出的,而不是方位角 θ 和俯仰角 η。由此,传感器量测模型为

$$\begin{cases} r_m = r + \tilde{r} \\ u_m = u + \tilde{u} \\ v_m = v + \tilde{v} \\ \dot{r}_m = \dot{r} + \tilde{\dot{r}} \end{cases}$$

式中,u 和 v 表示在传感器球坐标中无误差方向余弦,而 v_u 和 v_v

是相应的恒测随机误差。通常假定这些量测噪声也是零均值的 Gauss 白噪声，并且互不相关，即 $\boldsymbol{v}_k=[v_r, v_u, v_v, v_{\dot{r}}]^{\mathrm{T}}$ 是零均值白噪声序列，且

$$\boldsymbol{v}_k \sim N(\boldsymbol{0}, \boldsymbol{R}_k), R_k=\operatorname{diag}(\sigma_r^2, \sigma_u^2, \sigma_v^2, \sigma_{\dot{r}}^2)$$

上述两种量测模型能够写成向量与矩阵的紧凑形式

$$\boldsymbol{z}_k=\boldsymbol{H}_k \boldsymbol{x}_k+\boldsymbol{v}_k, \boldsymbol{v}_k \sim N(\boldsymbol{0}, \boldsymbol{R}_k)$$

其中

$$\boldsymbol{z}_k=[r_m, \theta_m, \eta_m, \dot{r}_m]^{\mathrm{T}} \text{ 或 } \boldsymbol{z}_k=[r_m, u_m, v_m, \dot{r}_m]^{\mathrm{T}}$$

$$\boldsymbol{x}_k=[r, \theta, \eta, \dot{r}, \cdots]^{\mathrm{T}} \text{ 或 } \boldsymbol{x}_k=[r, u, v, \dot{r}, \cdots]^{\mathrm{T}}$$

$$\boldsymbol{v}_k=[\tilde{r}, \tilde{\theta}, \tilde{\eta}, \tilde{\dot{r}}]^{\mathrm{T}} \text{ 或 } \boldsymbol{v}_k=[\tilde{r}, \tilde{u}, \tilde{v}, \tilde{\dot{r}}]^{\mathrm{T}}$$

$\boldsymbol{H}_k=[\boldsymbol{I}, \boldsymbol{0}]$，而 $\boldsymbol{I}$ 和 $\boldsymbol{0}$ 分别代表单位阵和零阵。

2. 不同坐标系下的跟踪

目标跟踪采用过不同的坐标系，包括地球中心惯性(ECI)、地球中心(地球)固定(ECF、ECEF 或 ECR)、东—北—上(ENU)，以及雷达面(RF)坐标系。影响坐标系选择的因素有许多。ENU 坐标系常用于传感器运动相对有限的战术系统，如平台中心系统。ECI 坐标系及其变形 ECF 坐标系则常用于涉及多平台的战略系统。运动的描述一般都在笛卡尔坐标系中，但量测却在传感器坐标系中。于是，对于跟踪而言，坐标系有四种基本的可能性，即混合坐标系、笛卡尔坐标系、传感器坐标系以及其他坐标系。

(1)混合坐标系下的跟踪

混合坐标系是最常用的方法。测量由下式给出

$$\boldsymbol{z}=\boldsymbol{h}(x)+\boldsymbol{v} \tag{6-3-15}$$

式中，目标状态 $\boldsymbol{x}$ 和过程噪声是直角坐标系下的，测量 $\boldsymbol{z}$ 及其加性噪声 $\boldsymbol{v}$ 则是传感器坐标系下的。记 (x, y, z) 为直角坐标系下的目标真位置。对于球坐标测量，有 $\boldsymbol{z}=[r, \theta, \eta, \dot{r}, \cdots]^{\mathrm{T}}$ 和 $\boldsymbol{h}(x)=[r_t, \theta_t, \eta_t, \dot{r}_t]^{\mathrm{T}}=[h_r, h_\theta, h_\eta, h_{\dot{r}}]^{\mathrm{T}}$，其中

$$h_r=r_t=\sqrt{x^2+y^2+z^2}$$

$$h_\theta=\theta_t=\arctan\frac{y}{x}$$

$$h_\eta=\eta_t=\arctan\frac{z}{\sqrt{x^2+y^2}}$$

$$h_{\dot{r}}=\dot{r}_t=\frac{x\dot{x}+y\dot{y}+z\dot{z}}{\sqrt{x^2+y^2+z^2}}$$

对于传感器测量，有 $\boldsymbol{z}=[r,u,v,\dot{r},\cdots]^{\mathrm{T}}$ 和 $\boldsymbol{h}(x)=[r_t,u_t,v_t,\dot{r}_t]^{\mathrm{T}}=[h_r,h_u,h_v,h_{\dot{r}}]^{\mathrm{T}}$，其中

$$h_u=u_t=\frac{x}{\sqrt{x^2+y^2+z^2}}$$

$$h_v=v_t=\frac{y}{\sqrt{x^2+y^2+z^2}}$$

显然，尽管因在传感器坐标系下测量噪声保持为零均值、Gauss，且互不相关，但测量模型是非线性的，且各直角坐标间是耦合的。

在这一框架下，机动目标跟踪的多数非线性估计和滤波技术(如推广 Kalman 滤波器，即 EKF)都有应用。

(2)在笛卡尔坐标系中跟踪

在此类方法中，必须将传感器坐标系中的量测信息进行转换，即传感器坐标系中的量测信息能够在笛卡尔坐标系中严格表示。

$$\boldsymbol{x}_p=(x,y,z)^{\mathrm{T}}=\boldsymbol{Hx}\tag{6-3-16}$$

假设用式(6-3-16)来表示传感器坐标系目标量测(r,θ,η)或(r,u,v)在笛卡尔坐标系中的等价表示，目标状态为 $\boldsymbol{x}$。此时，跟踪者对目标在笛卡尔坐标系中正确的位置信息是模糊的。此时转换的量测方程(6-3-17)称作伪线性量测，只是拥有“线性”形式。

$$\boldsymbol{z}_c=\boldsymbol{x}_p+\boldsymbol{v}_c=\boldsymbol{Hx}+\boldsymbol{v}_c\tag{6-3-17}$$

一般情况下，量测噪声 $\boldsymbol{v}_c$ 被粗略地处理成具有零均倒的随机序列，而其协方差阵则由一阶 Taylor 级数展开来确定。需要强调的是，一般情况下量测噪声 $\boldsymbol{v}_c$ 不仅是坐标耦合的、非 Gauss 的，而

且是依赖于状态的。由于 v_c 对状态 x 的非线性依赖，这个量测模型事实上还是非线性的。这样做的结果，即使量测转换严格按（状态依赖）v_c 的前两阶矩进行理想的处理，在线性动态方程的情况下利用 Kalman 滤波获得“最优”状态估计结果仍然是一种幻想。

该方法的弱点在于由传感器坐标系转换成笛卡尔坐标系要求距离已知，对于仅有角度量测的情况，需要采用距离的估计值。然而，当应用一个不精确的距离时，转换量测就会降低精度。事实上，仅有角度量测是很少能转换成笛卡尔坐标系的。另外，在纯笛卡尔坐标系中建立坐标解耦滤波器是很困难的。

(3)传感器坐标系下的跟踪（夏佩伦）

与将测量由传感器坐标系转换为直角坐标系相反，也可以将目标动态由直角坐标系转换为传感器坐标系，从而测量无须转换。然而，将典型的目标运动用传感器坐标系（球或 RUV）来表示，得到的模型会是高度非线性、坐标耦合的，有时还非常繁复。例如，常速（CV）运动在直角坐标系下用两个或三个独立的二状态一维 CV 模型即可描述，非常简单。同样的运动在球坐标系下就不仅是非线性的，而且还相当复杂。不可小视的是，即使是严格的 CV 运动，这种转换也还会引入传感器坐标系下的变量加速度（称为伪加速度），从而需要使用带加速度分量的状态向量。总之，不可能在传感器坐标系下用简单、坐标解耦的方法来描述典型的目标运动。此外，即使过程噪声在原始的直角坐标系下是 Gauss 和坐标不相关的，转换后它也将变为非 Gauss 和状态依赖的。

当然这种方法也有一些优点，最突出的就是测量模型的线性、解耦、Gauss 结构得以保留。有关文献中有大量纯粹工作于传感器坐标系的跟踪滤波器。这些滤波器的共同特点是都使用了上述线性 Gauss 测量模型，不同之处在于目标动态的建模。

(4)在其他坐标系中跟踪

虽然目标运动和量测最好分别在笛卡尔坐标系和传感器坐标系进行描述，显然做跟踪并不必要完全在这些坐标系中。修正的笛卡尔坐标系和熟知的修正极坐标系对于只有角度的跟踪就是很好的例子。

3.混合坐标系下的线性化模型

在本节中，仅考虑从 t_{k-1} 到 t_k 的一步滤波，而用 $\bar{\boldsymbol{x}}$ 表示一步提前预报状态 $\hat{\boldsymbol{x}}_{k|k-1}$，用 $\hat{\boldsymbol{x}}$ 表示更新状态 $\hat{\boldsymbol{x}}_{k|k}$，并且相应的误差协市差矩阵分别记为 $\bar{\boldsymbol{P}}$ 和 $\boldsymbol{P}$。

处理非线性测量模型式的“标准”技术是推广 Kalman 滤波器(EKF)。一般地，它有赖于将非线性测量用其适当项的 Taylor 级数展开的近似。其中应用最广的是一阶形式，其核心是线性化非线性模型，得到基于微分的线性化模型。人们还提出了其他一些处理非线性测量的线性化模型。下面对这些模型进行介绍。

(1)基于导数的线性化

对非线性量测模型进行线性化的最广泛应用的方法就是，对量测函数 $\boldsymbol{h}(\boldsymbol{x})$在预报状态 $\bar{\boldsymbol{x}}$ 处的展开并略去所有的非线性项，即

$$\boldsymbol{h}(\boldsymbol{x})\approx\boldsymbol{h}(\bar{\boldsymbol{x}})+\left.\frac{\partial\boldsymbol{h}}{\partial\boldsymbol{x}}\right|_{x=\bar{x}}(\boldsymbol{x}-\bar{\boldsymbol{x}})$$

用线性模型对式(6-3-15)近似，得

$$\boldsymbol{z}=\boldsymbol{H}(\bar{\boldsymbol{x}})\boldsymbol{x}+\boldsymbol{d}(\bar{\boldsymbol{x}})+\boldsymbol{v}$$

其中，$\boldsymbol{H}(\bar{\boldsymbol{x}})=\partial\boldsymbol{h}/\partial\boldsymbol{x}|_{x=\bar{x}}$是 $\boldsymbol{h}(\boldsymbol{x})$的 Jacobi 阵，而 $\boldsymbol{d}(\bar{\boldsymbol{x}})=\boldsymbol{h}(\bar{\boldsymbol{x}})-\boldsymbol{H}(\bar{\boldsymbol{x}})\bar{\boldsymbol{x}}$。

利用线性卡尔曼滤波方程，状态预报及其协方差阵更新如下

$$\boldsymbol{K}=\bar{\boldsymbol{P}}\boldsymbol{H}^{\mathrm{T}}(\boldsymbol{H}\bar{\boldsymbol{P}}\boldsymbol{H}^{\mathrm{T}}+\boldsymbol{R})^{-1} \tag{6-3-18}$$

$$\hat{\boldsymbol{x}}=\bar{\boldsymbol{x}}+\boldsymbol{K}(z-\bar{z})$$

$$\boldsymbol{P}=(\boldsymbol{I}-\boldsymbol{K}\boldsymbol{H})\bar{\boldsymbol{P}}=(\boldsymbol{I}-\boldsymbol{K}\boldsymbol{H})\bar{\boldsymbol{P}}(\boldsymbol{I}-\boldsymbol{K}\boldsymbol{H})^{\mathrm{T}}+\boldsymbol{K}\boldsymbol{R}\boldsymbol{K}^{\mathrm{T}} \tag{6-3-19}$$

式中，$\boldsymbol{H}=\boldsymbol{H}(\bar{\boldsymbol{x}})$，而 $\bar{\boldsymbol{z}}=\boldsymbol{H}(\bar{\boldsymbol{x}})\bar{\boldsymbol{x}}+\boldsymbol{d}(\bar{\boldsymbol{x}})+\bar{\boldsymbol{v}}=\boldsymbol{h}(\bar{\boldsymbol{x}})+\bar{\boldsymbol{v}}$。注意，$\boldsymbol{H}$ 在此仅仅是为了协方差阵更新和滤波增益计算，而式(6-3-19)对于任意的 $\boldsymbol{K}$ 和 $\boldsymbol{H}$ 都是有效的。值得指出的是，利用式(6-3-19)更新协方差阵尽管很常见，但应尽可能避免。这至少基于如下两个原因：首先，这会引起讨厌的数值问题；其次，仅当增益 $\boldsymbol{K}$ 真正最优时它在理论上才有效，而实际中很少出现这种情况。能够看出，式(6-3-18)给出的增益不再是最优的，因为它没有考虑线性化误差带来的影响。

这个线性化模型是适用的，仅当 $\boldsymbol{x}-\bar{\boldsymbol{x}}$ 充分小。然而这却很难保证，因为 $\bar{\boldsymbol{x}}=\hat{\boldsymbol{x}}_{k|k-1}$ 的精确度依赖于目标状态的传播(即动态模型)以及以前的状态估计 $\hat{\boldsymbol{x}}_{k-1|k-1}$。这种不精确可能积累而且导致滤波发散。这在许多的例子中得到了证实。减小线性化误差的技术可分为 3 种。

①序贯处理。众所周知，降低线性化误差最简单的方法就是对量测分量的序贯处理。非线性量测的处理应该按其精确度的顺序进行，较精确的优先处理。

②迭代 EKF。一旦得到更新的状态 $\hat{\boldsymbol{x}}$，非线性量测模型就可以在 $\hat{\boldsymbol{x}}$ 处重新线性化，这将比在 $\bar{\boldsymbol{x}}$ 处的线性化降低误差。基于重新线性化模型、状态及其误差协方差阵都能够进行更新。这个过程能够重复，结果在 Kalman 滤波的家族中又得到一个所谓迭代扩展 Kalman 滤波(IEKF)。如果 Kalman 滤波应用了基于导数的线性化模型，这个迭代算法是

$$
\begin{aligned}
&\hat{\boldsymbol{x}}^{(0)}=\bar{\boldsymbol{x}}\\
&\hat{\boldsymbol{x}}^{(i+1)}=\bar{\boldsymbol{x}}+\boldsymbol{K}(\hat{\boldsymbol{x}}^{(i)})[\boldsymbol{z}-\boldsymbol{h}(\hat{\boldsymbol{x}}^{(i)})-\boldsymbol{H}(\hat{\boldsymbol{x}}^{(i)})(\boldsymbol{x}-\hat{\boldsymbol{x}}^{(i)})]\\
&\hat{\boldsymbol{x}}=\hat{\boldsymbol{x}}^{(L+1)}\\
&\boldsymbol{P}=[\boldsymbol{I}-\boldsymbol{K}(\hat{\boldsymbol{x}}^{(L)})\boldsymbol{H}(\hat{\boldsymbol{x}}^{(L)})]\bar{\boldsymbol{P}}[\boldsymbol{I}-\boldsymbol{K}(\hat{x}^{(L)})\boldsymbol{H}(\hat{\boldsymbol{x}}^{(L)})]^{\mathrm{T}}\\
&\qquad+\boldsymbol{K}(\hat{\boldsymbol{x}}^{(L)})\boldsymbol{R}\boldsymbol{K}(\hat{x}^{(L)})^{\mathrm{T}}
\end{aligned}
$$

其中

$$\boldsymbol{H}(\hat{\boldsymbol{x}}^{(i)})\approx\left.\frac{\partial \boldsymbol{h}}{\partial \boldsymbol{x}}\right|_{x=\hat{x}^{(i)}},\boldsymbol{K}(\hat{x}^{(i)})$$

$$=\boldsymbol{P}\boldsymbol{H}^{\mathrm{T}}(\hat{\boldsymbol{x}}^{(i)})[\boldsymbol{H}(\hat{\boldsymbol{x}}^{(i)})\bar{\boldsymbol{P}}\boldsymbol{H}^{\mathrm{T}}(\hat{\boldsymbol{x}}^{(i)})+\boldsymbol{R}],(i=1,2,\cdots,L)$$

③高阶多项式模型。另外一个直接的方法就是在 Taylor 级数展开中取二次项(可能还有高次项)以提高多项式逼近非线性量测模型的精度。在 Kalman 滤波的家族中有所谓二阶(以及高阶)EKF。文献的仿真结果表明二阶 EKF 较之一阶 EKF 在性能上有很大改进。然而,二阶 EKF 并非经常用于实际中,主要是因为其复杂的运算和所获有限的性能改进。

(2)最优线性化模型

以上所述基于导数的线性化模型和基于差分的线性化模型,一般情况下都没有最优性,甚至很多情况下很糟糕。现在我们总结一下文献提出的在均方误差(MSE)意义下最优的线性化模型。

设非线性函数 $\boldsymbol{h}(\boldsymbol{x})$ 在 $\bar{\boldsymbol{x}}$ 附近能用一个线性模型最优地近似,即

$$\boldsymbol{h}(\boldsymbol{x})\approx\boldsymbol{a}+\boldsymbol{H}(\boldsymbol{x}-\bar{\boldsymbol{x}})$$

具有最小的 MSE,并记 $\tilde{\boldsymbol{x}}=(\boldsymbol{x}-\bar{\boldsymbol{x}})$,则有如下待优化的目标函数

$$J=E[(\boldsymbol{h}(\boldsymbol{x})-\boldsymbol{a}-\boldsymbol{H}\tilde{\boldsymbol{x}})^{\mathrm{T}}(\boldsymbol{h}(\boldsymbol{x})-\boldsymbol{a}-\boldsymbol{H}\tilde{\boldsymbol{x}})]$$

可以证明

$$\boldsymbol{a}=\frac{\{E[\boldsymbol{h}(\boldsymbol{x})]-E[\boldsymbol{h}(\boldsymbol{x})\tilde{\boldsymbol{x}}^{\mathrm{T}}]\bar{\boldsymbol{P}}^{-1}E[\tilde{\boldsymbol{x}}]\}}{(1-E[\tilde{\boldsymbol{x}}]^{\mathrm{T}}\bar{\boldsymbol{P}}^{-1}E[\tilde{\boldsymbol{x}}])}$$

$$\boldsymbol{H}=\{E[\boldsymbol{h}(\boldsymbol{x})\tilde{\boldsymbol{x}}^{\mathrm{T}}]-E[\boldsymbol{h}(\boldsymbol{x})]E[\tilde{\boldsymbol{x}}^{\mathrm{T}}]\bar{\boldsymbol{P}}^{-1}\}(\boldsymbol{I}-E[\tilde{\boldsymbol{x}}]^{\mathrm{T}}E[\tilde{\boldsymbol{x}}]\bar{\boldsymbol{P}}^{-1})^{-1}$$

其中,$\bar{\boldsymbol{P}}=E[\tilde{\boldsymbol{x}}\tilde{\boldsymbol{x}}^{\mathrm{T}}]$。当 $E[\tilde{\boldsymbol{x}}]=0$ 时,方程可以简化成

$$\boldsymbol{a}=E[\boldsymbol{h}(\boldsymbol{x})]$$

$$\boldsymbol{H}=E[\boldsymbol{h}(\boldsymbol{x})\tilde{\boldsymbol{x}}^{\mathrm{T}}]\bar{\boldsymbol{P}}^{-1}$$

现在考虑一个标量非线性量测的例子 $z=x^3+v$,假定 $x\sim N(\bar{x},\bar{P})$,那么最优线性化模型是

$$z=\bar{x}^3+3\bar{P}\bar{x}+(3\bar{x}^2+3\bar{P})(x-\bar{x})+v$$

因为 $a=E[x^3]=\bar{x}^3+3\bar{P}\bar{x}$,而 $H=E[x^3\bar{x}]\bar{P}^{-1}=3\bar{x}^2+3\bar{P}$。

与基于导数的线性化模型 $z=\bar{x}^3+3\bar{x}^2(x-\bar{x})+v$ 相比，因为原有的方法低估了变差 $h(x)-h(\bar{x})$，而最优线性化模型在许多情况下似乎更吸引人。

6.4　目标跟踪算法

6.4.1　最近邻和概率数据关联滤波算法

要在多传感器多目标(MSMT)情况下实现有效的跟踪，门控和数据相关性(DA)方法是非常有必要的。门控用于决定观测数据(包括杂波、误警和电子计数数据等)是否影响路径的保持和跟踪。而当几个目标彼此之间相距较近时，DA 则能够将测量值与特定目标关联起来。下面是实现 DA 和相关滤波算法的两种方法。

(1)最近邻(NN)方法

在该方法中，配对的结果是唯一的。最多只能有一个观测数据与之前建立的路径配对。其目标是使全局的距离函数达到最小。同时要考虑所有的观测数据和路径形成的配对，并使之满足初步形成的门控测试。

(2)概率数据关联滤波(PDAF)算法

在该算法中，根据多个测量数据更新的加权和来决定路径的更新。

为了解决 MSMT 情况下的跟踪问题，这里给出了基于门控和 DA 方法的 MATLAB 程序，其中 DA 方法分别用 NN 和 PDAF 两种算法实现。它最初是一个商用软件包的改编版本，后来针对当前的应用进行了更新和修改。升级的 MSMT 包的显著特点如下。

①将数据转化到共同的参考点。

②同时采用了 NNKF 和 PDAF。

③合并相似的路径。

④包含方向特征。

⑤对性能指标 Singer-Kanyuck(S-K),均方根百分比误差(RMSPE),平方和百分比误差(RSSPE)进行评估。

⑥包含轨道损耗特性。图 6-4 展示了 MSMT 程序的步骤。

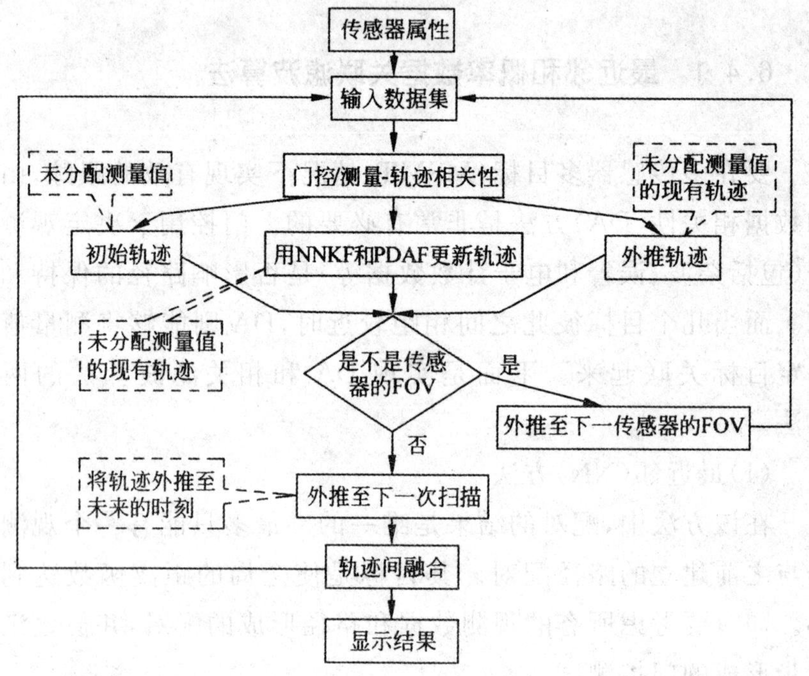

图 6-4　多传感器、多目标跟踪程序

这里考虑的测试方案如下。

①3 个目标从不同的地点发射,其间有 9 个位于不同位置的传感器用于追踪这些目标,也就是配置 3 个传感器来追踪一个目标。该程序会生成关于目标—传感器锁定状态的信息。通过增加数据的混乱度,并在一段较短的时间内对一个或更多传感器中的数据丢失进行模拟,可以实现该程序的性能估计。

②每个传感器都要监测 6 个目标,然后对 3 个传感器的监测

结果进行融合。当然，这个过程中也会伴有数据的丢失。

1.最近邻 Kalman 滤波器

最近邻 Kalman 滤波（NNKF）中，只采用离轨迹最近的测量值（在门限尺寸之内且执行了门控操作）来更新轨迹。每个测量值只能与一条轨迹相关。两条轨迹不能共享一个测量值。如果存在一个有效的测量值，那么就用 NNKF 更新轨迹。其状态转移满足一般的 KF 公式

$$\tilde{\boldsymbol{X}}(k|k-1)=\boldsymbol{\Phi}\hat{\boldsymbol{X}}(k-1|k-1)$$

$$\tilde{\boldsymbol{P}}(k|k-1)=\boldsymbol{\Phi}\hat{\boldsymbol{P}}(k-1|k-1)\boldsymbol{\Phi}^{\mathrm{T}}+\boldsymbol{GQG}^{\mathrm{T}}$$

其状态估计值的更新通过下式实现

$$\hat{\boldsymbol{X}}(k|k)=\tilde{\boldsymbol{X}}(k|k-1)+\boldsymbol{K}\boldsymbol{v}(k)$$

$$\hat{\boldsymbol{P}}(k|k)=(\boldsymbol{I}-\boldsymbol{KH})\tilde{\boldsymbol{P}}(k|k-1)$$

其中，Kalman 增益为

$$\boldsymbol{K}=\tilde{\boldsymbol{P}}(k|k-1)\boldsymbol{H}^{\mathrm{T}}\boldsymbol{S}^{-1}$$

残差向量为

$$\boldsymbol{P}=\tilde{\boldsymbol{P}}(k|k-1)\boldsymbol{H}^{\mathrm{T}}\boldsymbol{S}^{-1}$$

残差协方差为

$$\boldsymbol{S}=\boldsymbol{H}\tilde{\boldsymbol{P}}(k|k-1)\boldsymbol{H}^{\mathrm{T}}+\boldsymbol{R}$$

如果考虑 3 个观测量 x、y 和 z，则测量误差的协方差矩阵为

$$\mathrm{diag}[\sigma_x^2,\sigma_y^2,\sigma_z^2]$$

如果没有有效的测量值，那么状态转移过程由下式实现

$$\hat{\boldsymbol{X}}(k|k)=\tilde{\boldsymbol{X}}(k|k-1)$$

$$\hat{\boldsymbol{P}}(k|k)=\tilde{\boldsymbol{P}}(k|k-1)$$

NNKF 的流程图如图 6-5 所示。

2.概率数据关联滤波

概率数据关联滤波（PDAF）算法计算了当前时刻每个有效测量值之间的相关概率，而这个概率会在滤波器中用到。假如有 m

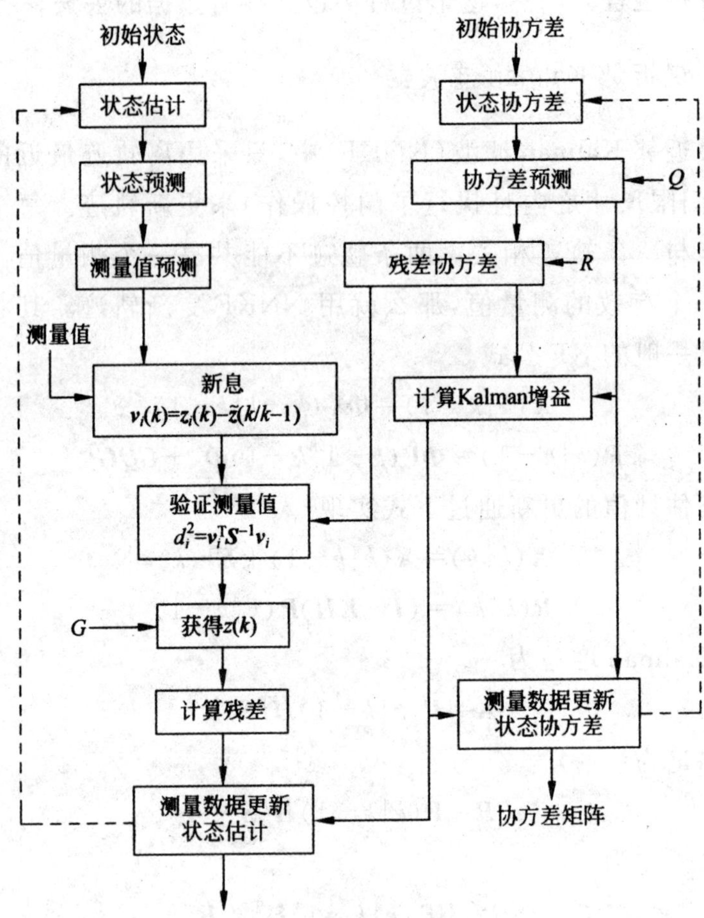

图 6-5　NNKF 的流程图

个测量值位于某个特定的门限内，而且讨论的目标只有一个，路径也已经初始化，那么下面几个事件是互斥且周期延迟的。

$$z_i=\begin{cases}\{y_i\text{ 是目标的初始测量值}\},i=1,2,\cdots,m\\\{\text{没有目标的初始测量值}\},i=0\end{cases}$$

状态的条件均值为

$$\hat{X}(k\mid k)=\sum_{i=0}^{m}\hat{X}_i(k\mid k)p_i$$

这里的 $\hat{\boldsymbol{X}}_i(k|k)$ 是更新状态，其前提条件是该事件的第 i 次的验证测量是正确的，p_i 是事件的条件概率。假设 i 的取值是正确的，那么状态估计可由下式给出

$$\hat{\boldsymbol{X}}(k|k)=\widetilde{\boldsymbol{X}}(k|k-1)+\boldsymbol{K}\boldsymbol{v}_i(k)\ (i=1,2,\cdots,m)$$

条件残差为

$$\boldsymbol{v}_i(k)=\boldsymbol{z}_i(k)-\hat{\boldsymbol{z}}(k|k-1)$$

如果没有有效的测量值($m=0$)，对 $i=0$

$$\hat{\boldsymbol{X}}_0(k|k)=\widetilde{\boldsymbol{X}}(k|k-1)$$

PDAF 的状态更新公式为

$$\hat{\boldsymbol{X}}(k|k)=\widetilde{\boldsymbol{X}}(k|k-1)+\boldsymbol{K}\boldsymbol{v}(k)$$

合并后的残差表达式为

$$v(k)=\sum_{i=1}^{m}\boldsymbol{p}_i(k)\boldsymbol{v}_i(k)$$

更新状态的协方差矩阵为

$$\hat{\boldsymbol{P}}(k|k)=\boldsymbol{p}_0(k)\widetilde{\boldsymbol{P}}(k|k-1)+[1-\boldsymbol{p}_0(k)]\boldsymbol{P}^c(k|k)+\boldsymbol{P}^s(k)$$

在确保测量值准确时，这里的状态更新协方差为

$$\boldsymbol{P}^c(k|k)=\widetilde{\boldsymbol{P}}(k|k-1)-\boldsymbol{K}\boldsymbol{S}\boldsymbol{K}^{\mathrm{T}}$$

残差的传播可以表示为

$$\boldsymbol{P}^s(k\mid k)=\boldsymbol{K}\left[\sum_{i=1}^{m}p_i(k)\boldsymbol{v}_i(k)v(k)_i^{\mathrm{T}}-\boldsymbol{v}(k)\boldsymbol{v}(k)^{\mathrm{T}}\right]\boldsymbol{K}^{\mathrm{T}}$$

通过采用泊松杂波模型可以得到条件概率为

$$p_i(k)=\begin{cases}\dfrac{\mathrm{e}^{-0.5v_i^{\mathrm{T}}S^{-1}v_i}}{\lambda\sqrt{|2\Pi S|}\dfrac{1-P_D}{P_D}+\sum\limits_{j=1}^{m}\mathrm{e}^{-0.5v_j^{\mathrm{T}}S^{-1}v_j}} & i=1,2,\cdots,m\\[2ex]\dfrac{\lambda\sqrt{|2\Pi S|}\dfrac{1-P_D}{P_D}}{\lambda\sqrt{|2\Pi S|}\dfrac{1-P_D}{P_D}+\sum\limits_{j=1}^{m}\mathrm{e}^{-0.5v_j^{\mathrm{T}}S^{-1}v_j}} & i=0\end{cases}$$

式中，λ=误警率；$P_D=DP$。PDAF 算法的计算步骤如图 6-6 所示，而这些算法的特性在表 6-1 中有详细描述。

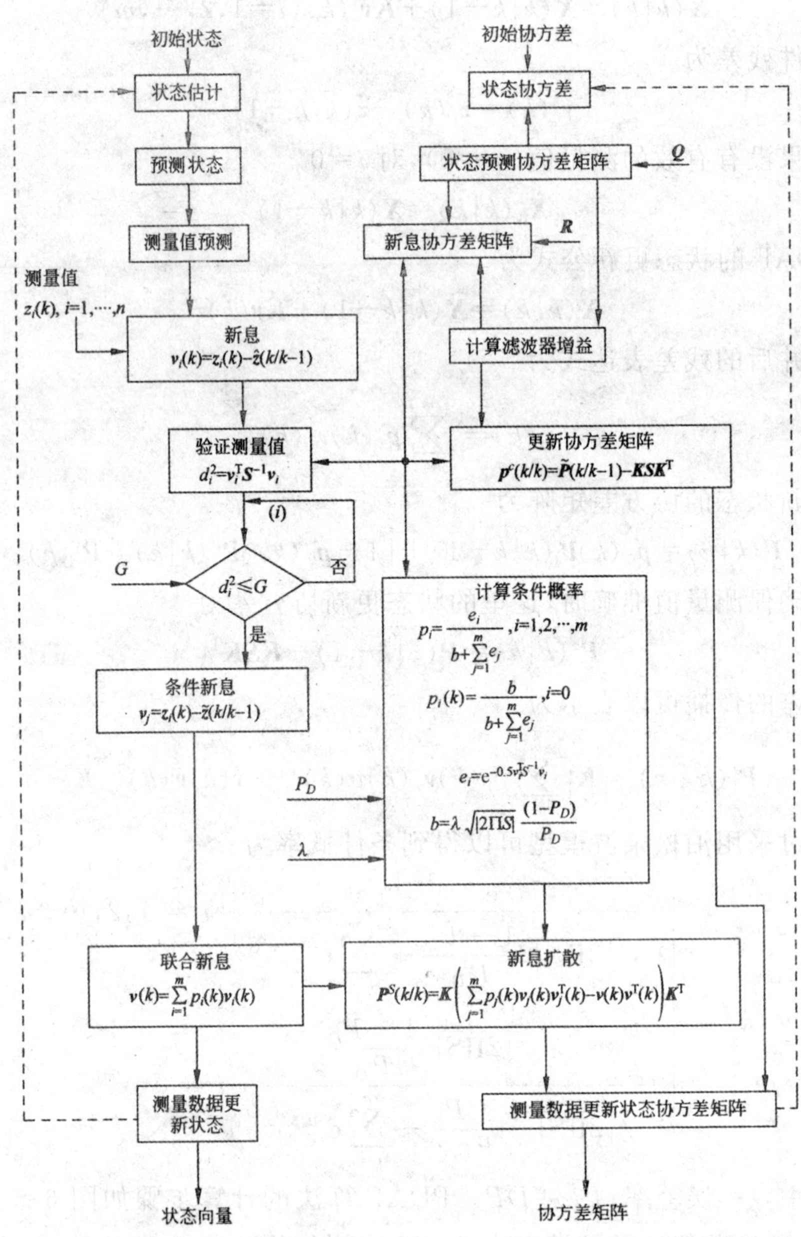

图 6-6 概率数据相关滤波器的计算步骤(实心的框表示 NNKF 与概率数据相关滤波器的主要区别)

表 6-1　NNKF 和 PDAF 的重要特性

主要属性	NNKF	PDAF
滤波器类型	线性 KF	线性 KF
DA	在验证门限或区域内离预计测量值最接近的测量值	在验证门限或区域内测量值的相关概率
轨迹丢失可能性	高	较小
错误跟踪概率	高	较小
数据丢失	由于对早期状态估计具有不确定性导致，所以性能会退化	由于对早期状态有较好的估计，所以性能较好
计算成本和时间	低	高
跟踪能力	在混乱的环境下不可靠	在混乱的环境下相对要更可靠一些

6.4.2　针对机动目标跟踪的交互式多模型算法

当目标处在移动当中且本身具有机动性的时候，目标跟踪变得尤其困难。如果目标移动比较缓慢，那么通过调整过程噪声协方差矩阵 KF，就能够适应这种移动性。滤波器的调整可以是手动的也可以是自动的。手动调整意味着已经通过现有的可用数据对 KF 进行了适当的估计。但是，对于任何新的情况来说，这种做法得到的结果可能会与实际不符。在这样的情况下，就要采用试错法或自动调整来解决问题。因此，在多目标跟踪系统中，KF 可以用在移动性相对较小的情况中，而在目标未移动的时候可以采用适当的降噪方法。在大多数情况下，交互式多模型 Kalman 滤波器（IMMKF）的表现要比单一的 KF 更好。IMMKF 采用了一些目标移动模型（匀速、匀加速和协调转弯模型等）。举个例子，IMMFK 可以针对水平直线飞行使用一个模型，而对机动飞行或转弯采用不同的模型。IMMKF 往往会保持包含所有模型的模型库,并对这些模型的输出进行混合,同时还采用统计学的方法为每个模型添加对应的权值。IMMKF 不仅要估计每个移动模型的状态,还要估计目标在每个模型中缓慢移动的概率。

1. 交互式多模型 Kalman 滤波算法

交互式多模型 Kalman 滤波算法(IMMKF)针对目标移动采用了若干个移动模型,并且在这些模型之间采用概率转换机制。这是通过多路并联(这跟通常意义上的并联或并行计算机不同,但它是可行的,并且通过这种方法可以节省计算时间)滤波器实现的,每一个滤波器都符合多路模型。因为不同的模型之间存在相互转换,所以在滤波器之间也存在一些信息的交换。在每一个采样周期内,IMMKF 所有的滤波器很可能都处于运行状态。总体的状态估计是由各个滤波器的状态估计合并而成的。$M_1,M_2,\cdots,M_r$ 是 IMMKF 的 r 个模型,$M_j(k)$ 代表模型 M_j 在采样周期期间有效,并且在第 k 帧结束。在事件 $M_j(k+1)$ 发生期间,目标状态的发展符合下面的公式

$$\boldsymbol{X}(k+1)=\boldsymbol{F}_j\boldsymbol{X}(k)+\boldsymbol{w}_j(k)$$

测量公式为

$$\boldsymbol{z}(k+1)=\boldsymbol{H}_j\boldsymbol{X}(k+1)+v_j(k)$$

变量的含义与通常的 KF 相同。图 6-7 是 IMMKF 迭代循环的流程图。简单地说,这里是一个双模型的 IMMKF。IMMKF 算法有 4 个主要的步骤。

(1)交互与混合

对事件 $M_j(k+1)$ 来说,混合估计 $\boldsymbol{X}_{0j}(k|k)$ 和协方差矩阵 $\boldsymbol{P}_{0j}(k|k)$ 的计算过程如下:

$$\hat{\boldsymbol{X}}_{0j}(k\mid k)=\sum_{i=1}^{r}\boldsymbol{\mu}_{i|j}(k\mid k)\hat{\boldsymbol{X}}_i(k\mid k)$$

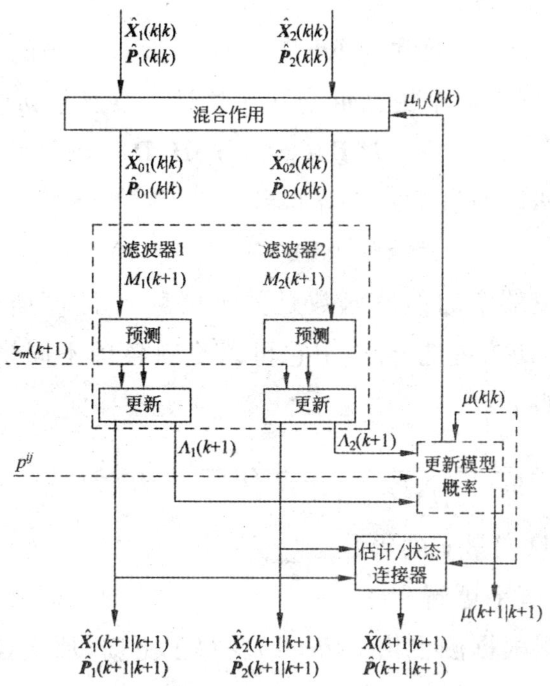

图 6-7 交互式多模型 KF 的一次循环操作

$$\hat{\boldsymbol{P}}_{0j}(k \mid k) = \sum_{i=1}^{r} \mu_{i|j}(k \mid k)\{\hat{\boldsymbol{P}}_i(k \mid k) + [\hat{\boldsymbol{X}}_i(k \mid k) - \hat{\boldsymbol{X}}_{0j}(k \mid k)]\}$$

混合概率 $\mu_{i|j}(k|k)$ 为

$$\mu_{i|j}(k|k) = \frac{1}{\mu_j(k+1|k)} p_{ij} \mu_i(k|k)$$

其中,先验预测模式概率 $\mu_j(k+1|k)$ 的计算过程如下:

$$\mu_j(k+1 \mid k) = \sum_{i=1}^{r} p_{ij} \mu_i(k \mid k)$$

模型转换通过 Markov 过程来实现,并通过下面的模型转移概率来确定

$$p_{ij} = \Pr\{M_j(k+1) \mid M_j(k)\}$$

式中,Pr{·}表示事件发生的概率,也就是说,p_{ij} 是在 k 时刻的 M_i 模型在 $k+1$ 时刻转换为 M_j 模型的概率,用它可以计算最后输出的模型概率。

(2)Kalman 滤波

如图 6-7 所示,通常的 KF 等式用来处理适当的目标移动模型,并用当前测量值来更新混合状态估计。其新息协方差为

$$\boldsymbol{S}_j=\boldsymbol{H}_j\widetilde{\boldsymbol{P}}_j(k+1|k)\boldsymbol{H}_j^{\mathrm{T}}\boldsymbol{R}_j$$

新息序列可通过下式计算得到

$$\boldsymbol{v}_j=\boldsymbol{z}(k+1)-\widetilde{z}_j(k|k+1)$$

匹配滤波器 j 的似然函数是关于信息 $\boldsymbol{v}_j$ 的高斯概率密度函数,均值为 0,协方差为 $\boldsymbol{S}_j$。用它可以更新各种不同模型的概率。其计算过程如下:

$$\boldsymbol{\Lambda}_j=\frac{1}{(2\Pi)^{0.5n}\sqrt{|S_j|}}\exp\{-0.5v_j^{\mathrm{T}}S_j^{-1}v_i\}$$

式中,n 是信息向量 $\boldsymbol{v}$ 的维数。

(3)模型概率更新

一旦模型根据测量值 $z(k+1)$ 获得了更新,那么,就使用模型似然函数 Λ_j,更新模型概率 $\mu_j(k+1|k+1)$。而 $M_j(k+1)$ 的预测模型概率 $\mu_j(k+1|k)$ 为

$$\mu_j(k+1|k+1)=\frac{1}{c}\mu_j(k+1|k)\Lambda_j$$

其中,归一化因子为

$$c=\sum_{i=1}^{r}\boldsymbol{\mu}_i(k+1\mid k)\Lambda_i$$

(4)状态估计和协方差的组合器

通过更新模式概率 $\mu_i(k+1|k+1)$ 对每个滤波器的估计状态 $\hat{\boldsymbol{X}}_j(k+1|k+1)$ 和协方差 $\hat{\boldsymbol{P}}_j(k+1|k+1)$ 进行合并,并得到总体的状态估计 $\hat{\boldsymbol{X}}(k+1|k+1)$ 和相应的协方差 $\hat{\boldsymbol{P}}_j(k+1|k+1)$。其计算过程如下:

$$\hat{\boldsymbol{X}}(k+1\mid k+1)=\sum_{i=1}^{r}\boldsymbol{\mu}_j(k+1\mid k+1)\hat{\boldsymbol{X}}_j(k+1\mid k+1)$$

$$\hat{\boldsymbol{P}}(k+1\mid k+1)=\sum_{i=1}^{r}\boldsymbol{\mu}_j(k+1\mid k+1)\{\hat{\boldsymbol{P}}_j(k+1\mid k+1)$$

$+[\hat{X}_j(k+1 \mid k+1)-\hat{\boldsymbol{X}}(k+1 \mid k+1)][\hat{\boldsymbol{X}}_j(k+1)-\hat{\boldsymbol{X}}(k+1 \mid k+1)]^T\}$

2. 目标移动模型

最常见的两种目标移动模型分别为：①2-自由度（DOF）动力学模型（匀速模型）；②3-自由度动力学模型（匀加速模型）。

（1）匀速模型

这里的2-DOF模型在x、y、z轴上的位置和速度分量都是已知的，其转移矩阵和过程噪声矩阵如下：

$$\boldsymbol{F}_{\mathrm{CV}}=\begin{bmatrix}\boldsymbol{\Phi}_{\mathrm{CV}} & 0 & 0\\ 0 & \boldsymbol{\Phi}_{\mathrm{CV}} & 0\\ 0 & 0 & \boldsymbol{\Phi}_{\mathrm{CV}}\end{bmatrix},\boldsymbol{G}_{\mathrm{CV}}=\begin{bmatrix}\zeta_{\mathrm{CV}} & 0 & 0\\ 0 & \zeta_{\mathrm{CV}} & 0\\ 0 & 0 & \zeta_{\mathrm{CV}}\end{bmatrix}$$

其中

$$\boldsymbol{\Phi}_{\mathrm{CV}}=\begin{bmatrix}1 & T & 0\\ 0 & 1 & 0\\ 0 & 0 & 0\end{bmatrix},\zeta_{\mathrm{CV}}=\begin{bmatrix}T^2/2\\ T\\ 0\end{bmatrix}$$

速度变化的模型可以用0均值白噪声加速度来表示。该模型使用了一个较低的噪声协方差Q_{CV}来代表非机动模型中目标的航向和速度的不变性。通常假定每个坐标上的过程噪声强度很小且相等（$\sigma_x^2=\sigma_y^2=\sigma_z^2$），它们主要是因为空气的流动、缓慢的转弯以及较小的线性加速度形成的。虽然2-DOF模型主要用于跟踪非机动性目标的模型，但是使用更高层次的过程噪声协方差也可以使得该模型追踪机动性的目标，当然有一定的范围限制。该模型的DOF可以很容易地获得扩展。

（2）匀加速模型

这里的3-DOF模型在x、y、z轴上的位置、速度和加速度分量都是已知的。其转移矩阵和过程噪声矩阵如下：

$$\boldsymbol{F}_{\mathrm{CA}}=\begin{bmatrix}\boldsymbol{\Phi}_{\mathrm{CA}} & 0 & 0\\ 0 & \boldsymbol{\Phi}_{\mathrm{CA}} & 0\\ 0 & 0 & \boldsymbol{\Phi}_{\mathrm{CA}}\end{bmatrix},\boldsymbol{G}_{\mathrm{CA}}=\begin{bmatrix}\zeta_{\mathrm{CA}} & 0 & 0\\ 0 & \zeta_{\mathrm{CA}} & 0\\ 0 & 0 & \zeta_{\mathrm{CA}}\end{bmatrix}$$

其中

$$\boldsymbol{\Phi}_{\mathrm{CA}}=\begin{bmatrix}1 & T & T^2/2\\0 & 1 & T\\0 & 0 & 1\end{bmatrix},\zeta_{\mathrm{CA}}=\begin{bmatrix}T^3/6\\T^2/2\\0\end{bmatrix}$$

这里的加速度增量服从离散时间的 0 均值高斯白噪声。这里有一个较低的过程噪声协方差 Q_{CA}，它可以产生近似的匀加速运动。假定每个坐标上的过程噪声协方差相等($\sigma_x^2=\sigma_y^2=\sigma_z^2$)。研究表明，在 3-DOF 模型中使用更高的过程噪声可以在一定范围内跟踪机动目标的开始和结束阶段。

6.4.3 数据共享和增益融合算法

在一些与融合估计有关的工作中，需对分布式系统中的状态进行全局估计，这需要计算大量本地的和全局的逆协方差矩阵。采用数据共享和增益融合算法的方案则可以有效地避免这样的计算。在分布式结构中，所有的信息都在本地进行处理，而不必执行中心融合操作。同时，节点间可进行信息交互。

1. 基于 Kalman 滤波的融合算法

每个传感器利用最优线性卡尔曼滤波获得状态向量的估计，可表示为

$$\tilde{\boldsymbol{x}}^m(k+1)=\boldsymbol{F}\hat{\boldsymbol{x}}^m(k)$$

状态和协方差时间传播为

$$\tilde{\boldsymbol{X}}^m(k+1)=\boldsymbol{F}\hat{\boldsymbol{X}}^m(k)$$

$$\tilde{\boldsymbol{P}}^m=\boldsymbol{F}\hat{\boldsymbol{P}}^m\boldsymbol{F}^{\mathrm{T}}+\boldsymbol{GQG}^{\mathrm{T}}$$

状态和协方差更新方程为

$$\boldsymbol{r}(k+1)=\boldsymbol{z}^m(k+1)-\boldsymbol{H}\tilde{\boldsymbol{x}}^m(k+1)$$

$$\boldsymbol{K}^m=\tilde{\boldsymbol{P}}^m\boldsymbol{H}^{\mathrm{T}}[\boldsymbol{H}\tilde{\boldsymbol{P}}^m\boldsymbol{H}^{\mathrm{T}}+\boldsymbol{R}_v^m]^{-1}$$

$$\hat{\boldsymbol{x}}^m(k+1)=\tilde{\boldsymbol{x}}^m(k+1)+\boldsymbol{K}^m[\boldsymbol{z}^m(k+1)-\boldsymbol{H}\tilde{\boldsymbol{x}}^m(k+1)]$$

$$\hat{\boldsymbol{P}}^m=(\boldsymbol{I}-\boldsymbol{KH})\widetilde{\boldsymbol{P}}^m$$

$$\hat{\boldsymbol{P}}^f=\hat{\boldsymbol{P}}^1-\hat{\boldsymbol{P}}^1(\hat{\boldsymbol{P}}^1+\hat{\boldsymbol{P}}^2)^{-1}\hat{\boldsymbol{P}}^{1\mathrm{T}}$$

两个传感器的滤波器采用相同的状态动力学模型。测量模型和测量噪声统计数字可能有所区别。给出融合算法如下：

$$\tilde{\boldsymbol{x}}^f=\hat{\boldsymbol{x}}^1+\hat{\boldsymbol{P}}^1(\hat{\boldsymbol{P}}^1+\hat{\boldsymbol{P}}^2)^{-1}(\hat{\boldsymbol{x}}^2-\hat{\boldsymbol{x}}^1)$$

由以上各式可知，已融合状态的向量和已融合状态的协方差需分别使用每个传感器各自的估计状态向量和协方差矩阵。

2. 基于增益融合的算法

由前一节的推导过程可知，基于卡尔曼滤波的融合算法需要通过计算协方差矩阵的逆获得全局结果。而最近提出的一种融合算法不需要进行这种计算，且具有并行处理能力。其动力系统方程组与 KF 方法中的方程组相同。基于传感器集合的增益融合算法涉及从全局滤波器到本地滤波器的信息反馈。

全局估计的时间传播为

$$\tilde{\boldsymbol{x}}^f(k+1)=\boldsymbol{F}\hat{\boldsymbol{x}}^f(k)$$

$$\hat{\boldsymbol{P}}^f(k+1)=\boldsymbol{F}\hat{\boldsymbol{P}}^f\boldsymbol{F}^{\mathrm{T}}+\boldsymbol{GQG}^{\mathrm{T}}$$

本地滤波器被重设为

$$\tilde{\boldsymbol{x}}^m(k+1)=\tilde{\boldsymbol{x}}^f(k+1)$$

$$\widetilde{\boldsymbol{P}}^m(k+1)=\hat{\boldsymbol{P}}^f(k+1)$$

本地增益和状态测量更新为

$$\boldsymbol{K}^m=(1/\gamma^m)\bar{\boldsymbol{P}}^f(k+1)\boldsymbol{H}'[\boldsymbol{H}\bar{\boldsymbol{P}}^f(k+1)\boldsymbol{H}'+(1+\gamma^m)\boldsymbol{R}^m]^{-1}$$

$$\hat{\boldsymbol{x}}^m(k+1)=\bar{\boldsymbol{x}}^f(k+1)+k^m[z^m(k+1)-\boldsymbol{H}\tilde{\boldsymbol{x}}^f(k+1)]$$

m 个本地估计的全局融合为

$$\hat{\boldsymbol{x}}^f(k+1)=\sum^m x^m(k+1)-(m-1)\tilde{\boldsymbol{x}}^f(k+1)$$

$$\hat{P}^f(k+1)=\left[\boldsymbol{I}-\sum^m\boldsymbol{K}^m\boldsymbol{H}\right]\widetilde{\boldsymbol{P}}^f(k+1)\left[\boldsymbol{I}-\sum^m\boldsymbol{K}^m\boldsymbol{H}\right]^{\mathrm{T}}+\sum^m\boldsymbol{K}^m\boldsymbol{R}^m\boldsymbol{K}^{m\mathrm{T}}$$

这里用到了从全局滤波器到本地滤波器的信息反馈。GFBA不需要本地协方差测量更新来获取全局估计。由于全局的先验估计反馈给了本地滤波,所以本地滤波器间存在隐含的测量数据共享。当两个传感器中任意一个出现数据丢失时,就需要进行特征评估。

3. 性能评估

本节使用 MATLAB 来实现单个本地滤波器和融合算法。其中用到被两个 s 波段雷达跟踪的移动目标的飞行数据。将获得的雷达数据转换到笛卡尔坐标框架中,这样就可以利用线性的状态和测量模型,并假设 3 个坐标轴间的融合度为零。数据采样间隔为 0.1 s,仿真数据丢失时间为 50 s。融合滤波器的性能可以表示为

$$\frac{\sum_{k=0}^{N}(\hat{\boldsymbol{x}}^{f}(k)-\boldsymbol{x}(k))^{\mathrm{T}}(\hat{\boldsymbol{x}}^{f}(k)-\boldsymbol{x}(k))}{(\hat{\boldsymbol{x}}_0^f-\boldsymbol{x}_0^f)^{\mathrm{T}}\boldsymbol{P}_0^f(\hat{\boldsymbol{x}}_0^f-\boldsymbol{x}_0^f)+\sum_{k=0}^{N}\boldsymbol{\omega}(k)^{\mathrm{T}}\boldsymbol{\omega}(k)+\sum\sum_{k=0}^{N}\boldsymbol{v}^{m\mathrm{T}}(k)\boldsymbol{v}^{m}(k)}$$

基本上,上式的结果应该小于伽马(一个标量参数)的平方,其中伽马被认为是从输入到输出的最大能量增益的上限。由以上可知,滤波器的输入包含了初始条件中误差产生的能量、状态扰动(处理噪声)和两个传感器的测量噪声。滤波器的输出能量由融合后的状态误差产生。对于 GFBA,每个本地滤波器的伽马值等于 2(m=2)。数据集来自两个实施跟踪的雷达。其性能矩阵用表 6-2 给出。

表 6-2 残留匹配误差和 H 无穷范数

PFE	无数据丢失(正常)			传感器 1 发生数据丢失			传感器 2 发生数据丢失		
	x	y	z	x	y	z	x	y	z
KFBFA 轨迹 1	0.308	0.140	0.553	1.144	1.543	2.802	0.308	0.139	0.553
KFBFA 轨迹 2	0.129	0.126	0.180	0.129	0.126	0.180	0.762	1.157	6.199
GFBA 轨迹 1	0.376	0.624	1.306	0.379	0.627	1.328	0.392	0.610	1.604
GFBA 轨迹 2	0.131	0.142	0.246	0.131	0.142	0.219	0.240	0.20 5	1.142
融合滤波器的 H 无穷范数									
KFBFA	0.604	2.759	1.037	0.704	3.051	0.941	5.076	19.55	69.85
GFBA	0.546	2.325	0.821	0.562	2.38	0.913	0.625	2.203	2.952

其中,PFE 根据实际情况估计得到。从表 6-2 中可以看到,当采用 GFBA 时,H 无穷范数低于理论限制 γ^m $(2\times2=4)$。图 6-8 和图 6-9 分别显示了在传感器 1 发生数据丢失时的状态估计和分别采用 KFBFA 与 GFBA 所获得的残差。由此可见,当数据丢失时,KFBFA 的性能将受到影响,而 GFBA 基本不受影响。①

① 罗俊海,王章静. 多源数据融合和传感器管理[M]. 北京:清华大学出版社,2015.

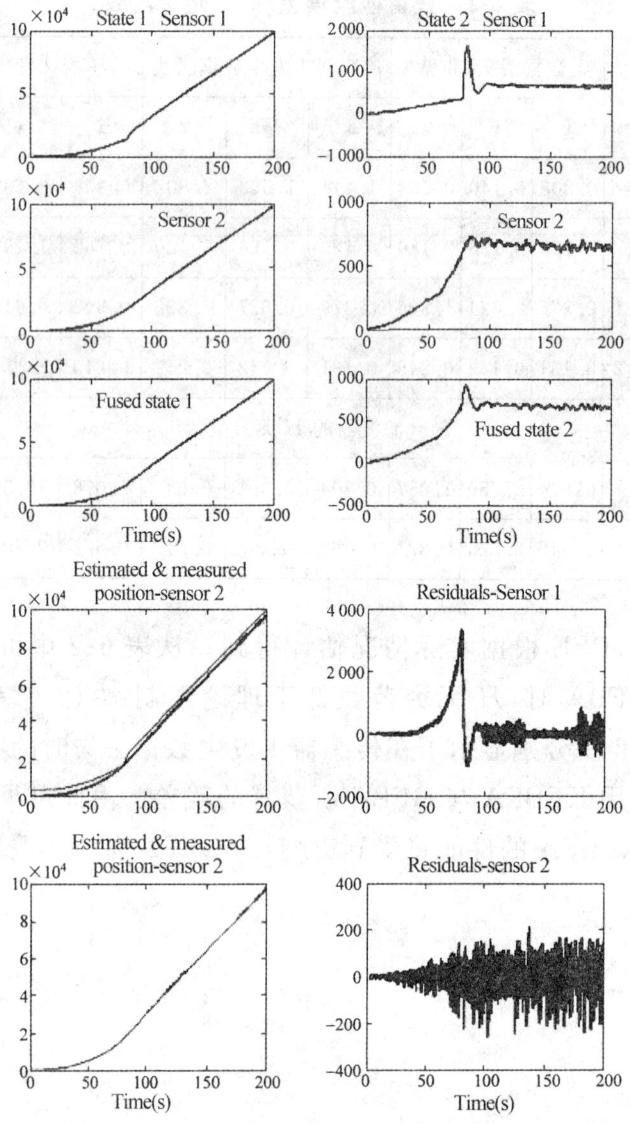

图 6-8 基于 KF 的融合算法的状态融合

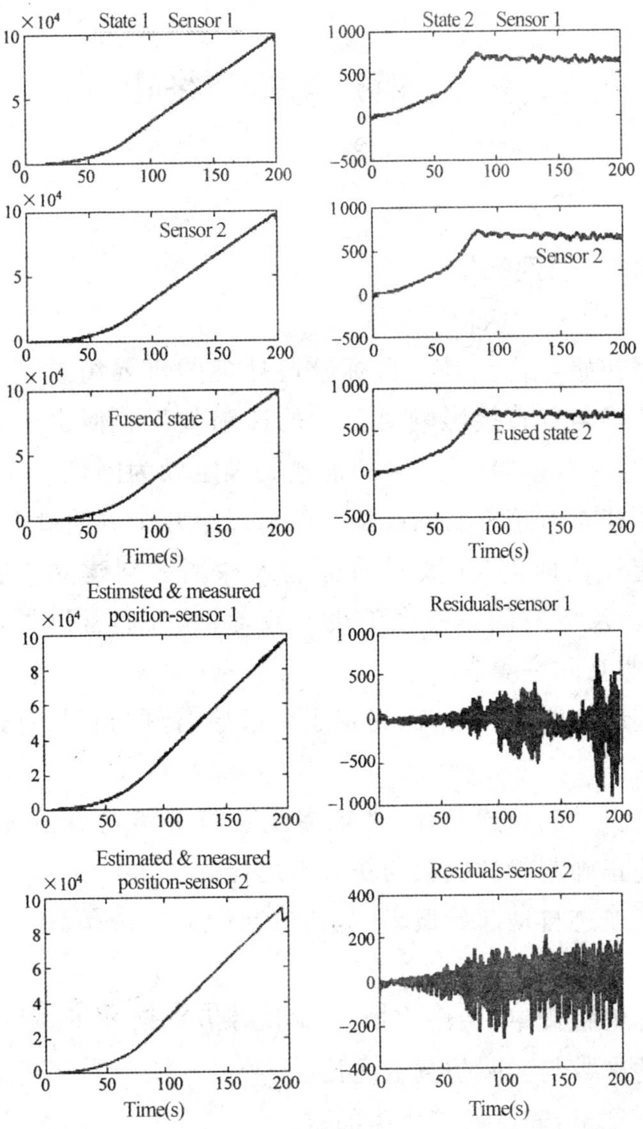

图 6-9 基于增益融合的状态融合算法

6.5 航迹初始与终止

6.5.1 航迹初始

航迹初始与终止是多目标航迹处理的重要组成部分。初始航迹的正确与否直接影响对目标的追踪效果。但由于目标距离远、测量精度较差等因素,初始航迹的确定较为困难。

判断初始航迹方法的好坏一般从以下几个方面进行。

航迹反应时间:主要指目标进入探测区到建立该航迹的时间,由于此反应时间是一个随机变数,因此人们常以平均扫描次数、平均假互联率等表示。

航迹起始时延:航迹的稳定跟踪起始时刻与目标点迹出现时刻的差值。

航迹自动起始成功率:考虑多次蒙特卡洛仿真情况下,对于某条航迹正确起始的次数与仿真数之比。

虚假航迹自动起始概率:被杂波起始的航迹条数与总的起始航迹条数之比。

目标失跟概率:考虑多次蒙特卡洛仿真情况下,对于某个目标失踪的次数与实际仿真数之比。

航迹质量:表示航迹优劣的数。

计算量与计算时间:这里指的是全部程序执行一个周期的时间,它与反应时间是两个不同的概念。

6.5.2 航迹初始与终止算法

航迹处理往往被人为地分成航迹起始、航迹保持和航迹终结三个阶段。实际上这三个阶段在方法上往往是一脉相承的。为了航迹的确认,寄希望于有一定质量的航迹起始,而为了准确的航迹起始,寄希望于航迹头的正确选择。为了获得快速而又有一定质量的航迹起始,根据理论分析和工程实际经验以及对高速目标的雷达量测,航迹起始扫描周期数宜取为 4。在实际环境中,4 次扫描能否都建立起稳定航迹,需视目标数及其相对位置、检测概率、量测分辨力、虚警概率而定。如果 4 次扫描建立不起来航迹起始,则有许多航迹处理方法依然可通过延伸到下一扫描周期处理。

人们在处理航迹时一般将其分为航迹初始、保持和终止三个阶段,这三个阶段的算法往往承属一脉。可用于处理航迹的算法有很多,包括序列概率比检验算法、代价函数法、贝叶斯算法、全邻贝叶斯算法等。

1. 序列概率比检验算法

王宝树和 Blackman S S 等提出的序列概率比检验算法既可以用于跟踪起始,也可用于跟踪终结,该算法采用假设检验来进行跟踪的起始或终结。首先,需建立两种假设 H_1 和 H_0,其中 H_1 为跟踪维持假设,H_0 为跟踪终结假设。其次,分别计算每种假设的似然函数 p_{1k} 和 p_{0k},即

$$H_1: p_{1k} = p_{\mathrm{d}}^{m} (1 - p_{\mathrm{d}})^{k-m} \tag{6-5-1}$$

$$H_0: p_{0k} = p_{\mathrm{f}}^{m} (1 - p_{\mathrm{f}})^{k-m} \tag{6-5-2}$$

式中,p_{d} 和 p_{f} 分别为检测概率和虚警概率;m 为检测数;k 为扫描数。接着,分别定义相应于上述两种假设的似然比函数为

$$U_k = \frac{p_{1k}}{p_{0k}} \tag{6-5-3}$$

并相应设置两种门限分别为 C_1 和 C_2。最后,SPRT 算法的决策逻辑安排如下:$U_k \geqslant C_2$,接受假设 H_1,跟踪维持;$U_k \leqslant C_1$,接受假设 H_0,跟踪终结;$C_1 < U_k < C_2$,继续检验。其中,决策门限

C_1 和 C_2 满足

$$C_1=\frac{\beta}{1-\alpha}$$

$$C_2=\frac{1-\beta}{\alpha}$$

式中，α 和 β 为预先给定的允许误差概率，α 是假设 H_0 为真时接受 H_1 的概率，即漏撤（当航迹应该撤销而判决航迹不撤销）概率，而 β 则是假设 H_1 为真时接受 H_0 的概率，即误撤（当存在真实航迹却被判为航迹撤销）概率。

对式(6-5-3)两边取对数，并利用式(6-5-1)和式(6-5-2)，得到似然比函数的对数形式，决策逻辑式就可以转化为

$$\ln U_k=\ln\left(\frac{p_{1k}}{p_{0k}}\right)=ma_1-ka_2$$

式中，参数 a_1 和 a_2 分别为

$$a_1=\ln\frac{p_D/(1-p_D)}{p_F/(1-p_F)}$$

$$a_2=\ln\frac{(1-p_F)}{(1-p_D)}$$

定义检验统计变量 $ST(k)$ 为

$$ST(k)=ma_1$$

则

$$\ln U_k=ST(k)-ka_2$$

此时定义 k 时刻决策门限为

$$T_U(k)=\ln C_2+ka_2$$

$$T_L(k)=\ln C_1+ka_2$$

这样，跟踪终结决策逻辑可表示如下：

①$ST(k)\geqslant T_U(k)$，接受假设 H_1，跟踪维持；

②$ST(k)\leqslant T_L(k)$，接受假设 H_0，跟踪终结；

③$T_L(k)<ST(k)<T_U(k)$，继续检验。

即在 k 时刻，若某航迹的波门内落入了点迹，则统计 $ST(k)$ 增加

a_1，若航迹的波门内无任何点迹，则 $ST(k)$ 保持不变，而门限 $T_L(k)$、$T_U(k)$ 每一时刻都增加 a_2。

当统计量 $ST(k)$ 高于门限 $T_U(k)$ 时算法判决跟踪维持；当统计量 $ST(k)$ 低于门限 $T_L(k)$ 时算法判决跟踪终结，航迹被撤销；否则，继续进行检验。

2. 代价函数法

众所周知，当目标动态模型足够精确，且观测/轨迹配对正确时，目标信息范数 $\Psi(k)$

$$\Psi(k)=v^T(k)\boldsymbol{S}^{-1}(k)v(k)$$

服从自由度为 M 的 χ_M^2 分布。式中，$v(k)$ 为目标的新息向量；$\boldsymbol{S}(k)$ 为新息协方差矩阵；M 为观测维数。

Maged Y A 等就轨迹 f 定义了一种以其更新次数 N_i 归一化的积累 χ^2 代价函数，即

$$C_i=\frac{1}{N_i}\sum_{k=1}^{N_i}\Psi(k) \tag{6-5-4}$$

式中，N_i 为航迹 i 的更新次数。

根据上述定义可知 N_iC_i 服从自由度为 MN_i 的 $\chi_{MN_i}^2$ 分布。因此，按照 $\chi_{MN_i}^2$ 分布或利用高斯近似，可设置门限为

$$\eta=M+\alpha\sigma_{c_i}, \forall\alpha\geqslant 3$$

式中，M、σ_{c_i} 分别为 C_i 的均值与标准偏差，即

$$M=E[C_i]$$

$$\sigma_{c_i}=\sqrt{\frac{2M}{N_i}}$$

最后，当满足以下条件时

$$C_i>M+\alpha\sigma_{c_i}$$

或

$$C_i<M-\alpha\sigma_{c_i}$$

算法接受跟踪终结假设。

在这种算法中,注意到随着更新次数 N_i 的增加,由式(6-5-4)定义的代价函数 C_i 可能会存在对以往的数据进行重加权而对新数据进行轻加权,这样容易导致错误的跟踪终结。解决该问题的方法之一是在代价函数 C_i 中设置衰减函数 $\delta(k)$,即

$$C_i^* = \frac{1}{N_i}\sum_{k=1}^{N_i}\delta(k)\Psi(k)$$

式中,$\delta(N_i)=1$,且 $\delta(k+1)>\delta(k)$。

修正后的代价函数服从自由度为 V_Γ 的 $A\chi^2_{V_\Gamma}$ 分布,其中

$$A = \frac{\sum_{k=1}^{N_i}\delta^2(k)}{\sum_{k=1}^{N_i}\delta(k)}$$

$$V_\Gamma = M\frac{\left[\sum_{k=1}^{N_i}\delta(k)\right]^2}{\sum_{k=1}^{N_i}\delta(k)}$$

另一种解决方法是取一个固定的更新次数 N_i,对航迹进行滑窗长度为 N_i 的跟踪终结检测。这样就能够保证代价函数 C_i 中始终包含最新的 N_i 个新息向量。

3. 贝叶斯算法

贝叶斯算法既可用于跟踪起始,也可用于跟踪终结。首先计算给定量测集合 Z 条件下轨迹为真的后验概率 $p(Z|T)$,由贝叶斯法有

$$p(Z|T)=\frac{p(Z|T)p_0(T)}{p(Z)} \tag{6-5-5}$$

而

$$p(Z)=p(Z|T)p_0(T)+p(Z|F)p_0(F)$$
$$p_0(F)=1-p_0(T) \tag{6-5-6}$$

式中,$p(Z|T)$和 $p(Z|F)$分别为存在真实目标和虚假目标条件下

接收量测集合 Z 的概率；$p_0(T)$ 和 $p_0(F)$ 分别为真实目标和虚假目标的先验概率；$p(Z)$ 为接收量测集合的概率。

定义数据似然比 $L(Z)=\dfrac{p(Z|T)}{p(Z|F)}$，并组合式(6-5-5)和式(6-5-6)，有

$$p(T|Z)=\frac{L(Z)p_0(T)}{L(Z)p_0(T)+1-p_0(T)}$$

此时若设 L_k 为第 k 次扫描时的数据似然比，$p(T|Z_k)$ 为直到第 k 次扫描为止时目标为真的概率，那么式(6-5-6)则变换为

$$p(T|Z_k)=\frac{L_k p(T|Z_{k-1})}{L_k p(T|Z_{k-1})+1-p(T|Z_{k-1})}$$

式中

$$L_k=\frac{p(Z_{k-1}|T)}{p(Z_{k-1}|F)}=\begin{cases}\dfrac{p_{\mathrm{d}}V_j(k)\exp(-\Psi_j^2(k)/2)}{p_{\mathrm{f}}(2\Pi)^{M/2}\sqrt{|\boldsymbol{S}_j(k)|}}\\[2ex] \dfrac{1-p_{\mathrm{d}}}{1-p_{\mathrm{f}}}\end{cases}$$

式中，$V_j(k)$ 为 j 个目标的互联域体积；$\boldsymbol{S}_j(k)$ 为新息协方差矩阵；$\boldsymbol{\Psi}_j(k)$ 为目标的新息范数；M 为观测维数；p_{d} 为雷达探测概率；p_{f} 为虚警概率，且

$$p_{\mathrm{f}}=\beta_{FT}V_j$$

式中，β_{FT} 为虚警密度。

设置跟踪门限 p_{el}，于是当且仅当

$$p(T|Z_k)<p_{el}$$

时我们认为跟踪终结。

通过这种方法，我们可以同时进行航迹确认和跟踪终结，而在确认每条航迹之后，跟踪终结检验将以较大的初始目标概率 p_0 启动运行。

6.6 航迹管理

6.6.1 航迹号管理

航迹号是给航迹规定的编号，与一个给定航迹相联系的所有参数都以其航迹号做参考。每一局部跟踪系统都必须有自己的航迹文件管理系统。虽然融合节点的航迹是通过对局部节点航迹进行关联与融合产生的，但它们的建立、管理和保持方法却与局部节点的航迹有着明显的不同。为了便于进行关联检验与航迹号管理，在融合节点我们把航迹文件分成两个区。一区为来自非公共区的航迹数据文件；二区为来自公共监视区的融合航迹数据文件。由于对航迹的所有操作都是以航迹号为第一参数的，为了恒于对监视区所有航迹连续不断和有效地操作，需要对雷达监视区建立赋值航迹号链表，监视区内的航迹号的管理过程如下。

(1)建立航迹号数组

建立航迹号数组 DT，维数为 NN(NN 为整数)，初始化为 $DT(i)=i, i=1,2,3,\cdots,NN$。其中，前 $NN/2$ 个航迹号用于来自非公共区的航迹数据称为一区(NU)；后 $NN/2$ 个航迹号用于来自公共监视区的航迹数据，称为二区(NS)。

设定 NU、NS 分别为进入非公共区、公共区的指针，初值都为零。

(2)航迹号的申请

航迹号的申请分为两种情况：

①新航迹进入一区，则 $NU=NU+1$，并为该航迹分配航迹号 $NT=DT(NU)$。

②新航迹进入二区，则 $NS=NS+1$，并为该航迹分配航迹号

$NT=DT(NS+NN/2))$。

(3)航迹号的操作

要对该监视区的航迹进行操作时，首先从航迹数据中取得第1个航迹号 NT_1，然后依次取出 $NT_m=DT(NT_{m-1})$，直到遇到零为止。

(4)航迹号的撤销

设 NT 为当前处理的航迹号，航迹号的撤销也分为两种情况：

①被取消航迹 NT 属于一区，则 $DT(NU)=NT$，且 $NU=NU-1$。

②被取消航迹数 NT 属于二区，则 $DT(NS+NN/2)=NT$，且 $NS=NS-1$①。

6.6.2 航迹质量管理

1.单站情况下航迹质量管理及优化

在以上讨论中，可以发现航迹起始与撤销的准则主要依赖于发现概率 P_{d} 和假目标出现的概率 P_{c}。当信号检测系统给定后，在恒虚警雷达中，发现概率与信噪比有关。假目标出现的概率 P_{c} 如前所述也与信噪比有关。

根据雷达方程，接收信号的信噪比(SNR)为

$$(SNR)_{\mathrm{dB}}=(p_t)_{\mathrm{dBw}}+2(G)_{\mathrm{dB}}+2(\lambda)_{\mathrm{dBcm}}+(\sigma)^2_{\mathrm{dBm}}\\-4(R)_{\mathrm{dB海里}}-(B)_{\mathrm{dBHz}}-\overline{(NF_0)_{\mathrm{dB}}}-(L)_{\mathrm{dB}}$$

式中，p_t 为发射功率；G 为天线增益；λ 为波长；σ 为雷达截面积；R 为目标的距离；B 为系统带宽；$\overline{NF_0}$ 为有效噪声系数；L 为雷达系

① 潘泉，程咏梅，梁彦，等．多源信息融合理论及应用[M]．北京：清华大学出版社，2013.

统总的系统损失因子。此处，分贝(dB)定义为10倍的对数。

相参雷达系统最佳检测的发现概率为

$$P_d = 1 - \Phi\left[\sqrt{1/d}\ln l_0 + \frac{1}{2}\sqrt{d} - d\right]$$

式中，l_0 为门限值，取决于判决规则；$d = 2E_1/N_0$ 为信噪比；$\Phi(x) = \int_{-\infty}^{x} \frac{1}{\sqrt{2\pi}} e^{-(v^2/2)} dv$ 是标准正太分布的累积概率分布函数。

当给定 l_0 时，可以画出不同虚警率下 $p_d \sim \sqrt{2E_1/N_0}$ 的关系曲线(即检测特性曲线)，如图6-10所示。从图6-10中可以看出，当虚警率一定时，p_d 与信噪比(按dB表示)近似呈线性关系。

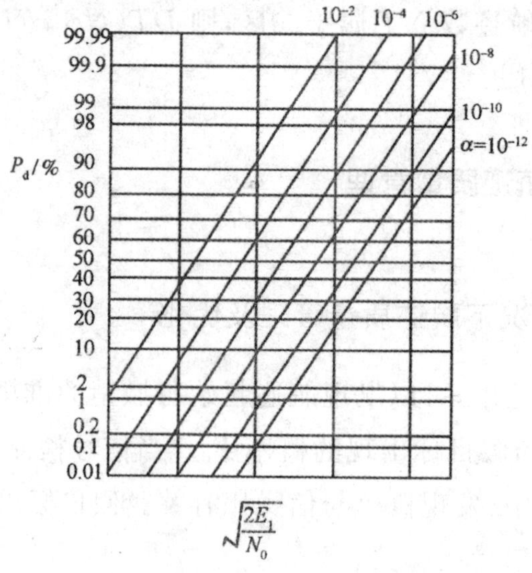

图6-10 检测曲线

因此，为了建立不同距离上的航迹质量准则，就需要定义最优起始准则和最优撤销准则。

设 B 为可供使用准则的集合：

$$B = \{B_i\}$$

常供使用的准则为2/2′、2/3、3/3、3/4、4/4等。

设 $S_i \subseteq B$，且满足航迹起始响应时间 T_I 小于额定航迹起始反应时间 T_{IT}，即

$$S_i = \{B_i \mid T_I(B_i) \leqslant T_{IT}\}$$

设 $p_{FTI}(B_i)$ 为集合中采用准则 B_i 时的假航迹起始概率，则定义最优起始准则 B_{opt} 为

$$B_{opt} = \{B_i \mid \min_{B_i \in S_i} p_{FTI}(B_i)\}$$

设集合 $S_p \subseteq B$，且满足假航迹寿命 L_{FT} 小于额定假航迹书命 L_{FTT}，即

$$S_p = \{B_i \mid L_{FT} \leqslant L_{FTT}\}$$

设 $L_{RT}(B_i)$ 为采用准则 B_i 时的真航迹寿命。定义最优删除准则 Q_{opt} 为

$$Q_{opt} = \{B_i \mid \min_{B_i \in S_p} L_{RT}(B_i)\}$$

如果系统指标给出了额定航迹起始响应时间 T_{IT} 和额定假航迹起始概率 P_{FTIT}，则可定义准最优起始准则。

设 S_q 为假航迹起始概率 $p_{FTI}(B_i)$ 小于额定假航迹概率 p_{FTIT} 的准则 B_i 的集合，即

$$S_q = \{B_i \mid p_{FTI}(B_i) < p_{FTIT}\} \subseteq S_i$$

定义准最优航迹起始准则为

$$B_{sopt} = \{B_i \mid \min_{B_i \in S_q} T_I(B_i)\}$$

之所以这样定义准最优航迹起始准则，是因为考虑到航迹滞波精度通常与滤波的次数有关。

因此尽可能选用航迹起始响应时间小的准则。

选择出最优起始、删除准则后可以将准则制定成相应的航迹质量管理系统。例如，对于起始用2/2、删除用3/3准则的航迹质量管理系统可用记斜法表述。考虑到冲突关联，以及大(机动)、小波门等，例如可给出航迹质量记分如下：

①初始相关波门每关联一次加一分，最低分为1分(录取到一个自由点迹后作为航迹头，即给一分)；丢失一个点迹，减3分。

②航迹成为确定性航迹后(确定航迹最低分为2分)，小波门加3分，大波门加2分。

③冲突关联情形时加1分，丢失一次点迹扣3分，系统最高得分为8分。

④航迹得分低于1分将被删除。

这套航迹质量管理的特点是中等得分的航迹升级快。

2. 多站情形下的航迹质量管理

在多雷达情形下，各雷达的发现概率、虚警率、分辨单元的大小及相关域尺寸，以及雷达数据率都不相同。因此，我们引入真目标的平均发现概率和假目标的平均发现概率的概念。

设对于特定区域 Ω_j 为 N_{Rj} 部雷达的共同威力区，各雷达的扫描周期为 $T_i(i=1,2,\cdots,N_{Rj})$，则各雷达扫描波束指向某一目标的概率为

$$p_i = \frac{1/T_i}{\sum_{i=1}^{N_{Rj}} 1/T_i}$$

设第 i 部雷达的发现概率为 p_{dj}，则 N_{Rj} 部雷达的平均发现概率为

$$E[p_{dj}] = \sum_{i=1}^{N_{Rj}} p_{di} p_i$$

设第 i 部雷达在相关域内假目标出现的概率为 p_{ci}，则 N_{Rj} 部雷达假目标平均出现的概率为

$$E[p_{ci}] = \sum_{i=1}^{N_{Rj}} p_{ci} p_i$$

由于各雷达的威力区不一样，因而对不同的空间 Ω_j，$E[p_{dj}]$、$E[p_{ci}]$也是不尽相同的。这样，多雷达系统采用一套航迹质量管理系统是不行的。下面将给出多雷达系统的航迹质量管理系统的优化设计方法。

①确定相异空间 Ω_j 的个数 N。所谓的空间相异是指探测该空间雷达型号和数目不相同。

②每一空间 Ω_j 可分成若干个子空间(通常按距离划分)Ω_{jk} $(k=1,2,\cdots,N_j)$，子空间划分的原则是使得每个子空间的最优

(或次最优)航迹质量管理规则不同。记每个子空间对应的准则为 $R_{jk}(k=1,2,\cdots,N_j)$。

③将设计出的 $N_j \cdot N$ 个准则进行同类合并。设合并后共存在 R_{jk} 个航迹质量管理规则。建立准则分配矩阵 $\mathbf{A}$,该矩阵为 $N_B \cdot N_j \cdot N$ 维。它的行号对应 N_B 个航迹质量管理规则的编号,它的列号对应着 $N_j \cdot N$ 个子空间的编号。

在航迹质量管理的其他表示方法中,应尽可能地考虑各准则之间的相容性,即一个准则的状态与另一个准则状态应该建立相应的对应关系。

6.7 航迹融合及其算法

多传感器航迹融合不仅需要判断来自不同传感器的航迹是否属于同一个目标的航迹;而且要知道如何融合各传感器的航迹。前者是属于互联问题,后者属于融合算法问题。航迹融合一些典型算法包括有卡尔曼加权融合算法、简单航迹融合算法、协方差加权融合算法、自适应航迹融合算法以及模糊航迹融合算法等。本节主要对后一种融合算法进行介绍。

将两条局部航迹组合成单一的全局航迹的方法有两种:一种方法是将多条局部航迹组合成单一的全局航迹;另一种方法是从参与融合的局部航迹中选出一条优质航迹。在某些条件下,融合航迹在性能上可能不如一条优质航迹。优质航迹可以根据传感器特性,如传感器分辨率等来选择。如果传感器有相同的分辨率,优质航迹的选择可以根据工作条件,如对目标的相对距离来选择。相对距离越小,传感器航迹估计越精确①。

优质航迹可以通过下面的原则自动地确定:在所得到的相似

① 杨露菁,余华.多源信息融合理论与应用[M].2 版.北京:北京邮电大学出版社,2011.

性矩阵 $\boldsymbol{U}$ 的对角线元素中，选择隶属度最大的数据所对应的航迹作为优质航迹。

假定 s 表示同一目标的航迹数目，如果

$$R(k_1,i)=R(k_2,i)=\cdots=R(k_s,i)=1$$

说明 s 条航迹均源于同一个目标，则优质航迹由矩阵 $\boldsymbol{U}$ 中对角线元素中最大的元素确定：

$$u_{k_{\sup}k_{\sup}}=\max_k\{u_{kk}\},k=k_1,k_2,\cdots,k_s$$

于是，有

$$\boldsymbol{R}_{\sup}=\boldsymbol{R}_{k\sup}$$

实际上，它意味着优质航迹是由传感器分辨率以及到达目标的相对距离自动来确定的。

在航迹融合情况下，可以根据相应的隶属度对各条航迹进行组合，形成融合以后的系统航迹。其估计由下式确定：

$$\boldsymbol{R}_f=\frac{\sum_{i=k_1}^{k_s}\boldsymbol{R}_i u_{ii}}{\sum_{i=k_1}^{k_s}u_{ii}}$$

给出的方法如图 6-11 所示。

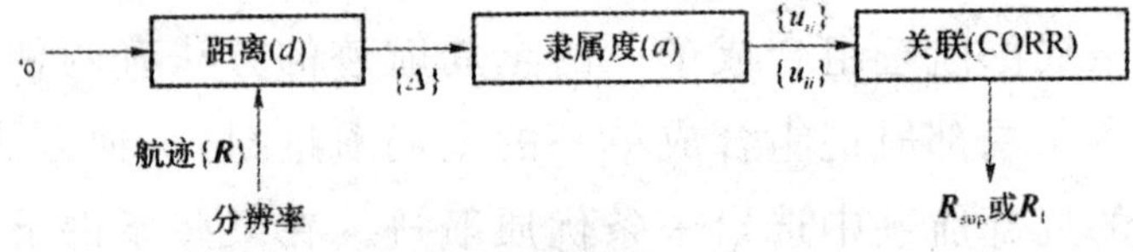

图 6-11　模糊航迹关联和融合

从图 6-11 中可以看出，它给出了两种方法的结果：一种是融合结果；另一种是所选择的优质航迹。

下面通过一个例子说明优质航迹的选择方法。假定存在两个具有不同分辨率的传感器，在它们所监视的区域中存在 4 条航迹：

$$\boldsymbol{R}_1=\begin{bmatrix}100\\300\end{bmatrix},\boldsymbol{R}_2=\begin{bmatrix}200\\400\end{bmatrix},\boldsymbol{R}_3=\begin{bmatrix}202\\403\end{bmatrix},\boldsymbol{R}_4=\begin{bmatrix}300\\500\end{bmatrix}$$

并假设两个传感器的分辨率分别为

$$\boldsymbol{\Delta}_1=\begin{bmatrix}10\\15\end{bmatrix},\boldsymbol{\Delta}_2=\begin{bmatrix}20\\30\end{bmatrix}$$

根据这些数据，在 $m=2$ 情况下，可以得到以矩阵形式给出的距离度量：

$$\boldsymbol{D}=\begin{bmatrix}d_{11} & d_{12} & d_{13} & d_{14}\\ d_{21} & d_{22} & d_{23} & d_{24}\\ d_{31} & d_{32} & d_{33} & d_{34}\\ d_{41} & d_{42} & d_{43} & d_{44}\end{bmatrix}=\begin{bmatrix}18.10 & 141.4 & 144.9 & 182.8\\ 141.4 & 18.00 & 3.600 & 141.4\\ 144.9 & 3.600 & 36.10 & 137.9\\ 282.8 & 141.4 & 137.9 & 36.10\end{bmatrix}$$

利用模糊数据关联中所给出的表达式，可得到具有最佳隶属度的相似性度量矩阵：

$$\boldsymbol{D}=\begin{bmatrix}u_{11} & u_{12} & u_{13} & u_{14}\\ u_{21} & u_{22} & u_{23} & u_{24}\\ u_{31} & u_{32} & u_{33} & u_{34}\\ u_{41} & u_{42} & u_{43} & u_{44}\end{bmatrix}=\begin{bmatrix}0.9655 & 0.0006 & 0.0006 & 0.0141\\ 0.0157 & 0.0384 & 0.9888 & 0.0565\\ 0.0149 & 0.9603 & 0.0099 & 0.0595\\ 0.0039 & 0.0006 & 0.0007 & 0.8698\end{bmatrix}$$

根据决策准则式，得到关联矩阵：

$$\boldsymbol{D}_{\mathrm{CORR}}=\begin{bmatrix}0 & 0 & 0 & 0\\ 0 & 0 & 1 & 0\\ 0 & 1 & 0 & 0\\ 0 & 0 & 0 & 0\end{bmatrix}$$

由于在关联矩阵中的第一行和第四列的隶属值均为 0，即 $\boldsymbol{D}_{\mathrm{CORR}}\{i,j\}=0, j=1,4, \forall i\neq j$，所以判定航迹 1 和航迹 4 代表独立的目标；由于 $\boldsymbol{D}_{\mathrm{CORR}}\{3,2\}=\boldsymbol{D}_{\mathrm{CORR}}\{2,3\}=1$，因此航迹 2 和航迹 3 属于同一个目标。当最后做出决策，航迹 2 和航迹 3 是来自同一个目标时，又因为 $u_{22}>u_{33}$，则接受航迹 2 为优质航迹：

$$\boldsymbol{R}_{\mathrm{sup}}=\boldsymbol{R}_2$$

如果从航迹 2 和航迹 3 的测量精度看，也会认为航迹 2 为优质航迹。

通过融合的方法得到的两个航迹融合结果：

$$\boldsymbol{R}_f=\frac{\boldsymbol{R}_2 u_{22}+\boldsymbol{R}_3 u_{33}}{u_{22}+u_{33}}$$

第 7 章 数据关联

在多传感信息融合系统中，由于缺乏跟踪环境的先验知识以及受传感器自身性能的制约，在整个测量过程中不可避免地会引入量测误差(噪声)；另外，我们往往并不知道目标的确切数目，即使目标只有一个，由于杂波的干扰，有效量测也可能为多个，需要通过统计方法来建立目标与量测的对应关系。对于多目标情况，情况就更为复杂，此时无法判定量测数据是来自感兴趣的目标，还是虚警或是其他目标。正是由于传感器观测过程和多目标跟踪环境中存在的各种不确定性以及随机性，破坏了回波量测与其目标源之间的对应关系，需要运用数据关联技术寻求解决方法。

7.1 概率数据关联

(1)模型

在这里模型指的是系统模型与测量模型，具体表达式如下：

$$\begin{cases}\boldsymbol{X}(k+1)=\boldsymbol{\Phi}(k)\boldsymbol{X}(k)+\boldsymbol{V}(k)\\ \boldsymbol{Z}(k)=\boldsymbol{H}(k)\boldsymbol{X}(k)+\boldsymbol{W}(k)\end{cases} \tag{7-1-1}$$

式中，$\boldsymbol{X}(k)$为 k 时刻的状态向量；$\boldsymbol{Z}(k)$为 k 时刻的观测向量；$\boldsymbol{\Phi}(k)$为状态转移矩阵；$\boldsymbol{H}(k)$为观测矩阵；$\boldsymbol{V}(k)$为均值为 0、协方差矩阵为 $\boldsymbol{R}(k)$的白噪声，它是系统噪声；$\boldsymbol{W}(k)$为均值为 0、协方差矩阵为 $\boldsymbol{Q}(k)$的白噪声，它是观测噪声。

(2)概率数据关联的基本原理

概率数据关联(PDA)是由Bar-Shalom和Jaffer于1972年提出的。众所周知,关联门内存在很多回波,也就是有效回波。从最邻近数据关联方法考量,距离预测位置最近的回波是来自于目标的回波;从概率数据关联的思想出发,则认为任何有效的回波,都有可能来自于目标,只是每个回波来源于目标的概率不同而已。这种方式是利用了跟踪门内的所有回波以获得可能的后验信息,然后依据大量相关计算给出了各概率加权系数及其加权和,再用它更新目标状态①。

定义7.1 在第1次到第k次扫描所获得的全部有效回波已知的情况下,第k次扫描时,第i个回波($i=1,2,\cdots,m_k$)均为正确回波的概率,称为正确关联概率,用$P_i(k)$来表示,则

$$P_i(k)=P[\theta_i(k)\mid Z_k] \tag{7-1-2}$$

式中,$\theta_i(k)$为第k次扫描时的$1\sim m_k$个回波均为正确回波的事件;Z_k为第1次到第k次扫描所获得的全部有效回波的集合;m_k为第k次测量所获得的回波数目。

由全概率公式,可以得到,目标在k时刻的状态估计,即均方意义下的最优估计为

$$\hat{X}(k\mid k)=\sum_{i=0}^{m_k}P_i(k)\hat{X}_i(k\mid k) \tag{7-1-3}$$

式中,$\hat{\boldsymbol{X}}(k|k)$($i=1,2,\cdots,m_k$)指的是所有的有效回波皆来自于目标条件下的目标状态的估计值;$\hat{\boldsymbol{X}}_0(k|k)$指的是所有的回波都来自于杂波或干扰状态下的目标估计值。

关联概率是衡量有效回波对目标状态估计所起作用的一种度量。概率数据关联的工作并不是为了判断哪个有效回波是来自于目标的,它将所有接收到的回波都认为是来自于目标或来自于杂波,利用统计的方法计算每个回波对目标状态所起的作用,

① 杨露菁,余华.多源信息融合理论与应用[M].2版.北京:北京邮电大学出版社,2011.

由此出发，给出整体的目标估计值。Balom 给出了不同干扰模型下的关联概率计算公式。

杂波空间密度为泊松(Poisson)分布时，概率数据关联(PDA)的关联概率模型为

$$P_{ij}=\frac{a_{\mathrm{ij}}}{a_{i0}+\sum\limits_{i=1}^{m_k}a_{ij}},i=1,2,\cdots m_k \tag{7-1-4}$$

式中，

$$a_{ij}=P_{\mathrm{d}}\exp\left\{-\frac{1}{2}e_{ij}(k)\left[\boldsymbol{S}_i(k)\right]^{-1}e_{ij}^T(k)\right\},j>0$$

$$a_{i0}=(2\pi)^{\frac{M}{2}}\lambda\sqrt{\left|\boldsymbol{S}_i(k)\right|}(1-P_{\mathrm{d}}),j=0$$

式中，M 为测量维数；P_{d} 为检测概率；$\boldsymbol{S}_i(k)$为 $e_{ij}(k)$的协方差矩阵；λ 为泊松分布参量。

当杂波空间密度为均匀分布时，只需进行参数置换就可以了。

数据关联滤波器(PDAF)技术是将概率数据关联技术与卡尔曼滤波技术相结合的，图 7-1 所示为能同时进行滤波和预测处理的卡尔曼处理器。

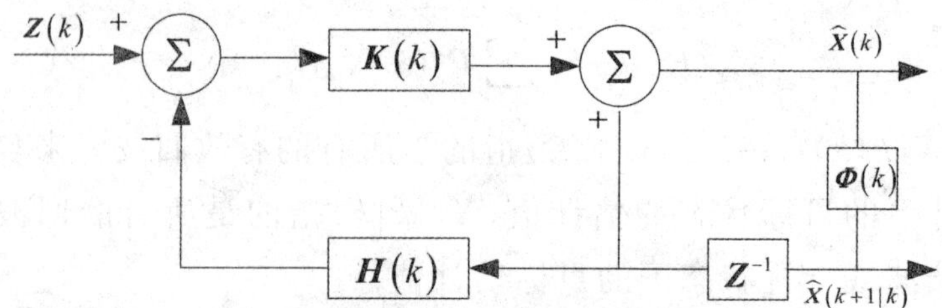

图 7-1 同时进行滤波和预测的卡尔曼处理器

卡尔曼滤波算法表达如下：

首先给出滤波器的初始值 $\hat{X}(0|0)$，$P(0|0)$且由 $k=1$ 开始进行递推运算。

①预测方程

$$\hat{\boldsymbol{X}}(k|k-1)=\Phi(k-1)\hat{\boldsymbol{X}}(k-1|k-1) \tag{7-1-5}$$

②预测协方差矩阵

$$\boldsymbol{P}(k|k-1)=\Phi(k-1)\boldsymbol{P}(k-1|k-1)\boldsymbol{\Phi}^{T}(K-1)+Q(k-1) \tag{7-1-6}$$

③预测新息向量

$$\boldsymbol{V}(k)=\boldsymbol{Z}(k)-\hat{\boldsymbol{Z}}(k|k-1) \tag{7-1-7}$$

式中，$\hat{\boldsymbol{Z}}(k|k-1)=\boldsymbol{H}(k)\hat{\boldsymbol{X}}(k|k-1)$称为测量预测值。

④卡尔曼增益矩阵

$$\boldsymbol{K}(k)=\boldsymbol{P}(k|k-1)\boldsymbol{H}^{\mathrm{T}}(k)\boldsymbol{S}^{-1}(k)$$

$$\boldsymbol{S}(k)=\boldsymbol{H}(k)\boldsymbol{P}(k|k-1)\boldsymbol{H}^{\mathrm{T}}(k)+\boldsymbol{R}(k) \tag{7-1-8}$$

⑤卡尔曼滤波方程

$$\hat{\boldsymbol{X}}(k|k)=\hat{\boldsymbol{X}}(k|k-1)+\boldsymbol{K}(k)\boldsymbol{V}(k) \tag{7-1-9}$$

其中

$$\boldsymbol{V}(k)=\sum_{i=1}^{m_k}P_i(k)\boldsymbol{V}_i(k)$$

称为等效新息向量，它是所有落入关联门内的点迹新息向量的加权和。

⑥滤波协方差矩阵

$$\boldsymbol{P}(k|k)=P_{i0}\boldsymbol{P}(k|k-1)-(1-P_{i0})[1-\boldsymbol{K}(k)\boldsymbol{H}(k)]\boldsymbol{P}^{0}(k|k-1)+\boldsymbol{P}(k) \tag{7-1-10}$$

其中

$$\boldsymbol{P}^{0}(k|k)=\boldsymbol{P}(k|k-1)-\boldsymbol{K}(k)\boldsymbol{S}(k)\boldsymbol{K}^{\mathrm{T}}(k)$$

进一步化简，有

$$\boldsymbol{P}(k|k)=\boldsymbol{P}(k|k-1)-(1-P_{i0})\boldsymbol{K}(k)\boldsymbol{S}(k)\boldsymbol{K}^{\mathrm{T}}(k)+\boldsymbol{P}(k) \tag{7-1-11}$$

式中

$$\boldsymbol{P}(k)=\boldsymbol{K}(k)\left[\sum_{i=1}^{m_k}P_i(k)\boldsymbol{V}_i(k)\boldsymbol{V}_i^{\mathrm{T}}(k)-\boldsymbol{V}(k)\boldsymbol{V}^{\mathrm{T}}(k)\right]\boldsymbol{K}^{\mathrm{T}}(k)$$

它反映了所有落入关联门内的点迹响应新息 $\mathrm{V}_i(\mathrm{k})$的散布程度。

⑦令 $k=k+1$,转步骤①。

需要指出的是,概率数据的关联算法是建立在杂波环境中只有一个目标回波的情况之下,并且此目标的航迹已经形成。

PDA 的最大优点是它的存储量与标准卡尔曼滤波几乎相等,因此很容易实现,有人将其安放在多目标的环境,前提是多目标环境的目标物是较为分散的,如目标物较为密集,极有可能发生误跟。

7.2 联合概率数据关联

联合概率数据关联(joint probabilistic data association,JPDA)是 Bar-Shalom 教授和他的学生通过对仅适用于单目标跟踪的 PDA 算法的重新设计,定义出一种适用于多目标情形的数据关联算法。

JPDA 方法的最大优点是其良好的多目标性,因此从诞生时就得到了广泛的关注。JPDA 的最大缺点是它很难得到确切的关于联合事件与关联事件的概率。因为 JPDA 算法在数据处理时,联合事件是所有候选旧波函数的指数函数,当回波密度增加时会出现计算上的组合爆炸现象①。因此,一些学者根据实际应用的情况,发展出一些近似的算法,然而这种算法在降低计算量的同时也降低了算法的精确度和可靠性。

在 JPDA 算法中,根据多目标跟踪门之间的几何关系,可划分为多个聚。在每个聚中,任一跟踪门与其他至少一个目标的跟踪门之间的交集非空。JPDA 算法依次处理每个聚中的目标与量测。假定在某个聚中,目标的个数 N,确认量测数目为 m_k,要表

---

① 韩崇昭,朱洪艳,段战胜.多源信息融合[M].2 版.北京:清华大学出版社,2010.

达聚中确认量测和多目标跟踪门之间的关系，Bar-Shalom 创立了确认矩阵的概念，其定义为

$$\boldsymbol{\Omega}=\{\omega_j^t\}_{j=1,2,\cdots,m_k}^{t=0,1,2,\cdots,N} \tag{7-2-1}$$

式中，$\boldsymbol{\Omega}$ 为确认矩阵；ω_j^t 是二进制变量；$\omega_j^t=1$ 表示量测 j 落入目标 t 的跟踪门内；$\omega_j^t=0$ 表示量测 j 没有落入目标 t 的跟踪门内。若令 $t=0$ 表示虚警，此时 $\boldsymbol{\Omega}$ 对应的列元素 ω_j^0 全都是 1，这是因为任一量测都有可能源于杂波或是虚警。

对于量测落入跟踪门相交区域的情形，意为该量测可能源于多个目标。联合概率数据关联的目的就是计算每一个量测与其可能的各种源目标相互关联的概率。为此，首先要研究在 k 时刻的所有(可行)联合事件的集合。

设 $\theta_k=\{\theta_{k,i}\}_{i=1}^{n_k}$，表示 k 时刻的所有(可行)联合事件的集合，n_k 表示集合 $\boldsymbol{\theta}_k$ 中元素的个数，其中

$$\theta_{k,i}=\bigcap_{j=1}^{m_k}\theta_{k,i}^{j,t_j} \tag{7-2-2}$$

代表第 i 个联合事件($i=1,2,\cdots,n_k$)，它表示 m_k 个量测匹配于各自目标的一种可能，$\theta_{k,i}^{j,t_j}$ 表示量测 j 在第 i 个联合事件中源于目标 t_j 的事件($0\leqslant t_j\leqslant N$)，$\theta_{k,i}^{j,0}$ 表示量测 j 在第 i 个联合事件中源于杂波或虚警。

设 $\theta_k^{j,t}$ 表示第 j 个量测与目标 t 关联的事件，则

$$\theta_k^{j,t}=\bigcup_{i=1}^{n_k}\theta_{k,i}^{j,t} \tag{7-2-3}$$

我们将这一事件称为关联事件。为方便讨论，我们用 $\theta_k^{0,t}$ 表示没有任何量测源于目标 t。

联合数据关联的重点是计算联合事件和关联事件的概率。它主要依赖以下两个基本假设：

①每一个量只有唯一的源，不考虑无法分辨的量测的情况。

②对于一个给定的目标，最多有一个量测以其为源。

符合以上两个假设的事件称为可行或联合事件。基于以上两个原则拆分确认矩阵，就可以得到与可行或联合事件对应的可

行矩阵。假设

$$\hat{\boldsymbol{\Omega}}(\theta_{k,i})=[\hat{\omega}_j^t(\theta_{k,i})],j=1,2,\cdots,m_k;t=0,1,\cdots,N;i=1,2,\cdots,n_k \tag{7-2-4}$$

其中

$$\hat{\omega}_j^t(\theta_{k,i})=\begin{cases}1,若\ \theta_{k,i}^{j,t}\subset\theta_{k,i}\\0,其他\end{cases} \tag{7-2-5}$$

描述在第 i 个联合事件中，量测 j 是否源于目标 t。当量测 j 源于目标 t 时，$\hat{\omega}_j^t=1$，否则为 0。根据上述两个基本假设容易推出互联矩阵满足

$$\sum_{t=0}^{N}\hat{\omega}_j^t=1,j=1,2,\cdots,m_k \tag{7-2-6}$$

$$\sum_{j=1}^{m_k}\hat{\omega}_j^t(\theta_{k,i})\leqslant 1,t=1,2,\cdots,N \tag{7-2-7}$$

为了便于讨论，这里引入两个二元变量。

①量测关联指示器：$\tau_j(\theta_{k,i})$，即

$$\tau_j(\theta_{k,i})=\begin{cases}1,t_j>0\\0,t_j=0\end{cases},j=1,2,\cdots,m_k \tag{7-2-8}$$

式中，t_j 表示在联合事件 $\theta_{k,i}$ 中与量测 j 关联的目标编码；$\tau_j(\theta_{k,i})$用来指示量测 j 在可行事件 $\theta_{k,i}$ 中是否和一个真实目标关联。设

$$\tau(\theta_{k,i})=[\tau_1(\theta_{k,i}),\tau_2(\theta_{k,i}),\cdots,\tau_{m_k}(\theta_{k,i})] \tag{7-2-9}$$

则 $\tau(\theta_{k,i})$能反映在可行事件 $\theta_{k,i}$ 中任一个量测是否与某个真实目标关联的情形。

②目标检测指示器：$\delta_t(\theta_{k,i})$，即

$$\delta_t(\theta_{k,i})=\sum_{j=1}^{m_k}\hat{\omega}_j^t(\theta_{k,i})=\begin{cases}1,若存在\ j,使得\ t_j=t\\0,其他\end{cases},t=1,2,\cdots,N \tag{7-2-10}$$

而 $\delta_t(\theta_{k,i})$称为目标检测指示器，表示在可行事件 $\theta_{k,i}$ 中目标 t 是否被检测到。设

$$\delta_t(\theta_{k,i})=[\delta_1(\theta_{k,i}),\delta_2(\theta_{k,i}),\cdots,\delta_N(\theta_{k,i})] \tag{7-2-11}$$

设 $\boldsymbol{\Phi}(\theta_{k,i})$表示在可行事件 $\theta_{k,i}$ 中假量测的数量，则

$$\Phi(\theta_{k,i})=\sum_{j=1}^{m_k}[1-\tau_j(\theta_{k,i})] \tag{7-2-12}$$

根据 JPDA 的两个基本假设，拆分确认矩阵须满足以下两个条件：

①在可行矩阵中，每一行有且仅有一个非零元。实际上，这是为使可行矩阵表示的(可行)联合事件满足第一个假设，即每个量测有唯一的源。

②在可行矩阵中，除第一列外，每列最多只有一个非零元素。实际上，这是为了使可行矩阵表示的(可行)联合事件满足第二个假设，即每个目标最多有一个量测以其为源。

以下是可行矩阵的形成过程，假设扫描接收到 3 个回波，之前已经跟踪了其中的两个目标，3 个回波、两个目标跟踪门之间的关系如图 7-2 所示。

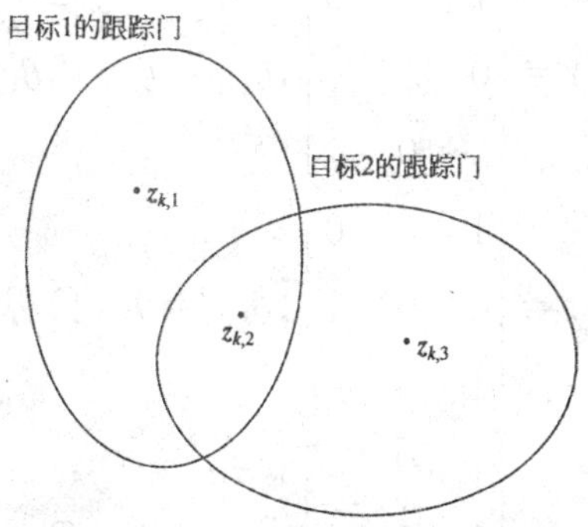

图 7-2　确认矩阵及可行矩阵形成

由确认矩阵的定义，则有

$$\boldsymbol{\Omega}=\begin{bmatrix}1 & 1 & 0\\ 1 & 1 & 1\\ 1 & 0 & 1\end{bmatrix}$$

根据拆分原则，对确认矩阵 $\boldsymbol{\Omega}$ 进行拆分，得到下列 8 个可行矩阵以及与之对应的可行事件。

$$\hat{\boldsymbol{\Omega}}(\theta_{k,1})=\begin{bmatrix}1&0&0\\1&0&0\\1&0&0\end{bmatrix},\theta_{k,1}=\theta_{k,1}^{1,0}\cap\theta_{k,1}^{2,0}\cap\theta_{k,1}^{3,0}$$

$$\hat{\boldsymbol{\Omega}}(\theta_{k,2})=\begin{bmatrix}0&1&0\\1&0&0\\1&0&0\end{bmatrix},\theta_{k,2}=\theta_{k,1}^{1,1}\cap\theta_{k,1}^{2,0}\cap\theta_{k,1}^{3,0}$$

$$\hat{\boldsymbol{\Omega}}(\theta_{k,3})=\begin{bmatrix}0&1&0\\0&0&1\\1&0&0\end{bmatrix},\theta_{k,3}=\theta_{k,1}^{1,1}\cap\theta_{k,3}^{2,2}\cap\theta_{k,1}^{3,0}$$

$$\hat{\boldsymbol{\Omega}}(\theta_{k,4})=\begin{bmatrix}0&1&0\\1&0&0\\0&0&1\end{bmatrix},\theta_{k,4}=\theta_{k,4}^{1,1}\cap\theta_{k,4}^{2,0}\cap\theta_{k,4}^{3,2}$$

$$\hat{\boldsymbol{\Omega}}(\theta_{k,5})=\begin{bmatrix}1&0&0\\0&1&0\\1&0&0\end{bmatrix},\theta_{k,5}=\theta_{k,5}^{1,1}\cap\theta_{k,5}^{2,0}\cap\theta_{k,5}^{3,0}$$

$$\hat{\boldsymbol{\Omega}}(\theta_{k,6})=\begin{bmatrix}1&0&0\\0&1&0\\0&0&1\end{bmatrix},\theta_{k,6}=\theta_{k,6}^{1,0}\cap\theta_{k,6}^{2,1}\cap\theta_{k,6}^{3,2}$$

$$\hat{\boldsymbol{\Omega}}(\theta_{k,7})=\begin{bmatrix}1&0&0\\0&0&1\\1&0&0\end{bmatrix},\theta_{k,7}=\theta_{k,7}^{1,0}\cap\theta_{k,7}^{2,2}\cap\theta_{k,7}^{3,0}$$

$$\hat{\boldsymbol{\Omega}}(\theta_{k,8})=\begin{bmatrix}1&0&0\\1&0&0\\0&0&1\end{bmatrix},\theta_{k,8}=\theta_{k,8}^{1,0}\cap\theta_{k,8}^{2,0}\cap\theta_{k,8}^{3,2}$$

确认矩阵拆分后，下一步骤就是计算关联概率，由 JPDA 算法的两个假设可知：k 时刻，与目标 t 互联的时间有如下特征：

①互不相容性

$$\theta_k^{j,t}\cap\theta_k^{i,t}=\varnothing,i\neq j \tag{7-2-13}$$

②完备性

$$P(\bigcup_{j=0}^{m_k}\theta_k^{j,t}|\boldsymbol{Z}^k)=1,t=0,1,2,\cdots,N \tag{7-2-14}$$

从而，目标 t 的状态估计为

$$\begin{aligned}\hat{x}_{k|k}^t &= E(x_k^t \mid \boldsymbol{Z}^k)= E(x_k^t,\bigcup_{j=0}^{m_k}\theta_k^{j,t} \mid \boldsymbol{Z}^k)\\ &= \sum_{j=0}^{m_k}E(x_k^t \mid \theta_k^{j,t},\boldsymbol{Z}^k)P(\theta_k^{j,t} \mid \boldsymbol{Z}^k)= \sum_{j=0}^{m_k}\beta_k^{j,t}\cdot {}_{k|k,j}^{t}\end{aligned} \tag{7-2-15}$$

其中

$$\hat{\boldsymbol{x}}_{k|k,j}^t=E(\boldsymbol{x}_k^t|\theta_k^{j,t},\boldsymbol{Z}^k) \quad j=0,1,2,\cdots,m_k \tag{7-2-16}$$

表示利用第 j 个量测对目标 t 进行滤波得到的估计值，$\beta_k^{j,t}\triangleq P(\theta_k^{i,t}|\boldsymbol{Z}^k)$表示量测 j 源于目标 t 的概率。这里仍假定不与任何目标关联的量测在跟踪门内服从均匀分布，而与某个目标关联的量测服从 Gauss 分布，门概率 $P_G=1$。应用 Bayes 法则，基于 k 时刻所有量测的联合事件的条件概率为

$$P(\theta_{k,i}|\boldsymbol{Z}^k)=P(\theta_{k,i}|\boldsymbol{Z}^k,\boldsymbol{Z}^{k-1})=\frac{1}{c}P(\boldsymbol{Z}_k|\theta_{k.i},\boldsymbol{Z}^{k-1})P(\theta_{k,i}) \tag{7-2-17}$$

其中

$$c = \sum_{i=1}^{nk}P(\boldsymbol{Z}_k \mid \theta_{k,i},\boldsymbol{Z}^{k-1})P(\theta_{k,i}) \tag{7-2-18}$$

而量测的似然函数

$$P(\boldsymbol{Z}_k \mid \theta_{k,i},\boldsymbol{Z}^{k-1})= V^{-\varphi(\theta,i)}\prod_{j=1}^{m_k}(\Lambda_{k,j})^{\tau_j(\theta_{k,i})} \tag{7-2-19}$$

其中，V 代表跟踪门体积，似然函数 $\Lambda_{k,j}$ 定义为

$$\Lambda k,j=(2\pi)^{-n_z/2}|S_{k}^{t_j}|^{-1/2}\exp[(z_{k,j}-\hat{z}_{k|k-1}^{t_j})^T(S_k^{t_j})^{-1}(z_{k,j}-\hat{z}_{k|k-1}^{t_j})] \tag{7-2-20}$$

式中，$\hat{\boldsymbol{z}}_{k|k[p-1}^{t_j}$代表目标 t_j 的预报位置，S_k^{ti} 代表相应于目标 t_j 的新息协方差。实际上，一旦 $\theta_{k,i}$给定，则目标探测指示 $\delta(\theta_{k,i})$和虚假

量测数$\Phi(\theta_{k,i})$就完全确定了，因此

$$P(\theta_{k,i})=P(\theta_{k,i},\delta(\theta_{k,i}),\Phi(\theta_{k,i})) \tag{7-2-21}$$

应用乘法定理，有

$$P(\theta_{k,i})=P(\theta_{k,i}\mid\delta(\theta_{k,i}),\Phi(\theta_{k,i}))P(\delta(\theta_{k,i}),\Phi(\theta_{k,i})) \tag{7-2-22}$$

而且我们注意到，一旦虚警量测数给定以后，联合事件$\theta_{k,i}$就由目标探测指示$\delta(\theta_{k,i})$唯一确定了，而且含$\Phi(\theta_{k,i})$个虚警的可能事件有$C_{m_k}^{\Phi(\theta_{k,i})}$个，而对于其余$m_k-\Phi(\theta_{k,i})$个真实量测，在包含$\Phi(\theta_{k,i})$个虚警的事件中与目标共有$(m_k-\Phi(\theta_{k,i}))!$种可能的关联，所以

$$P(\theta_{k,i}\mid\delta(\theta_{k,i}),\Phi(\theta_{k,i}))=\frac{1}{(m_k-\Phi(\theta_{k,i}))!\ C_{m_k}^{\Phi(\theta_{k,i})}}=\frac{\Phi(\theta_{k,i})!}{m_k!} \tag{7-2-23}$$

而

$$P(\delta(\theta_{k,i}),\Phi(\theta_{k,i}))=\mu_f(\Phi(\theta_{k,i}))\cdot\prod_{t=1}^{N}(P_D^t)^{\delta_t(\theta_{k,i})}(1-P_D^t)^{1-\delta_t(\theta_{k,i})} \tag{7-2-24}$$

式中，P_D^t表示目标t的检测概率；$\mu_f(\Phi(\theta_{k,i}))$表示虚警量测数的先验概率分配函数。按照概率分配函数$\mu_f(\Phi(\theta_{k,i}))$所使用的模型，参数JPDA使用$\mu_f(\Phi(\theta_{k,i}))$的Poisson分布，非参数JPDA使用$\mu_f(\Phi(\theta_{k,i}))$的均匀分布，即

$$\mu_f(\Phi(\theta_{k,i}))=\begin{cases}\mathrm{e}^{-\lambda V}\dfrac{(\lambda V)\Phi(\theta_i(k))}{\Phi(\theta_i(k))!}, & \text{参数 JPDA}\\ \varepsilon, & \text{非参数 JPDA}\end{cases} \tag{7-2-25}$$

从而，可行事件$\theta_{k,i}$的先验概率为

$$P(\theta_{k,i})=\frac{\Phi(\theta_{k,i})!}{m_k!}\mu_f(\Phi(\theta_{k,i}))\cdot\prod_{t=1}^{N}(P_D^t)^{\delta_t(\theta_{k,i})}(1-P_D^t)^{1-\delta_t(\theta_{k,i})} \tag{7-2-26}$$

当使用参数模型时，有

$$P(\theta_{k,i} \mid \boldsymbol{Z}^k)=\frac{\lambda^{\Phi(\theta_{k,i})}}{c'}\prod_{j=1}^{m_k}(\Lambda_{k,j})^{\tau_j(\theta_{k,i})}\prod_{t=1}^{N}(P_D^t)^{\delta_t(\theta_{k,i})}(1-P_D^t)^{1-\delta_t(\theta_{k,i})}$$

(7-2-27)

式中，c'为新的归一化常数；$\Lambda_{k,j}$代表新息似然函数，由式(7-2-20)进行定义。

当使用非参数模型时，有

$$P(\theta_{k,i} \mid \boldsymbol{Z}^k)=\frac{\Phi(\theta_{k,i})!}{c''V^{\Phi(\theta_{k,i})}}\prod_{j=1}^{m_k}(\Lambda_{k,j})^{\tau_j(\theta_{k,i})}\prod_{t=1}^{N}(P_D^t)^{\delta_t(\theta_{k,i})}(1-P_D^t)^{1-\delta_t(\theta_{k,i})}$$

(7-2-28)

式中，c''亦为归一化常数。量测与目标 t 关联概率 $\beta_k^{j,t}$ 可由下式计算得到

$$\beta_k^{j,t}=P(\theta_k^{j,t} \mid \boldsymbol{Z}^k)=P(\bigcup_{i=1}^{n_k}\theta_{k,i}^{j,t} \mid \boldsymbol{Z}^k)$$

$$=\sum_{i=1}^{n_k}P(\theta_{k,i} \mid \boldsymbol{Z}^k)\hat{\omega}_j^t(\theta_{k,i}) \quad (1\leqslant j\leqslant m_k)$$

$$\beta_k^{0,t}=1-\sum_{j=1}^{m_k}\beta_k^{j,t} \tag{7-2-29}$$

状态估计协方差阵的计算是基于第 j 个量测对目标 t 的状态估计 $\hat{\boldsymbol{x}}_{k|k,j}^t$ 的协方差阵，即

$$\boldsymbol{P}_{k|k,j}^t=E\{[\boldsymbol{x}_k^t-\hat{\boldsymbol{x}}_{k|k,j}^t][\boldsymbol{x}_k^t-\hat{\boldsymbol{x}}_{k|k,j}^t]^T \mid \theta_k^{j,t},\boldsymbol{Z}^k\} \tag{7-2-30}$$

根据 Kalman 滤波递推公式，有

$$\boldsymbol{P}_{k|k,j}^t=\boldsymbol{P}_{k|k,j}^t-\boldsymbol{K}_k^t\boldsymbol{S}_k^t(\boldsymbol{K}_k^t)^T \tag{7-2-31}$$

式中，$\boldsymbol{K}_k^t$ 和 $\boldsymbol{S}_k^t$ 分别为 k 时刻目标 t 的滤波增益矩阵以及新息协方差矩阵。

当没有任何量测源于目标 t 时，目标状态估计值与其预测值相同，故有

$$\begin{aligned}\boldsymbol{P}_{k|k,0}^t&=E\{[\boldsymbol{x}_k^t-\hat{\boldsymbol{x}}_{k|k,0}^t][\boldsymbol{x}_k^t-\hat{\boldsymbol{x}}_{k|k,0}^t]^T \mid \theta_k^{0,t},\boldsymbol{Z}^k\}\\&=E\{[\boldsymbol{x}_k^t-\hat{\boldsymbol{x}}_{k|k-1}^t][\boldsymbol{x}_k^t-\hat{\boldsymbol{x}}_{k|k-1}^t]^T \mid \theta_k^{0,t},\boldsymbol{Z}^k\}\\&=\boldsymbol{P}_{k|k-1}^t\end{aligned}$$

(7-2-32)

相应于 $\hat{\boldsymbol{x}}_{k|k}^{t}$ 的协方差阵为

$$
\begin{aligned}
\boldsymbol{P}_{k|k}^{t} &= E\{[\boldsymbol{x}_k^t - \hat{\boldsymbol{x}}_{k|k}^t][\boldsymbol{x}_k^t - \hat{\boldsymbol{x}}_{k|k}^t]^T \mid \boldsymbol{Z}^k\} \\
&= \sum_{j=0}^{m_k} \beta_k^{j,t} E\{[\boldsymbol{x}_k^t - \hat{\boldsymbol{x}}_{k|k}^t][\boldsymbol{x}_k^t - \hat{\boldsymbol{x}}_{k|k}^t]^T \mid \theta_k^{j,t}, \boldsymbol{Z}^k\} \\
&= \sum_{j=0}^{m_k} \beta_k^{j,t} E\left\{\begin{matrix}[(\boldsymbol{x}_k^t - \hat{\boldsymbol{x}}_{k|k,j}^t) + (\boldsymbol{x}_{k|k,j}^t - \hat{\boldsymbol{x}}_{k|k}^t)] \\ [(\boldsymbol{x}_k^t - \hat{\boldsymbol{x}}_{k|k,j}^t) + (\hat{\boldsymbol{x}}_{k|k,j}^t - \hat{\boldsymbol{x}}_{k|k}^t)]^T \mid \theta_k^{j,t}, \boldsymbol{Z}^k\end{matrix}\right\} \\
&= \sum_{j=0}^{m_k} \beta_k^{j,t} E\{[\boldsymbol{x}_k^t - \hat{\boldsymbol{x}}_{k|k,j}^t][\boldsymbol{x}_k^t - \hat{\boldsymbol{x}}_{k|k,j}^t]^T \theta_k^{j,t}, \boldsymbol{Z}^k\} \\
&\quad + \sum_{j=0}^{m_k} \beta_k^{j,t} E\{[\boldsymbol{x}_k^t - \hat{\boldsymbol{x}}_{k|k,j}^t][\hat{\boldsymbol{x}}_{k|k,j}^t - \hat{\boldsymbol{x}}_{k|k}^t]^T \theta_k^{j,t}, \boldsymbol{Z}^k\} \\
&\quad + \sum_{j=0}^{m_k} \beta_k^{j,t} E\{[\hat{\boldsymbol{x}}_{k|k,j}^t - \hat{\boldsymbol{x}}_{k|k}^t][\boldsymbol{x}_k^t - \hat{\boldsymbol{x}}_{k|k,j}^t]^T \theta_k^{j,t}, \boldsymbol{Z}^k\} \\
&\quad + \sum_{j=0}^{m_k} \beta_k^{j,t} E\{[\hat{\boldsymbol{x}}_{k|k,j}^t - \hat{\boldsymbol{x}}_{k|k}^t][\hat{\boldsymbol{x}}_{k|k,j}^t - \hat{\boldsymbol{x}}_{k|k}^t]^T \theta_k^{j,t}, Z^k\}
\end{aligned}
\tag{7-2-33}
$$

而

$$
\begin{aligned}
&\sum_{j=0}^{m_k} \beta_k^{j,t} E\{[\boldsymbol{x}_k^t - \hat{\boldsymbol{x}}_{k|k,j}^t][\boldsymbol{x}_k^t - \hat{\boldsymbol{x}}_{k|k,j}^t]^T \mid \theta_k^{j,t}, \boldsymbol{Z}^k\} \\
&= \sum_{j=0}^{m_k} \beta_k^{j,t} \boldsymbol{P}_{k|k,j}^t = \beta_k^{0,t} \boldsymbol{P}_{k|k,0}^t + \sum_{j=1}^{m_k} \beta_k^{j,t} [\boldsymbol{P}_{k|k-1}^t - \boldsymbol{K}_k^t \boldsymbol{S}_k^t (\boldsymbol{K}_k^T)^T] \\
&= \boldsymbol{P}_{k|k-1}^t - (1 - \beta_k^{0,t}) \boldsymbol{K}_k^t \boldsymbol{S}_k^t (\boldsymbol{K}_k^T)^T
\end{aligned}
\tag{7-2-34}
$$

而且

$$
\begin{aligned}
&\sum_{j=0}^{m_k} \beta_k^{j,t} E\{[\boldsymbol{x}_k^t - \hat{\boldsymbol{x}}_{k|k,j}^t][\hat{\boldsymbol{x}}_{k|k,j}^t - \hat{\boldsymbol{x}}_{k|k}^t]^T \mid \theta_k^{j,t}, \boldsymbol{Z}^k\} \\
&= \sum_{j=0}^{m_k} \beta_k^{j,t} \{[E(\boldsymbol{x}_k^t \mid \theta_k^{j,t}, \boldsymbol{Z}^k) - \hat{\boldsymbol{x}}_{k|k,j}^t](\hat{\boldsymbol{x}}_{k|k,j}^t - \hat{\boldsymbol{x}}_{k|k}^t)^T\} = 0
\end{aligned}
\tag{7-2-35}
$$

同理

$$\sum_{j=0}^{m_k}\beta_{jt}(k)E\{[\hat{\boldsymbol{x}}_{k|k,j}^t-\boldsymbol{x}_{k|k}^t][\hat{\boldsymbol{x}}_k^t-\hat{\boldsymbol{x}}_{k|k,j}^t]^T \mid \theta_{jt}(k),\boldsymbol{Z}^k\}=0 \tag{7-2-36}$$

并且

$$\sum_{j=0}^{m_k}\beta_k^{j,t}E\{[\hat{\boldsymbol{x}}_{k|k,j}^t-\boldsymbol{x}_{k|k}^t][\hat{\boldsymbol{x}}_{k|k,j}^t-\hat{\boldsymbol{x}}_{k|k}^t]^T \mid \theta_k^{j,t},\boldsymbol{Z}^k\}$$

$$=\sum_{j=0}^{m_k}\beta_k^{j,t}[\hat{\boldsymbol{x}}_{k|k,j}^t(\hat{\boldsymbol{x}}_{k|k,j}^t)^T-\boldsymbol{x}_{k|k}^t(\hat{\boldsymbol{x}}_{k|k}^t)^T] \tag{7-2-37}$$

从而有

$$\begin{aligned}\boldsymbol{P}_{k|k}^t&=E\{[\hat{\boldsymbol{x}}_k^t-\hat{\boldsymbol{x}}_{k|k}^t][\hat{\boldsymbol{x}}_k^t-\hat{\boldsymbol{x}}_{k|k}^t]^T|\boldsymbol{Z}^k\}\\&=\boldsymbol{P}_{k|k-1}^t-(1-\beta_k^{0,t})\boldsymbol{K}_k^t\boldsymbol{S}_k^t(\boldsymbol{K}_k^t)^T\\&\quad+\sum_{j=0}^{m_k}\beta_k^{j,t}[\hat{\boldsymbol{x}}_{k|k,j}^t(\hat{\boldsymbol{x}}_{k|k,j}^t)^T-\boldsymbol{x}_{k|k}^t(\hat{\boldsymbol{x}}_{k|k}^t)^T]\end{aligned} \tag{7-2-38}$$

7.3 多假设跟踪、分布多目标跟踪

7.3.1 多假设跟踪

对于多数多目标跟踪应用来说,任何给定时刻将测量数据划分为航迹和假目标(虚警)的可行方法都可能有多种。标准的序贯处理方法是在收到新的数据集后选择最可能的那种组合。多假设跟踪(MHT)方法与此不同,它每次可以产生多个候选假设,并在得到更多数据后对这些假设进行评估。也就是说,MHT 允许利用后续的测量数据来帮助前边的关联决策。然而,由于该方法是一种递推方法,因此测量数据只需在收到后被处理。

前面介绍的 JPDA 是在假定目标数已知的情况下估计某一测量数据属于某一目标的概率。出于这个原因,JPDA(包括

PDA)被称为是面向目标的数据关联方法。此外,JPDA 每次估计仅利用当前的数据帧。MHT 则是估计某一测量序列源自某一已建立目标或某一新目标的概率。因此,它被称为是面向测量的数据关联方法。这里已经强调,MHT 估计概率利用的是一串数据。MHT 的这种本质决定了它具有航迹起始的能力,而 JPDA 不具有这样的能力。

多假设跟踪的关键是产生和管理航迹形成假设,即利用给定的多帧数据构成可行的数据串。作为一个 MHT 实现的例子,考虑关于当前时刻之前得到的数据来源的假设为 $H_{l'}$ 的情况。定义 $P(H_{l'})$ 为假设 $H_{l'}$ 正确的概率。现在来考虑收到新的数据集后如何进行处理。考虑最简单的情况,即假定新数据集中只有一个数据,同时假定在假设 $H_{l'}$ 中有 $N_{l'}$ 条航迹。显然,由假设 $H_{l'}$ 可以形成多达 $1_{l'}+2$ 个新假设,分别代表将数据分配给 $N_{l'}$ 条航迹、以及新数据为一个新目标或一个虚警的 $N_{l'}+2$ 种可能。这些新假设的集合用 H_l 表示。显然,在更为复杂的情况下,新假设数将变得很大。通过诸如设置门限等措施可以有效地限制新假设数。

下面来推导计算概率 $P(H_{l'})$ 的公式。上述新假设中不外有三种情况:数据源于虚警、数据源于已有航迹中的某一条、数据源于一个新目标。按照 Bayes 法则,上述 3 种情况的概率如下。

①数据是虚警或源于一个假目标,而 $N_{l'}$ 条航迹都没有产生测量数据。此时有

$$P(H_l)=\frac{1}{c}\beta_{FT}(1-P_D)^{N_{l'}}P(H_{l'}) \tag{7-3-1}$$

②数据(用数据 j 表示)源于原假设中的第 i 条航迹。此时有

$$P(H_l)=\frac{1}{c}(1-P_D)^{N_{l'}-1}P_D g_{ij}P(H_{l'}) \tag{7-3-2}$$

③数据源于一个新目标。此时有

$$P(H_l)=\frac{1}{c}\beta_{NT}(1-P_D)^{N_{l'}}P(H_{l'}) \tag{7-3-3}$$

式中,β_{FT} 和 β_{NT} 分别是假目标(包括杂波、虚警等)和新目标的密

度；g_{ij} 是将第 j 个数据分配给假设 H_l 中的第 i 条航迹这一事件的 Gauss 密度（似然）函数，即

$$g_{ij}=\frac{\mathrm{e}^{-\frac{d_{ij}^{2}}{2}}}{(2\pi)^{\frac{M}{2}}\sqrt{|S_i|}} \tag{7-3-4}$$

$-\frac{d_{ij}^{2}}{2}$ 和 $|S_i|$ 两项分别是归一化距离函数和残差矩阵的行列式，c 是归一化常数。

式(7-3-1)～式(7-3-3)中没有包括航迹撤销这一情况。包括航迹撤销机制的 MHT 将在后面介绍。

有效的 MHT 方法应该保证假设数量的增长得到限制。假设控制的途径有多条。首先是可以通过建立数据关联门限的方法来实现。只有落入有关航迹的关联门限中的数据才有可能进入该航迹的延续航迹假设中来。当然，这样一般需要在式(7-3-2)中引入一个因子 P_{Gi}，表示一个数据落入第 i 条航迹的关联门限的概率。然而，由于 P_G 一般近于 1，可以用 1 来近似。

图 7-3 是 MHT 逻辑实现的示意图。收到数据后形成假设。假设由航迹组成，航迹的状态估计由标准 Kalman 滤波器用新数据予以更新。利用航迹的状态估计和协方差形成各自的关联门，以便在下一帧数据来到后，避免不可能假设的产生。当然，为了进一步限制假设数量，还需要其他的假设评估和管理技术，如假设剪除、合并和分簇。

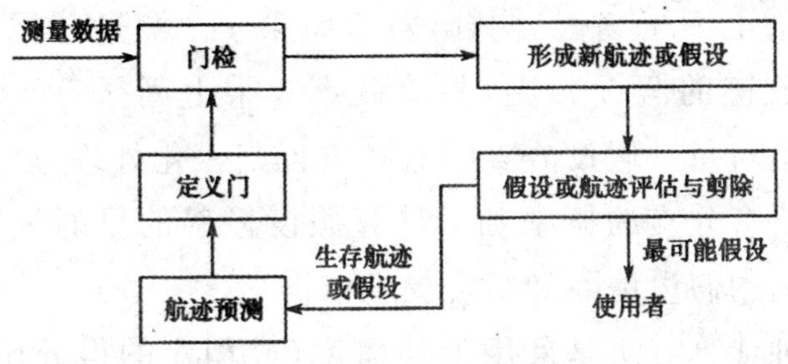

图 7-3　多假设跟踪的实现流程

以下仍假定一个真正的目标一次产生的数据不超过一个。

进一步假定报告数据集已经按时间正确地排好了序。由于在计算假设概率时会有所区别,需要将传感器分为两类:第一类传感器和第二类传感器。第一类传感器是诸如雷达的传感器,对于这类传感器,当在某一给定测量区域没有测到目标时,可以认为该区域内不存在目标,并且该事件的概率可以用参数 $1-P_d$ 表示。第二类传感器的一个典型例子是侦察雷达,它只有在目标发射雷达波时才可能探测到目标。因此,当它没有测到目标时,并不表明目标不存在。在下面的讨论中,仅考虑第一类传感器。当然,结果做简单处理即可适于第二类传感器,即只要在计算没有检测到目标时的概率公式中去掉因子 $1-P_d$。

1.假设概率计算

包含新数据的假设概率更新方法,可以通过扩展前面公式中的关系得到。首先,假定所有航迹具有相同的检测概率(P_1),所有的前面时刻的概率 $P(H'_l)$ 都需要乘上因子 $(1-P_d)^{N'_l}$。它表示没有任何前面航迹分配到测量的条件。这相当于假定使用的是第一类传感器,而且所有航迹都被传感器的探测照射到了。当使用的是第二类传感器,或者航迹不在扫描范围内时,则不需要因子 $(1-P_d)$。

其次,对于每个包含一个新目标的假设分支,需要将验前概率乘上新目标密度 β_{NT}。类似地,对于假定了虚警的假设分支,验前概率要乘上因子 β_{FT}。同样,对于将第 j 个测量分配给了以前的第 i 条航迹的假设分支,验前概率要乘上因子 $g_{ij}/(1-P_D)$。最后一步是对每一假设分支的概率进行归一化处理,就是将上述概率除以所有分支的概率和。计算假设概率的目的主要是为下面将要介绍的假设剪除和组合提供依据。

另一种计算方法是采用上述概率(或相应的得分函数)的对数。这样计算出每条航迹相应的得分。最后,每一假设的得分就是将该假设所包含的所有航迹的得分求和。采用概率对数可以防止与潜在的低概率相关的计算机负担问题。当然，在施用假设剪除技术（将在后面介绍）之前，概率对数（或得分）可以很方便地变回概率。

2. 假设剪除

同 MTT 的许多其他问题一样，从假设树上剪去某些分支的方法与具体的应用问题存在直接的关系。一种技术是事先设定一个固定门限，概率低于该门限的假设将被剪除。该方法的一个缺点是它不考虑具体的计算资源。比如，在系统完全有能力处理更多假设的情况下，它仍可能进行假设剪除。

另一种剪除技术称为宽度方法，它是一种始终保留一定假设数量(M)的方法。该技术根据假设概率或得分函数对假设进行排序，每次仅保留 M 个最可能的假设。另一种类似的方法是对假设按概率排序，并根据概率由高到低的顺序进行求和，当该概率和超过某一门限时，其余假设即被删除。

基于排序的剪除方法每帧用于假设排序的计算相当费时。因此，从计算效率的角度出发，人们更偏爱门限法。

剪除技术的一个极端情况是标准的序贯方法，它只保留最可能的那个假设。实践中剪除方法的选择最好是根据具体的应用情况通过试验的办法来比较、确定。

7.3.2 分布多目标跟踪

在一般的分布跟踪中，并无局部和融合单元之分。每个单元都可以担负局部处理、信息融合、信息发布三项功能中的任何一项功能。单元收到局部传感器数据后，对数据进行处理以产生局部航迹和假设。一个单元收到来自其他单元的信息后，由它将该信息综合进来以形成新航迹和假设。

当一个单元收到来自其他单元的信息时即发生信息融合。

假定这一事件用融合节点 $i_0 \in I_{CR}$ 来表示，其中 I_{CR} 是通信接收节点集。用 Z 表示若测量在网络中通信时 i_0 所能得到的数据集；用 L 和 J 分别表示数据标识集和测量标识集。

假定 I 是信息图中 i_0 的直接前身节点的集合，即节点 i_0 须融合 I 中的节点的信息。跟踪系统中的信息可以归结为信息状态 $\sum(Z)$。因此，融合问题就是利用 I(可能的话) 及其前身的信息状态来重构 i_0 的信息状态，即给定 $\sum(Z_i), i \leqslant I$，寻找 $\sum(Z)$。同层次跟踪一样，融合由以下两个步骤组成：

①假设形成。由 I 及其前身上定义的航迹和假设形成 i_0 的航迹和假设，就是给定 $[T(J_i)]_{i \leqslant I}$ 和 $[H(J_i)]_{i \leqslant I}$，重构 $T(J)$ 和 $H(J)$。

②假设评估。由 I 及其前身上定义的有关概率评估 i_0 的航迹状态估计和假设的概率，就是给定 $\{[p(\lambda|Z_i)]_{\lambda \in H(J_i)}\}_{i \leqslant I}$、$\{[p(\boldsymbol{x}|Z_i, \tau)]_{\tau \in T(J_i)}\}_{i \leqslant I}$ 和 $[\boldsymbol{\nu}(L_i)]_{i \leqslant I}$ 计算 $[P(\lambda|Z)]_{\lambda \in H(J)}$、$[p(\boldsymbol{x}|Z, \tau)]_{\tau \in T(J)}$ 和 $[\boldsymbol{\nu}(L)]$。

(1)假设形成

并非所有的局部航迹和假设都可以融合形成有意义的假设。比如，互斥的假设就不能融合。图 7-4 示出了一个假设可融合性的例子。可融合假设对是 $\{(h_{11}, h_{21})(h_{12}, h_{21})(h_{13}, h_{22})(h_{13}, h_{23})\}$，其他假设对则是互斥的。类似地，两条航迹只有当存在一条全局航迹与它们都一致时才是可融合的。

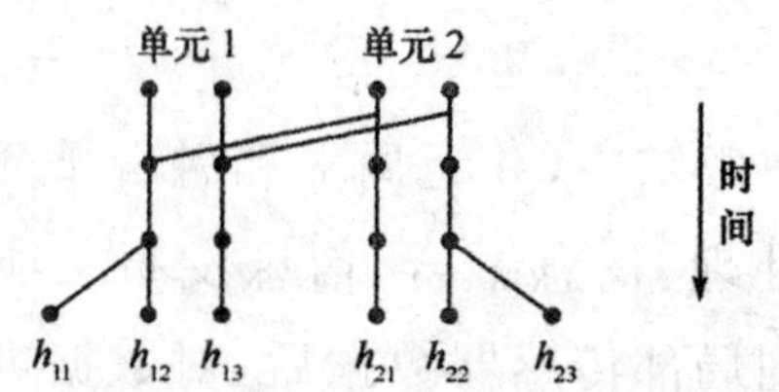

图 7-4　假设可融合性

假设和航迹可融合性皆与 I 的公共前身节点的前身假设和航迹有关。考虑两个节点 i_1 和 i_2，它们的公共节点 $\bar{I}(i_1, i_2)$ 由所有的满足$\bar{i}<i_1$ 和$\bar{i}<i_2$ 的节点 i 组成。有关可融合性的检查和假设的主要步骤总结如下。

①对于由 I 中的每个节点 i 各出一个假设构成的假设串$(\lambda_i)_{i\in I}$,只有那些在 I 的直接前身节点中具有一致的前身假设的假设才是可融合的。也就是说,对于任意的 i_1 和 i_2,我们要求对所有的$\bar{i}\in\bar{I}(i_1,i_2)$,有

$$\lambda_{i_1}\cap J_{\bar{i}}=\tau_{i_2}\cap J_{\bar{i}} \tag{7-3-5}$$

接着形成所有可能的可融合假设。

②对于由 I 中的每个节点 i 各出一条航迹构成的航迹串$(\tau_i)_{i\in I}$,那些在 I 的直接前身节点中具有一致的前身航迹的航迹可融合。也就是说,对于任意的 i_1 和 i_2,我们要求对所有的$\bar{i}\in\bar{I}(i_1,i_2)$,有

$$\lambda_{i_1}\cap J_{\bar{i}}=\tau_{i_2}\cap J_{\bar{i}} \tag{7-3-6}$$

接着,对于每个可融合假设串,形成所有可能的可融合假设。

注意到和在层次跟踪中一样,假设形成也是由两个步骤组成的。第一层完成假设到假设的关联;第二层完成航迹到航迹的关联,以由可融合对形成全局航迹。然而,可融合性检查却要更复杂一些,因为现在涉及的是更一般的信息图。

(2)假设评估

给定由局部假设和局部航迹构建的全局假设和全局航迹,假设评估的目的是利用有关通信的局部信息计算各概率和状态分布。首先假定目标状态是静态的或者是一个确定性过程。

根据分布估计和假设形成的方法得到如下的假设评估公式,即

$$P(\lambda\mid Z)=c^{-1}\prod_{\bar{i}\in\bar{I}}P(\lambda_{\bar{i}}\mid Z_{\bar{i}})^{\alpha(\bar{i})}\prod_{\tau\in\lambda}\bar{L}[\tau,(Z_{\bar{i}})_{\bar{i}\in\bar{I}}] \tag{7-3-7}$$

式中,c 是一个归一化常数,航迹 τ 的似然函数由式(7-3-8)给出

$$\bar{L}[\tau,(Z_{\bar{i}})_{\bar{i}\in\bar{I}}]=\int\prod_{\bar{i}\in\bar{I}}\bar{p}(x\mid Z_{\bar{i},\tau})^{\alpha(\bar{i})}\mu(\mathrm{d}x) \tag{7-3-8}$$

密度$\overline{p}(\boldsymbol{x}|Z_{\bar{i}},\tau)$由式(7-3-9)给出

$$\overline{p}(\boldsymbol{x}|Z_{\bar{i}},\tau)=p(\boldsymbol{x}|Z_{\bar{i}},\tau)\boldsymbol{v}(L_{\bar{i}})^{\in_{\bar{i}}(\tau)} \tag{7-3-9}$$

其中

$$\in_{\bar{i}}(\tau)=\begin{cases}1, & \text{若 } \tau\cap J_{\bar{i}}=\vartheta \\ 0, & \text{否则}\end{cases} \tag{7-3-10}$$

局部状态分布由式(7-3-11)来融合,即

$$p(x\mid\tau,Z)=c^{-1}\prod_{\bar{i}\in\bar{I}}p(x\mid Z_{\bar{i}},\tau)^{\alpha(\bar{i})} \tag{7-3-11}$$

式中,c是一个归一化常数,未检测到目标期望数为

$$v(L)=\overline{L}[\vartheta,(Z_{\bar{i}})_{\bar{i}\in\bar{I}}]=\int\prod_{\bar{i}\in\bar{I}}\overline{p}(\boldsymbol{x}\mid Z_{\bar{i}},\vartheta)^{\alpha(\bar{i})}\mu(\mathrm{d}\boldsymbol{x}) \tag{7-3-12}$$

当测量模型为线性而所有噪声都为 Gauss 时,式(7-3-9)中的似然函数变为

$$\overline{L}[\tau,(Z_{\bar{i}})_{\bar{i}\in\bar{I}}]=\left[\frac{\det(P)}{\prod_{i\in\bar{I}}\det(P_i)^{\alpha(i)}}\right]^{\frac{1}{2}}\exp\left\{-\frac{1}{2}\left[\sum_{i\in\bar{I}}\alpha(i)\mid\hat{x}-\hat{x}_i\mid^2_{P_i^{-1}}\right]\right\} \tag{7-3-13}$$

航迹状态估计由式(7-3-14)来融合,即

$$\hat{x}=P\sum_{\bar{i}\in\bar{I}}\alpha(\bar{i})P_i^{-1}\hat{x}_i \tag{7-3-14}$$

融合协方差则为

$$P=\left[\sum_{i\in\bar{I}}\alpha(\bar{i})P_i^{-1}\right]^{-1} \tag{7-3-15}$$

7.4 多维分配数据关联算法

数据关联算法是最重要的多目标跟踪内容之一,它的主要目的是要确定(多传感器)多帧测量数据集内的每个数据的来源,总

的来说，它为多传感器或多帧测量提供了基础数据来源，因此它是极其重要的。

对于数据关联同时又是一个非常棘手的问题，这是由于数据关联的效果与多帧数据的处理水平有着直接的关系，但是多帧数据极其复杂，这就决定了该问题从建立模型到完成实现各个环节都是非常困难的，在确保关联正确性与算法可实现性的前提下要达到满意的效果是极不容易的。

在目标密集、杂波环境或目标检测概率小于 1 的情况下，数据关联则变得异常复杂。这时航迹集和量测集的对应关系会出现严重的冲突，解决这类冲突常用的办法是联合数据关联、多假设跟踪以及多维分配，多维分配的基础是数学规划。

Morefield 开拓了应用数学规划的方法进行数据关联，他表明，多目标跟踪中的多帧扫描间的数据关联问题可以描述为一个离散化优化问题，而且该问题能够通过数学规划的方法进行解决。Morefield 是通过 0～1 整数规划来解决这一数据关联问题的。但是这一方法依然是不够精确的，Poore、Deb 和 Pattipati 等人在 Morefield 的基础上将数学规划的方法进一步发展，他们将多目标跟踪数据关联问题一般性地映射为一个多维分配问题。目前，多维分配已经成为数据关联发展的主要方向，吸引着越来越多的人的关注。

然而，当维数 $N>2$ 时，N 维分配问题的解只能采用枚举搜索的方法得到，这在实际应用中是不允许的。而其计算代价随要处理的量测数据的增加呈指数增长，这也就成了数学上的 NP-hard 问题。目前解决计算代价的问题有很多方法，其中较为经典的是 Lagrange 松弛方法。此方法虽然无法得到最准确的解，但可以得到较为准确的解。

1. 数据关联的多维分配模型

考虑 N 帧量测数据，其中的第 k 帧数据有 M_k 个量测，$k=1$，

$2,\cdots,N$。用 $\rho_{i_1 i_2 \cdots i_N}$ 来表示量测 $i_1,i_2,\cdots,i_N$ 同源这样的航迹形成假设。可以将 $\rho_{i_1 i_2 \cdots i_N}$ 定义为如下的二值变量，用以表示相应的航迹假设是否为真，即航迹假设为真

$$\rho_{i_1 i_2 \cdots i_N} = \begin{cases} 1, & \text{航迹假设为真} \\ 0, & \text{航迹假设为假} \end{cases}$$

这样，所有的数据关联假设将是一组考虑了所有量测的航迹假设。

采用类似的方法，就可定义航迹形成的代价变量 $c_{i_1 i_2 \cdots i_n}$。此代价定义了一个与量测有关的负对数似然比；有的著作里将航迹代价定义为航迹得分的负值。其实这两种定义是相同的。最后，规定将第 k 帧的一个量测分配为一个虚警的代价为 0，即 $c_{0\cdots 0 i_k 0 \cdots 0}$。

通过上述定义，给定 N 帧量测数据后的航迹形成问题可归结为如下的最优化问题，即在每个量测仅被采用一次，且必须采用一次的约束条件下得到极小化的目标函数 $v(p)$。$v(p)$ 的定义为

$$v(p) = \min_{\rho i_1 \cdots i_N} \sum_{i_1=0}^{M_1} \cdots \sum_{i_N=0}^{M_N} c_{i_1} \cdots i_N \rho_{i_1} \cdots i_N \tag{7-4-1}$$

约束条件为

$$\sum_{i_2=0}^{M_2} \sum_{i_3=0}^{M_3} \cdots \sum_{i_N=0}^{M_N} \rho_{i_1} \cdots i_N = 1, i_1 = 1,2,\cdots,M_1 \tag{7-4-2}$$

$$\sum_{i_1=0}^{M_1} \sum_{i_{N-2}=0}^{M_{N-2}} \cdots \sum_{i_N=0}^{M_N} \rho_{i_1} \cdots i_N = 1, i_{N-1} = 1,2,\cdots,M_{N-1}$$

$$\vdots \tag{7-4-3}$$

$$\sum_{i_1=0}^{M_1} \sum_{i_2=0}^{M_2} \cdots \sum_{i_{N-1}=0}^{M_{N-1}} \rho_{i_1} \cdots i_N = 1, i_N = 1,2,\cdots,M_N \tag{7-4-4}$$

注意式(7-4-2)和式(7-4-3)定义的约束方程数等于量测的总数。

前面提到，当 $N \geqslant 3$ 时，N 维分配问题为 NP-hard 问题。而在 $N=2$ 时，它则是一个可以接受的多项式时间问题。Lagrange 松弛方法就是要在 $N \geqslant 3$ 时对约束条件进行松弛，将问题化为二维分配问题。

2.3D Lagrange 松弛

为了便于说明 Lagrange 松弛方法的原理，先讨论较为简单的 3D($N=3$)的情形。后面将会看到，由 3D 到更高维分配的推广情形比较复杂。从这个角度讲，也有必要先把 3D 问题搞清楚。

对于 $N=3$ 的情形，$v(\rho)$定义为

$$v(p)=\min_{p_{i_1 i_2 i_3}}\sum_{i_1=0}^{M_1}\sum_{i_2=0}^{M_2}\sum_{i_3=0}^{M_3}c_{i_1 i_2 i_3}\rho_{i_1 i_2 i_3} \tag{7-4-5}$$

约束条件为

$$\sum_{i_1=0}^{M_1}\sum_{i_2=0}^{M_2}\rho_{i_1 i_2 i_3}=1;i_3=1,2,\cdots,M_3 \tag{7-4-6}$$

$$\sum_{i_1=0}^{M_1}\sum_{i_3=0}^{M_3}\rho_{i_1 i_2 i_3}=1,i_2=1,2,\cdots,M_3 \tag{7-4-7}$$

$$\sum_{i_2=0}^{M_2}\sum_{i_3=0}^{M_3}\rho_{i_1 i_2 i_3}=1,i_1=1,2,\cdots,M_3 \tag{7-4-8}$$

Lagrange 松弛方法就是要去掉一组约束，如式(7-4-6)，方法是用 Lagrange 乘子将它表达在目标函数式(7-4-5)中。这样一来，3D 问题就变成了 2D 问题，而 2D 问题有许多有举的求解方法。通过适当选取 Lagrange 乘子，约束条件将得到满足。

定义 7.2　$\lambda_{i_3}(i_3)(i_3=0,1,\cdots,M_3)$为 M_3+1 个 Lagrange 乘子，其中 $\lambda_0=0$，其他元素的取值将在后面介绍。约束条件式(7-4-6)将通过改变目标函数式(7-4-5)得以表达。新的目标函数 $q(\lambda)$为

$$q(\lambda)=\min_{\rho_{i_1 i_2 i_3}}\sum_{i_1=0}^{M_1}\sum_{i_2=0}^{M_2}\sum_{i_3=0}^{M_3}b_{i_1 i_2 i_3}+\sum_{j_3=0}^{M_3}\lambda_{i_3} \tag{7-4-9}$$

约束条件为式(7-4-7)和式(7-4-8)，而式(7-4-9)中的

$$b_{i_1 i_2 i_3}=(c_{i_1 i_2 i_3}-\lambda_{i_3})\rho_{i_1 i_2 i_3} \tag{7-4-10}$$

应当看到，新目标函数 $q(\lambda)$惩罚但不禁止违反约束的情况。对式(7-4-9)关于第三组量测(i_3)的极小化可以在考虑前两帧量

测(i_1, i_2)的分配前进行。为此,首先定义

$$d_{i_1 i_2} = \min_{i_3}(c_{i_1 i_2 i_3} - \lambda_{i_3}) \tag{7-4-11}$$

同时定义$\omega_{i_1 i_2}$为将第一帧的量测i_1分配给第二帧的量测i_1的降低了的维数标识。此外,d_{00}限制为不大于零。至此,可以得到一个如下的与式(7-4-9)等效的2D分配问题

$$q(\lambda) = \min_{\rho_{i_1 i_2 i_3}} \sum_{i_1=0}^{M_1} \sum_{i_2=0}^{M_2} d_{i_1 i_2} \omega_{i_1 i_2} + \sum_{j_3=0}^{M_3} \lambda_{i3} \tag{7-4-12}$$

约束条件为

$$\sum_{i_1=0}^{M_1} \omega_{i_1 i_2} = 1; i_2 = 1, 2, \cdots, M_2 \tag{7-4-13}$$

$$\sum_{i_2=0}^{M_2} \omega_{i_1 i_2} = 1; i_1 = 1, 2, \cdots, M_1 \tag{7-4-14}$$

由于式(7-4-12)仅受两组约束条件的限制,因此问题降为了2D分配问题,其解称为对偶松弛解,并且由于式(7-4-6)可能不满足,因而一般而言该解可能不可行。值得再一次强调的是,定义式(7-4-9)是为了惩罚违反约束的情况,因此,如果这些惩罚不够重的话,则仍然可能出现违反约束的现象。具体地说,这意味着在求解极小化式(7-4-11)问题时第三帧的某一量测可能被利用两次。其结果是$q(\lambda)$不大于真正的最低代价$v(\lambda)$,即

$$q(\lambda) \leqslant v(\lambda) \tag{7-4-15}$$

由极小化式(7-4-11)给出的三帧分配问题的对偶解也许不满足来自第三帧量测的约束条件,即式(7-4-6),然而它肯定满足来自前两帧量测提出的约束条件,即式(7-4-7)和式(7-4-8)。因此,该三帧分配问题的可行(基)解可以按如下的方法得到:首先按对偶解对前两帧量测选择分配;接着基解对这些分配进行增广以考虑前两帧与第三帧的量测的分配,方法是采用一个2D分配来极小化代价,同时保持对第三帧量测的约束。

与基解相对应的代价$v(p)$一般要大于未知的最优解的代价$v(\rho)$,因此式(7-4-15)可以扩展为

$$q(\lambda) \leqslant v(\rho) \leqslant v(p) \tag{7-4-16}$$

因此，可以认为来自对偶解的 $q(\lambda)$ 和基解的 $v(p)$ 构成了真正代价的下界和上界。

下面会看到，将采用不同的 Lagrange 乘子来实现有效的递推算法，以便增大 $q(\lambda)$ 减小 $v(p)$。递推的结果是得到最大的 $q^*(\lambda)$ 和最小的 $v^*(p)$ 解。当这两个解的间距（用 gap 表示）小于一个预先设定的门限时，结束搜索过程。该预先设定的门限记为 mingap，即搜索停止规则为

$$\text{gap} = \frac{v^*(p) - q^*(\lambda)}{|q^*(\lambda)|} \leqslant \text{mingap} \tag{7-4-17}$$

注意到当对偶解也是可行的（从而对偶解和基解相同）时，得到的是最优解，因而立即可以结束搜索过程。当然，由于并不能保证式(7-4-17)总能满足，所以，还应该设置下一个最大递推次数，当递推次数大于该值时，强制结束搜索过程。

下面简要说明 Lagrange 乘子更新过程。首先注意到，在这一应用中 Lagrange 乘子可正可负。容易看出，$\lambda_{i_3} < 0$ 对多于一次地使用 λ_3 进行惩罚；$\lambda_{i_3} > 0$ 则对不采用量测 i_3 的趋势进行惩罚。

i_3 的修正过程的形式如下，即

$$\lambda_{i_3} = \lambda_{i_3} + c_a g_{i_3};\ i_3 = 1, 2, \cdots, M_3 \tag{7-4-18}$$

式中，$g_{i_3} = 1 - N_{i_3}$，N_{i_3} 为量测 i_3 在对偶解中被使用的次数，它起着保证 Lagrange 乘子 λ_{i_3} 朝修正约束违反的方向进行调整的作用。c_a 代表修正幅度，它的一种很自然的定义是

$$c_a = \frac{v^*(p) - q^*(\lambda)}{\sum_{i_3=1}^{M_3} g_{i_3}^2} \tag{7-4-19}$$

式(7-4-19)的分子是直到并包括搜索过程当前此递推为止所得到的最好的可行解和最好的对偶解的代价对偶间距。因此，修正量正比于对偶间距从而朝满足关于第三帧量测的约束的方向驱动 Lagrange 乘子。

3. N-D($N \geqslant 4$) Lagrange 松弛

要将 N 维(N-D)分配过程扩展到 $N>3$,需定义 $N-2$ 组 Lagrange 乘子($\Lambda_3, \Lambda_4, \cdots, \Lambda_N$)。其中第 r 组(帧)数据中的量测 i_r 的 Lagrange 乘子为 λ_{i_r}。现在的这个处理过程可以有许多种不同的实现方法。这些方法都是以利用代价和 Lagrange 乘子($\Lambda_3, \Lambda_4, \cdots, \Lambda_N$)来获得一个松弛(对偶)解开始的。下面要简要介绍这一过程。

假定各 Lagrange 乘子组已经在前一次递推中计算出来了,计算时采用的初始值或者设定为零(第一次地推)或者是利用前面的处理所得的信息计算出来的。接下来,可以通过极小化一个比式(7-4-12)更一般的代价函数 $q_2(\lambda)$ 得到对偶解。$q_2(\lambda)$ 定义为

$$q_2(\lambda) = \min_{\rho_{i_1} \cdots iN} \sum_{i_1=0}^{M_N} \cdots \sum_{i_N=0}^{M_N} (c_{i_1} \cdots i_N - \lambda_{3_{i_3}} - \lambda_{4_{i4}} - \cdots - \lambda_{N_{i_N}}) \rho_{i_1} \cdots i_N + \sum_{i_3=0}^{M_3} \lambda_{3_{i_3}} + \cdots + \sum_{i_N=0}^{M_N} \lambda_{N_{i_N}} \quad (7\text{-}4\text{-}20)$$

所受约束为关于两两帧的约束。定义一般的代价为

$$d_{i_1 i_2} = \min_{i_3 \cdots i_N} (c_{i_1 \cdots i_N} - \lambda_{3_{i_3}} - \cdots - \lambda_{N_{i_N}}) \quad (7\text{-}4\text{-}21)$$

同时定义相应的决策标示 $\omega_{i_1 i_2}$,这样,问题就退化为一个类似由式(7-4-21)定义的 2D 分配问题了。然而,从式(7-4-20)可以看出,代价 $q_2(\lambda)$包含了从第三帧到第 N 帧的所有 Lagrange 乘子的和。同样,d_{00}被限制为不大于零。

采用类似 3D 的方法,可以计算出各 $d_{i_1 i_2}$,并且可以得到 2D 对偶解及相应的由式(7-4-20)定义的代价。同 3D 的情形一样,对偶解可能不可行,因此也需要采用一个递推过程来校正各 Lagrange 乘子,并得到新的基(可行)解,直到对偶解和基解满足某一收敛准则。

Lagrange 乘子校正和新基解获得的具体实施方法是目前的

研究热点。它是先同时更新所有的 Lagrange 乘子($\Lambda_3,\Lambda_4,\cdots,\Lambda_N$)。校正方法是基于线性规划的对偶问题求解,更新的目的是选择一组新的 Lagrange 乘子从而减少违反约束的情况的发生,其结果应该是使得对偶代价 $q_2(\lambda)$提高。

由式(7-4-16)知,最优解的代价 $v(\rho)$是 $q_2(\lambda)$的上界。因此过程就是要选择使得 $q_2(\lambda)$极大化的 Lagrange 乘子集,这被称为 Lagrange 对偶问题,它的求解可以采用非平滑优化技术。不断重复过程一直到收敛。一旦达到收敛,即得到了极大值 $q_2^*(\lambda)$,就执行一个恢复过程,可以得到一个可行解,该解就是最后的答案。恢复过程将在后面介绍。

导致最终的 $q_2^*(\lambda)$解由一组两点航迹(第一帧的量测 i_1 和第二帧的量测 i_2,因而 $\omega i_1 i_2=1$)定义。因此,量测标识 i_1 和 i_2 可由一个航迹标识 j 来代替。定义 N_j 为由前两帧形成的航迹的总数。恢复一个可行解的过程的下一步是松弛解,以便找到由下式定义的 $q_3(\lambda)$,即

$$q_3(\lambda)=\min_{\rho j i_3\cdots i_N}\sum_{j=0}^{N_j}\sum_{i_3=0}^{M_3}\cdots\sum_{i_N=0}^{M_N}(c_{ji_3\cdots i_N}-\lambda_{4_{i_4}}-\lambda_{N_{i_N}})\rho_{ji_3\cdots i_N}+\sum_{i_4=0}^{M_4}\lambda_{4_{i_4}}+\cdots+\sum_{i_N=0}^{M_N}\lambda_{N_{i_N}} \tag{7-4-22}$$

其中的各代价函数 $c_{ji_3\cdots i_N}$ 定义为增广了后续各帧的量测 $i_3\cdots i_N$ 后的航迹 j 的代价。同样,方法是利用非平滑最优化技术来解 Lagrange 对偶问题,结果是得到一组(数量比原先减少了的)使得 $q_3^*(\lambda)$极大化的 Lagrange 乘子 $\Lambda=(\Lambda_4,\Lambda_5,\cdots,\Lambda_N)$。注意到这一般会导致一组不同于前面用于得到 $q_2^*(\lambda)$的乘子。这样,问题就退化为 2D 分配了。当然,首先还是要确定

$$d_{ji_3}=\min_{i_4\cdots i_N}(c_{ji_3\cdots i_N}-\lambda_{4_{i_4}}-\cdots-\lambda_{N_{i_N}}) \tag{7-4-23}$$

最后,利用各代价函数求解 2D 分配问题,以得出将第三帧的

量测(i_3)分配给前面形成的航迹(j)的最小代价解。

一旦解决了由式(7-4-22)和式(7-4-23)定义的分配问题,将得到一组采用三帧数据形成的新航迹。这一过程将产生一个第三帧的量测(i_3)与由前面两帧形成的航迹(j)的一个分配。该解满足前三帧的约束,但一般不满足后面各帧的约束。因此,该过程将继续,像式(7-4-20)~式(7-4-23)那样构造 $q_4(\lambda)$和 $d_{k_{i4}}$,用非平滑最优化方法确定 $q_4^*(\lambda)$。同前面一样,接着解 2D 分配问题,确定一组由四帧定义的航迹,如此一直继续,直到得到最终的由 N 帧定义的可行解。

7.5 基于统计的分布式航迹关联

由于分布式结构可以较低的费用获得较高的可靠性和可用性,可以减少数据总线的频宽和处理要求,当一个信源降级,其观测结果不会损害整个多源信息融合功能和特性,它可以逐步增加要实现自动化功能的数量,而且能使系统结构适应控制中心的操作要求,并且也有与集中式结构相同或类似的精度。因此,在设计新的系统时,分布式结构已成为优先选用的方案,它在空中交通管制系统、海上监视、地面防空系统、海上作战系统和多平台融合等系统中都有着广泛的应用前景。另外,就现有的分散式多传感器系统的改造来看,分布式结构是一种自然的、合理的和最经济的选择。例如,目前的舰载多传感器系统大多数是分散式结构,几乎每个传感器都有自己的局部处理器,其情报指挥控制中心主要是依靠人工进行少量的去重复及归一处理,显然要把这种系统改造成计算机控制的自动化信息融合系统,分布式结构是最经济、最合理的选择。

在分布式多信源环境中,每个信源都有自己的信息处理系统,并且各个系统中都收集了大量的目标航迹信息。那么,一个重要问题是如何判断来自于不同系统的两条航迹是否代表同一个目标，这就是航迹与航迹关联问题，简称航迹关联或航迹相关问题，实际就是解决传感器空间覆盖区域的重复跟踪问题，因而航迹关联也称为去重复，同时它也包含了将不同目标区分开来的任务。当传感器级的航迹间相距很远并且没有干扰、杂波的情况下，关联问题比较简单。但在多目标、干扰、噪声和交叉、分岔航迹较多的场合下，航迹关联问题就变得比较复杂，再加上传感器之间在距离或方位上的组合失配、传感器位置误差、目标高度误差、坐标变换误差等因素的影响，使有效关联变得更加困难。用于航迹关联的算法通常有基于统计数学的方法、基于模糊数学的方法、基于灰色理论的方法、基于神经网络的方法等。常用的基于统计数学的航迹关联算法有加权和修正航迹关联算法、序贯航迹关联算法、统计双门限航迹关联算法、最邻近域和 K 近域航迹关联算法、修正的 K 近域航迹关联算法、多局部节点情况下的统计航迹关联算法、不等样本容量下基于统计理论的航迹关联算法。

7.6 基于模糊综合函数的航迹关联算法

7.6.1 状态估计向量间的模糊综合相似度

我们知道，航迹状态估计向量通常被表示为随时间演变的离散序列，因此在进行模式匹配时，需要在各时刻的向量间进行。为此引入定义 7.3。

定义 7.3　令 l 时刻两航迹状态估计向量标称化差为

$$\boldsymbol{u}_{ij}(l)=\boldsymbol{C}_{ij}^{-1/2}(l|l)[\hat{\boldsymbol{X}}_i^1(l|l)-\hat{\boldsymbol{X}}_j^2(l|l)];i\in U_1 j\in U_2 \tag{7-6-1}$$

式中，$\boldsymbol{C}_{ij}(l|l)=\boldsymbol{P}_i^1(l|l)+\boldsymbol{P}_j^2(l|l)$，即若为同一目标的航迹时，假定两局部节点对同一个目标的状态估计误差是独立的。$\boldsymbol{P}_i^1(l|l)$、$\boldsymbol{P}_j^2(l|l)$分别是局部节点1的航迹 i 和局部节点2的航迹 j 的估计误差协方差。对两局部节点估计误差相关的情况，可用式

$$\begin{aligned}\boldsymbol{B}_{ij}(l|l)&=E\{[\widetilde{X}_i^1(l)-\widetilde{X}_j^1(l)][\widetilde{X}_i^1(l)-\widetilde{X}_j^2(l)]'\}\\&=\boldsymbol{P}_i^1(l|l)+\boldsymbol{P}_j^1(l|l)-\boldsymbol{P}_{ij}^{12}(l|l)-\boldsymbol{P}_{ij}^{12}(l|l)'\end{aligned}$$

中的$\boldsymbol{B}_{ij}(l|l)$定义类似于式(7-6-1)中的标称化误差。

选择 $\mu(x)=\exp[-\tau_k(x^2/\sigma_k^2)]$的正态型隶属度函数，于是航迹 i 与 j 在 l 时刻的相似度可定义为

$$d_{ij}(l)=\exp[-b\,\boldsymbol{u}_{ij}(l)'\boldsymbol{u}_{ij}(l)];i\in U_1,j\in U_2 \quad (7\text{-}6\text{-}2)$$

式中，$0<b\leqslant l$ 是待定常数。$\forall_i\in U_1$，$\forall_j\in U_2$，显然有 $0\leqslant d_{ij}(l)\leqslant 1$。因为$\forall i\in U_1$，$\boldsymbol{P}_i^1(l|l)=P_i^1(l|l)'$，$\forall j\in U_2$，$\boldsymbol{P}_j^2(l|l)=P_j^1(l|l)'$，所以式(7-6-2)可化成

$$d_{ij}(l)=\exp\{-b[\hat{\boldsymbol{X}}_i^1(l|l)-\hat{\boldsymbol{X}}_j^2(l|l)]'[\boldsymbol{P}_i^1(l|l)+\boldsymbol{P}_j^2(l|l)]^{-1}[\hat{\boldsymbol{X}}_i^1(l|l)-\hat{\boldsymbol{X}}_j^2(l|l)]\} \quad (7\text{-}6\text{-}3)$$

当$\forall l\in\{1,2,\cdots,k\}$求得 $d_{ij}(l)$之后，便形成了航迹 i 与 j 之间的相似性向量，记为 $\boldsymbol{M}_{ij}(k)$，即

$$\boldsymbol{M}_{ij}(k)=(d_{ij}(1),d_{ij}(2),\cdots,d_{ij}(k))' \quad (7\text{-}6\text{-}4)$$

式中，$\boldsymbol{M}_{ij}(k)\in[0,1]^k$；$i\in U_1,j\in U_2$。实际上，式(7-6-2)中的相似度可以有多种定义方式；那么，不同的定义方法将对应着不同的相似性向量，对航迹关联的结果也会产生不同的影响。

在$[0,1]^k$ 中引入偏序“$\leqslant$”，即$\forall j,p\in U_1$。若$\forall\boldsymbol{M}_{ij}(k)$，$\boldsymbol{M}_{ip}(k)\in[0,1]^k$，恒有

$$\boldsymbol{M}_{ij}(k)\leqslant\boldsymbol{M}_{ip}(k)\Leftrightarrow d_{ij}(l)\leqslant d_{ip}(l);l=1,2,\cdots,k,i\in U_1 \quad (7\text{-}6\text{-}5)$$

成立。显然，$([0,1]^k,\leqslant)$是一个完全分配格。

一个映射 $S_k:[0,1]^k\rightarrow[0,1]$，如果满足以下两个条件：

(1)保序性

即 $\forall \boldsymbol{M}_{ij}(k),\boldsymbol{M}_{ip}(k)\in[0,1]^k$,有

$$\boldsymbol{M}_{ij}(k)\leqslant\boldsymbol{M}_{ip}(k)\Rightarrow S_k(\boldsymbol{M}_{ij}(k))\leqslant S_k(\boldsymbol{M}_{ip}(k)) \quad (7\text{-}6\text{-}6)$$

(2)综合性

即 $\forall \boldsymbol{M}_{ij}(k)\in[0,1]^k$,有

$$\bigwedge_{l=1}^{k} d_{ij}(l)\leqslant S_k(\boldsymbol{M}_{ij}(k))\leqslant\bigvee_{i=1}^{k} d_{ij}(l) \quad (7\text{-}6\text{-}7)$$

则称该映射为综合函数。例如下列 S_k 都是综合函数:

$$\boldsymbol{S}_k(\boldsymbol{M}_{ij}(k)=\left(\frac{1}{k}\sum_{l=1}^{k} d_{ij}^{q}(l)\right)^{\frac{1}{q}};q>0,i\in U_1,j\in U_2 \quad (7\text{-}6\text{-}8)$$

$$S_k(\boldsymbol{M}_{ij}(k)=\left(\prod_{l=1}^{k} d_{ij}(l)\right)^{\frac{1}{k}};i\in U_1,j\in U_2 \quad (7\text{-}6\text{-}9)$$

$$S_k(\boldsymbol{M}_{ij}(k)=\frac{1}{2}\left[\bigwedge_{l=1}^{k} d_{ij}(l)+\bigvee_{i=1}^{k} d_{ij}(l)\right];i\in U_1,j\in U_2 \quad (7\text{-}6\text{-}10)$$

$$S_k(\boldsymbol{M}_{ij}(k)=\sum_{l=1}^{k} a_l d_{ij}(l);a_l\in[0,1],\quad \sum_{l=1}^{k} a_l=1,i\in U_1,j\in U_2 \quad (7\text{-}6\text{-}11)$$

$$\boldsymbol{S}_k(M_{ij}(k)=\left(\sum_{l=1}^{k} a_l d_{ij}^{q}(l)\right)^{\frac{1}{q}};q>0,a_l\in[0,1],\quad \sum_{l=1}^{k} a_l=1,\quad i\in U_1,j\in U_2 \quad (7\text{-}6\text{-}12)$$

在引入模糊综合函数的概念之后,便可定义航迹 i、j 到 k 时刻的综合相似度为

$$\mu_{ij}(k)\triangleq S_k(\boldsymbol{M}_{ij}(k))=S_k(d_{ij}(1),d_{ij}(2),\cdots,d_{ij}(k)'),i\in U_1,j\in U_2 \quad (7\text{-}6\text{-}13)$$

这样,$\mu_{ij}(k)$便是综合了 $d_{ij}(1),d_{ij}(2),\cdots,d_{ij}(k)$后所得到的融合结果,它兼有保序性和综合性的特点,也反映了时一空融合过程。对于式(7-6-13)来说,选用不同的综合函数会有不同的融合结

果,在工程上要根据实际应用背景通过仿真分析择优。

7.6.2 模糊综合函数航迹关联准则

为了便于计算两航迹在不同时刻的综合相似度,采用式(7-6-14)~式(7-6-16)描述的三种典型模糊综合函数,并给出其递推式。

$$S_k(\boldsymbol{M}_{ij}(k))=\left(\frac{1}{k}\sum_{l=1}^{k}d_{ij}^{q}(l)\right)^{\frac{1}{q}};q>0,i\in U_1,j\in U_2 \tag{7-6-14}$$

结论 7.1 当 $k=0,1,2,\cdots,N$ 时,模糊综合函数式(7-6-14)的递推式为

$$S_{k+1}(\boldsymbol{M}_{ij}(k+1))=\left[\frac{1}{k+1}(kS_k^q\boldsymbol{M}_{ij}(k))+d_{ij}^q(k+1)\right]^{\frac{1}{q}};\quad i\in U_1,j\in U_2 \tag{7-6-15}$$

证明:由式(7-6-14)有

$$\begin{aligned}S_{k+1}^q(\boldsymbol{M}_{ij}(k+1))&=\frac{1}{k+1}\sum_{l=1}^{k+1}d_{ij}^q(l)\\&=\frac{1}{k+1}\left(\sum_{l=1}^{k}d_{ij}^q(l)+d_{ij}^q(k+1)\right)\end{aligned} \tag{7-6-16}$$

再由式(7-6-14)得

$$S_k^q(\boldsymbol{M}_{ij}(k))=\frac{1}{k}\sum_{l=1}^{k}d_{ij}^q(l) \tag{7-6-17}$$

于是把式(7-6-17)代入式(7-6-16)并开 q 次方便得到式(7-6-15)。

结论 7.2 当 $k=0,1,2,\cdots,N$ 时,模糊综合函数式(7-6-10)的递推式为

$$S_{k+1}(\boldsymbol{M}_{ij}(k+1))=\left[S_k(\boldsymbol{M}_{ij}(k))^k\cdot d_{ij}(k+1)\right]^{\frac{1}{k+1}};\quad i\in U_1,j\in U_2 \tag{7-6-18}$$

证明:由式(7-6-9)有

$$S_{k+1}(\boldsymbol{M}_{ij}(k+1)) = \left(\prod_{l=1}^{k+1} d_{ij}(l)\right)^{\frac{1}{k+1}}$$
$$= \left(\prod_{l=1}^{k} d_{ij}(l) d_{ij}(k+1)\right)^{\frac{1}{k+1}} \tag{7-6-19}$$

再由式(7-6-9)得

$$(S_k)(\boldsymbol{M}_{ij}(k))^k = \prod_{l=1}^{k} d_{ij}(l) \tag{7-6-20}$$

把式(7-6-20)代入式(7-6-19)便得式(7-6-18)。

结论 7.3　当 $k=0,1,2,\cdots,N$ 时,模糊综合函数式(7-6-10)的递推式为

$$S_{k+1}(\boldsymbol{M}_{ij}(k+1)) = \frac{1}{2}[S_{\sup}(k) \vee d_{ij}(k+1)$$
$$+ S_{\inf}(k) \wedge d_{ij}(k+1)]; i \in U_1, j \in U_2 \tag{7-6-21}$$

式中,

$$S_{\sup}(k) = \underset{l}{S_{\sup}}(\boldsymbol{M}_{ij}(k)) = \bigvee_{l=1}^{k} d_{ij}(l),$$
$$S_{\inf}(k) = \inf_{l}(\boldsymbol{M}_{ij}(k)) = \bigwedge_{l=1}^{k} d_{ij}(l) \tag{7-6-22}$$

证明:由式(7-6-10)有

$$S_{k+1}(\boldsymbol{M}_{ij}(k+1)) = \frac{1}{2}[\bigvee_{l=1}^{k+1} d_{ij}(l) + \bigwedge_{l=1}^{k+1} d_{ij}(l)]$$
$$= \frac{1}{2}[\bigvee_{l=1}^{k} d_{ij}(l) \vee d_{ij}(k+1) + \bigwedge_{l=1}^{k} d_{ij}(l) \wedge d_{ij}(k+1)] \tag{7-6-23}$$

把式(7-6-22)代入式(7-6-23)便得式(7-6-21)。

当用模糊综合函数计算两航迹间在不同时刻的综合相似度之后,下一步就是如何根据综合相似度判决两航迹间的相似性。为了给出航迹 $i(i \in U_1)$ 与航迹 $j(j \in U_2)$ 间的相似性判决,需要去模糊,其准则一般是基于最大综合相似度和阈值判别原则。令

$$\mu_{ij^*}(k) = \max S_k(\boldsymbol{M}_{ij}(k)); i \in U_1 \tag{7-6-24}$$

如果

$$\mu_{ij^*}(k) > \varepsilon \tag{7-6-25}$$

则判决航迹 i 与 j^* 在 k 时刻关联，并且 $j^s *$ 在 k 时刻不再与其他航迹关联；否则 i 与 j^* 为不关联航迹。这里 ε 是阈值参数，且 $0.5\leqslant\varepsilon\leqslant l$。

为了控制航迹关联检验的完结与终止，现引入航迹关联质量 $m_{ij}(k)$。如果在 k 时刻依据式(7-6-25)判决航迹 $i(i\in U_1)$ 与 j^* $(j^*\in U_2)$ 为关联对，则

$$m_{ij^*}(k)=m_{ij^*}(k-1)+1$$

否则

$$m_{ij^*}(k)=m_{ij^*}(k-1)-1 \qquad (7\text{-}6\text{-}26)$$

式中，$m_{ij^*}(0)=0$，$m_{ij^*}(k)\geqslant 0$。如果 $m_{ij^*}(k)\geqslant 6$，则判定航迹 i、j^* 为固定关联对，并且在后续的检验中，它们不再接受关联检验，直接进入航迹融合阶段。也就是说从 k 时刻起航迹 i、j^* 的对应关系不再变化，除非它们中有一个被撤销或离开公共区为止。

7.7 多传感器多目标航迹的静态关联方法

本节主要讨论多传感器多目标航迹的静态关联问题，包括关联检验、检验效果分析。

7.7.1 关联检验原理

在多目标航迹关联处理中，仍然采用假设检验这一常用工具。前文已经介绍了假设检验的原理。为了方便讨论，这里将作一些进一步的说明。

一个经典的假设检验例子：已知变量 x 服从正态分布 $N(\mu,\sigma^2)$，且已知其方差 σ^2，但均值 μ 未知。给定 x 的一个测量样本 $\boldsymbol{X}=[x_1,x_2,\cdots,x_n]$，检验

$$H_0:\mu=\mu_0$$

$$H_1: \mu \neq \mu_0 \tag{7-7-1}$$

容易想到以样本均值$\bar{x}$作为检验统计量，因为$\bar{x}$的分布也是已知的，即$\bar{x} \sim N(\mu, \sigma^2/n)$。给定允许的第一类检验错误的概率$\alpha$，有

$$P\{|\bar{x}-\mu_0|>\lambda \mid \mu=\mu_0\}=P\left\{\frac{|\bar{x}-\mu_0|}{\sigma/\sqrt{n}}>\frac{\lambda}{\sigma/\sqrt{n}}\right\}=\alpha \tag{7-7-2}$$

因此，检验门限为

$$\lambda=\frac{\sigma}{\sqrt{n}}z_{\alpha/2} \tag{7-7-3}$$

式中，$z_{\alpha/2}$为标准正态分布的双侧α分位点。至此，就得到了检验的准则：当$|\bar{x}-\mu_0|>\lambda$时，拒绝H_0；当$|\bar{x}-\mu_0|<\lambda$时，接受H_0。

7.7.2　两条航迹的关联检验

以上的假设检验原理是目标航迹关联处理的基本原理。来考虑来自两个传感器的两条航迹间的关联检验。航迹测量参数可能为一个，如目标方位；也可能为多个，如目标方位和距离。应当说明的是，有的情况下，如当目标航迹测量参数为方位和距离时，每次测量可以得到一个目标位置的点迹，这样的关联点迹确实构成一条目标运动的“航迹”。在有一些情况下，如当目标航迹测量参数仅为方位时，每次测量并不能得到一个目标位置的点迹，这样的关联测量串并不构成通常意义的目标航迹，而是一个关联测量序列，但通常仍把它称为一条目标航迹。

考虑如下的简单情况，假定两传感器是配置在同一地点的，所有的传感器都装备在同一机动军用平台（如一艘潜艇）的应用场合基本上可以认为属于这种情形，即假定由于传感器位置不同而导致的目标测量误差可以忽略不计。为便于说明，假定用来进行关联的航迹测量参数为一个（如目标方位）。进一步假定两传感器的测量是独立的。且各传感器各种的测量误差是独立同分

布的，皆为零均值的 Gauss 误差。即若用 $e_i(i=1,2)$ 表示两传感器的测量误差，有

$$e_i \sim N(0,\sigma_i^2) \quad (i=1,2) \tag{7-7-4}$$

式中，σ_i^2 为传感器 i 的测量误差方差。在这样的条件下，判断来自两个不同传感器的测量样本 X 和 Y 是否关联的最直观方法就是检验同时刻的样本的差是否为零均值。假设样本中共有 n 个同时刻的测量样本，设为

$$\boldsymbol{X}=[x_1 \quad x_2 \cdots x_n] \tag{7-7-5}$$

和

$$\boldsymbol{Y}=[y_1 \quad y_2 \cdots y_n] \tag{7-7-6}$$

它们的差为

$$\boldsymbol{D}=\boldsymbol{X}-\boldsymbol{Y} \triangleq [d_1 \quad d_2 \cdots d_n] \tag{7-7-7}$$

显然，d_i 也是 Gauss 的。

考虑如下的统计量

$$\overline{d} = \sum_{i=1}^{n} d_i / n \tag{7-7-8}$$

$\overline{d}$仍然是 Gauss 的，且其方差为 $(\sigma_1^2+\sigma_2^2)/n$。因此，在 H_0 为真的条件下，应该有

$$\overline{d} \sim N[0,(\sigma_1^2+\sigma_2^2)/n] \tag{7-7-9}$$

假设要求的置信水平为 α，即允许犯第一类检验错误的概率为 α。按照 7.7.1 小节的分析，检验门限为

$$\lambda=\frac{z_{\alpha/2}\sqrt{n}}{\sqrt{\sigma_1^2+\sigma_2^2}} \tag{7-7-10}$$

式中，$z_{\alpha/2}$ 为标准正态分布的双侧 α 分位点。至此可得出检验准则：若 $|\overline{d}|<\lambda$，接受 H_0 假设，即认为两航迹关联；否则，接受 H_1 假设，即认为两航迹不关联。

从式(7-7-10)中可以看出，检验门限不仅同传感器的测量精度及显著性水平有关，而且同统计样本大小（方位序列长度）有关。

7.7.3 检验效果分析

对于上面的假设检验问题，可以用两类检验错误及检验功效来表征检验的效果。人们自然希望两类检验错误都控制得很小，但统计学知识表明这是不可能的。考察检验效果的更直接方法是对功效函数进行分析。

为方便，仍考虑7.7.1小节中的例子，并假设 $\mu_0=0$。此时，功效函数(用 $\beta(\mu)$ 表示)定义为

$$\begin{aligned}\beta(\mu) &\triangleq P_\mu\left(\frac{\sqrt{n}\cdot|\bar{x}|}{\sigma}>z_{1-\alpha/2}\right)=1-P_\mu\left(\frac{\sqrt{n}\cdot|\bar{x}|}{\sigma}\leqslant z_{1-\alpha/2}\right)\\ &=1-P_\mu\left(-z_{1-\alpha/2}-\frac{\sqrt{n}\cdot\mu}{\sigma}\leqslant\frac{\sqrt{n}(\bar{x}-\mu)}{\sigma}\leqslant z_{1-\alpha/2}-\frac{\sqrt{n}\cdot\mu}{\sigma}\right)\\ &=1-\left[\Phi\left(z_{1-\alpha/2}-\frac{\sqrt{n}\cdot\mu}{\sigma}\right)-\Phi\left(-z_{1-\alpha/2}-\frac{\sqrt{n}\cdot\mu}{\sigma}\right)\right],-\infty<\mu<\infty\end{aligned} \tag{7-7-11}$$

注意这的 $\Phi(\cdot)$ 是标准正态分布 $N(0,1)$ 的分布函数。功效函数反映了 μ 取不同值时，样本落入拒绝域(一定的 α 下样本空间中满足拒绝 H_0 条件的部分)的概率。易知

$$\beta(0)=\alpha \tag{7-7-12}$$

事实上，它就是犯第一类错误的概率。犯第二类错误的概率为

$$P_{e2}(\mu)=1-\beta(\mu)=\Phi\left(z_{1-\alpha/2}-\frac{\sqrt{n}\cdot\mu}{\sigma}\right)-\Phi\left(-z_{1-\alpha/2}-\frac{\sqrt{n}\cdot\mu}{\sigma}\right) \tag{7-7-13}$$

从式(7-7-13)可以看出，当 μ 趋近于零时，$P_{e_2}(\mu)$ 趋近于 $1-\alpha$；当 μ 趋近于无穷大时，$P_{e_2}(\mu)$ 趋近于零。这表明，在所关心的航迹关联问题中，当两航迹数据差的均值偏离原假设即 $\mu=0$ 较大时，检验的效果很好；当该均值接近原假设时，检验的效果很差。即第一类错误的概率可以控制得很低，但第二类错误的概率可能很高，出现这样的现象是很正常的。当两个传感器测量的两

条航迹数据差的均值接近原假设时，表明两条航迹很接近。在这样的情况下判断它们是否关联是很困难的。这对任何检验方法都是如此。

从以上分析中还可以看出，当 α 的值取得很小时，如果检验统计量的值超过门限值时，有较大的把握说，两条航迹不关联。然而，当检验统计量的值在门限值以内时，认为两条航迹关联的把握性并不一定很大，因为它受到犯第二类错误的概率的制约，而这个概率并不能得知。因此，根据式(7-7-10)判断检验统计量是否在门限值以内来判断两条航迹是否关联，得出的结论是一个概率意义下的判断。

7.7.4 初始关联的建立

一般来说，多传感器间的航迹关联是在各传感器形成了各自的航迹后才开始的。也就是说，一般不需要在各传感器仅有一次目标测量数据时就进行关联处理。这一点同单传感器多目标航迹关联是不同的，在那里，传感器得到第一次的目标测量数据后就应当立刻跟后续测量数据进行关联处理。

不过，不排除某些测量样本过小的情形，从一有测量开始就要进行关联处理。同时，为了这一方法的理论完整性，在此给出初始关联门限的建立方法。这种方法同单传感器多目标航迹自相关的初始门限的建立是类似的。它们都是源于实际中小概率事件不会发生这一统计思想的①。

现在的问题是判断两个传感器同时测量的初始目标航迹参数是否关联。同样，考虑两个传感器的初始测量数据之差，设为 d_0。按照前面的假设，如果这两个测量源自于同一目标的话，有

$$d_0 \sim N(0, \sigma_1^2 + \sigma_2^2) \qquad (7\text{-}7\text{-}14)$$

① 夏佩伦.目标跟踪与信息融合[M].北京:国防工业出版社,2010.

这时

$$P\{|d_0|<2\sqrt{\sigma_1^2+\sigma_2^2}\}=0.954 \tag{7-7-15}$$

$$P\{|d_0|<3\sqrt{\sigma_1^2+\sigma_2^2}\}=0.997 \tag{7-7-16}$$

这表明，这时测量数据差超出区间$[-2\sqrt{\sigma_1^2+\sigma_2^2},2\sqrt{\sigma_1^2+\sigma_2^2}]$的概率为 0.046，这是一个不大的、实际中可以认为是小概率事件；超出区间$[-3\sqrt{\sigma_1^2+\sigma_2^2},3\sqrt{\sigma_1^2+\sigma_2^2}]$的概率更小，仅为 0.003。因此可以取一个正数 λ_0，使得

$$2\sqrt{\sigma_1^2+\sigma_2^2}\leqslant\lambda_0\leqslant3\sqrt{\sigma_1^2+\sigma_2^2} \tag{7-7-17}$$

则以区间$[-\lambda_0,\lambda_0]$作为关联假设的接受域的话，犯第一类错误的概率满足

$$0.003<P_{el}<0.046 \tag{7-7-18}$$

这在许多工程上通常是可以接受的。当然 λ_0 的具体取值，可以根据实际需要确定。总之，选定 λ_0 的值后，就得出了初始关联准则：若$|d_0|<\lambda_0$，认为它们关联；否则，认为它们不关联。当然，按照这一准则得出的判断结论是初步的，有待后续更大的样本（更多的测量数据）的进一步验证。

7.7.5 多条航迹的关联

前面研究了两条航迹的关联问题。对于更一般的情况，即多于两条航迹的情况，问题要复杂得多。好在有了两条航迹的解决之道后，多航迹问题总是有解决办法的。因为至少可以用两两关联的方法将每条航迹同所有其他航迹进行关联检验。显然，这是一个非常工程化的问题，一种处理方法往往要结合具体的实际问题，才可能取得好的效果。

7.8 基于 LMMSE 的多传感器航迹融合

7.8.1 LMMSE 估计

首先介绍估计和滤波的有关理论。我们知道，如果已知待估(随机向量)$\boldsymbol{x}$ 及某测量(向量)$\boldsymbol{z}$ 的一、二阶矩，无须知道它们的分布，即可得到关于 $\boldsymbol{x}$ 的最优线性无偏估计(BLUE)或 LMMSE 估计。相应的估计值和协方差分别为

$$\hat{\boldsymbol{x}} \triangleq E(\boldsymbol{x}|\boldsymbol{z}) = \bar{\boldsymbol{x}} + \boldsymbol{P}_{xz}\boldsymbol{P}_z^{-1}(\boldsymbol{z} - \bar{\boldsymbol{z}}) \tag{7-8-1}$$

$$\boldsymbol{P}_{x|z} \triangleq \mathrm{cov}(\mathrm{x}|\mathrm{z}) = \mathrm{P}_x - \mathrm{P}_{xz}\mathrm{P}_z^{-1}\mathrm{P}_{zx} \tag{7-8-2}$$

式中，$\bar{\boldsymbol{x}}$和$\bar{\boldsymbol{z}}$分别是 $\boldsymbol{x}$ 和 $\boldsymbol{z}$ 的均值。而

$$\boldsymbol{P}_x \triangleq \mathrm{cov}(\boldsymbol{x}) = E[(\boldsymbol{x} - \bar{\boldsymbol{x}})(\boldsymbol{x} - \bar{\boldsymbol{x}})^{\mathrm{T}}] \tag{7-8-3}$$

$$\boldsymbol{P}_z \triangleq \mathrm{cov}(\boldsymbol{z}) = E[(\boldsymbol{z} - \bar{\boldsymbol{z}})(\boldsymbol{z} - \bar{\boldsymbol{z}})^{\mathrm{T}}] \tag{7-8-4}$$

$$\boldsymbol{P}_{xz} \triangleq \mathrm{cov}(\boldsymbol{x}, \boldsymbol{z}) = E[(\boldsymbol{x} - \bar{\boldsymbol{x}})(\boldsymbol{z} - \bar{\boldsymbol{z}})^{\mathrm{T}}] = \boldsymbol{P}_{zx}^{T} \tag{7-8-5}$$

式(7-8-1)和式(7-8-2)被称为线性估计基本方程。可以看出，估计值(即 $\boldsymbol{x}$ 的条件均值)$\hat{\boldsymbol{x}}$与观测(或测量)$\boldsymbol{z}$ 呈线性关系。此外，条件协方差要小于非条件协方差，表明条件均值$\hat{\boldsymbol{x}}$要比非条件均值$\bar{\boldsymbol{x}}$更接近 $\boldsymbol{x}$。另一个颇令人惊讶的事实是，条件协方差不依赖观测 $\boldsymbol{z}$，即与 $\boldsymbol{z}$ 的具体实现无关，说明$\hat{\boldsymbol{x}}$与 $\boldsymbol{x}$ 的接近度不是随机的。此外不难证明$\hat{\boldsymbol{x}}$无偏的。

注意到以上的讨论对 $\boldsymbol{x}$ 和 $\boldsymbol{z}$ 未加任何限制，即式(7-8-1)和式(7-8-2)是任意的随机变(向)量 $\boldsymbol{x}$ 和 $\boldsymbol{z}$ 的最优线性估计。如果限定 $\boldsymbol{x}$ 和 $\boldsymbol{z}$ 为联合 Gauss 的，则式(7-8-1)和式(7-8-2)不仅是最优线性估计，而且是全局最优估计，即最小均方差估计(MMSE)。式(7-8-1)和式(7-8-2)的这些优点，使得它的应用非常广泛。事实上，著名的 Kalman 滤波就是以它为基础的。

7.8.2 目标动态与测量

考虑两个传感器的情形。假设它们一起按分布式配置构成一个多传感器系统，对某一公共区域进行监视。分布式配置是指各传感器各自的信息处理器对各自探测的多目标信息进行数据关联(测量—航迹关联)和目标状态估计；估计结果送中心处理器(当然也可以指定某一传感器的处理器为中心处理器)；中心处理器对来自各传感器的航迹(包括其估计状态)进行关联检验(航迹—航迹关联)；并对关联的航迹(即认为它们源于同一目标)的状态进行融合。本节所要考虑的就是关联航迹的融合。即认为通过适当的检验手段已经认定来自两个传感器的两条航迹源于同一目标。

设这一个目标的动态为

$$\boldsymbol{x}(k+1)=\boldsymbol{F}(k)\boldsymbol{x}(k)+\boldsymbol{v}(k) \tag{7-8-6}$$

其中的过程噪声为零均值的白噪声，其协方差为 $\boldsymbol{Q}(k)$。

来自两个传感器(假设它们是同步的)的测量为

$$\boldsymbol{z}^{\mathrm{m}}(k)=\boldsymbol{H}^{\mathrm{m}}(k)\boldsymbol{x}(k)+\boldsymbol{\omega}^{\mathrm{m}}(k) \quad m=i,j \tag{7-8-7}$$

其中的测量噪声序列为相互独立的零均值白噪声，其协方差为 $\boldsymbol{R}^{m}(k)$。

假设$\hat{\boldsymbol{x}}^{i}(k)$是带有自己的信息处理器的传感器 i 的目标估计状态。同时，假设还能得同一时刻传感器 j 的估计$\hat{\boldsymbol{x}}^{j}(k)$。两个估计都可以是当前时刻的估计，其中某个也可以是一个预测。只要它们是同一时刻即可(为简便起见，这里省去了第二个时间标识)。对应的协方差用 $\boldsymbol{P}^{m}(k)$，$m=i,j$ 表示。

如果经过某种检验手段已经认定来自两个传感器的两条航迹源于同一目标，则可以对具有公共真状态的两估计$\hat{\boldsymbol{x}}^{i}(k)$和$\hat{\boldsymbol{x}}^{j}(k)$进行融合(综合)。假设它们的公共真状态为

$$\boldsymbol{x}^{i}(k)=\boldsymbol{x}^{j}(k)=\boldsymbol{x}(k) \tag{7-8-8}$$

状态估计误差分别为

$$\tilde{\boldsymbol{x}}^{i}(k)=\boldsymbol{x}(k)=\hat{\boldsymbol{x}}^{i}(k) \tag{7-8-9}$$

$$\boldsymbol{x}^{j}(k)=\boldsymbol{x}(k)-\hat{\boldsymbol{x}}^{j}(k) \tag{7-8-10}$$

由于它们有公共的过程噪声，虽然两个量测噪声序列是独立的，两个航迹的估计误差$\tilde{\boldsymbol{x}}^{i}(k)$和$\tilde{\boldsymbol{x}}^{j}(k)$是非独立的。这种非独立性必然要影响到状态的融合结果。

两条航迹的依赖性将用相应的估计误差的互协方差来表示。由于后面的融合中要用到这个互协方差，下面先介绍它的估计方法。

7.8.3 估计误差的互协方差

利用传感器 m 的测量的状态估计为

$$\hat{\boldsymbol{x}}^{m}(k|k)=\boldsymbol{F}(k-1)\hat{\boldsymbol{x}}^{m}(k-1|k-1)$$
$$+\boldsymbol{W}^{m}(k)[\boldsymbol{z}^{m}(k)-\boldsymbol{H}^{m}(k)\boldsymbol{F}(k-1)\hat{x}^{m}(k-1|k-1)] \tag{7-8-11}$$

式中，$\boldsymbol{W}^{m}$，$m=i,j$ 是信息处理器的滤波器增益。相应的估计误差为

$$\begin{aligned}\tilde{\boldsymbol{x}}^{m}(k|k)&=\boldsymbol{x}(k)-\hat{\boldsymbol{x}}^{m}(k|k)\\
&=\boldsymbol{F}(k-1)\boldsymbol{x}(k-1)+\boldsymbol{v}(k-1)-\boldsymbol{F}(k-1)\hat{\boldsymbol{x}}^{m}(k-1|k-1)\\
&\quad-\boldsymbol{W}^{m}(k)\{\boldsymbol{H}^{m}(k)[\boldsymbol{F}(k-1)\boldsymbol{x}(k-1)+\boldsymbol{v}(k-1)]+\boldsymbol{w}^{m}(k)\\
&\quad-\boldsymbol{H}^{m}(k)\boldsymbol{F}(k-1)\hat{\boldsymbol{x}}^{m}(k-1|k-1)\\
&=[I-\boldsymbol{W}^{m}(k)\boldsymbol{H}^{m}(k)]\boldsymbol{F}(k-1)\tilde{\boldsymbol{x}}^{m}(k-1|k-1)\\
&\quad+[\boldsymbol{I}-\boldsymbol{W}^{m}(k)\boldsymbol{H}^{m}(k)]\boldsymbol{v}(k-1)-\boldsymbol{W}^{m}(k)\boldsymbol{w}^{m}(k)\end{aligned} \tag{7-8-12}$$

式(7-8-12)中令 $m=i$，并用它的 $m=j$ 的转置乘它，得到互协方差的递推表达式，即

$$\begin{aligned}\boldsymbol{P}^{ij}(k|k)&=E[\tilde{\boldsymbol{x}}^{i}(k|k)\tilde{\boldsymbol{x}}^{j}(k|k)^{T}]\\
&=[\boldsymbol{I}-\boldsymbol{W}^{i}(k)\boldsymbol{H}^{i}(k)][\boldsymbol{F}(k-1)\boldsymbol{P}^{ij}(k-1|k-1)\boldsymbol{F}(k-1)^{\mathrm{T}}\end{aligned}$$

$$+\boldsymbol{Q}(k-1)][\boldsymbol{I}-\boldsymbol{W}^{j}(k)\boldsymbol{H}^{j}(k)]^{\mathrm{T}} \tag{7-8-13}$$

这是一个线性递推。假设初始误差不相关，则该递推的初始条件为

$$\boldsymbol{P}^{ij}(0|0)=0 \tag{7-8-14}$$

这一假设是合理的，因为初始估计通常是基于初始测量进行的，而初始测量误差被认为是独立的。

7.8.4　基于 LMMSE 的最优估计融合

若将来自传感器 i 的信息表示为“验前数据”$\boldsymbol{D}^{i}$，有

$$p(\boldsymbol{x}|\boldsymbol{D}^{i})=N(\boldsymbol{x};\hat{\boldsymbol{x}}^{i},\boldsymbol{P}^{i}) \tag{7-8-15}$$

其中为简便起见将时间标识省去了。同时，可以构造如下的一个“测量”，即

$$\hat{\boldsymbol{x}}^{j}=\boldsymbol{x}-\tilde{\boldsymbol{x}}^{j} \tag{7-8-16}$$

它代表了数据 $\boldsymbol{D}^{j}$。误差 $\hat{x}^{j}$ 均值为零、协方差为 $\boldsymbol{P}^{j}$。这样一来，就可以利用 7.8.1 小节的线性最小均方差估计器按式(7-8-1)来估计基于数据 $\boldsymbol{D}^{i}$ 和 $\boldsymbol{D}^{j}$ 的目标状态。由于 $\boldsymbol{D}^{i}$ 和 $\boldsymbol{D}^{j}$ 实际上分别是来自两个传感器的目标状态估计，因此上述 LMMS 率估计实际上是对两个传感器的目标状态估计的一种最优融合。

显然，按照这样的思路，只要写出现有条件下式(7-8-1)右边的各项来，就可以得到这种基于 LMMSE 的最优融合公式。自然的，有

$$\hat{\boldsymbol{x}}\rightarrow\boldsymbol{E}[\boldsymbol{x}|\boldsymbol{D}^{i},\boldsymbol{D}^{j}] \tag{7-8-17}$$

$$\boldsymbol{x}\rightarrow\hat{\boldsymbol{x}}^{i}=\boldsymbol{E}[\boldsymbol{x}|\boldsymbol{D}^{i}] \tag{7-8-18}$$

$$\boldsymbol{z}\rightarrow\hat{\boldsymbol{x}}^{j} \tag{7-8-19}$$

$$\bar{\boldsymbol{z}}\rightarrow E[\hat{\boldsymbol{x}}^{j}|\boldsymbol{D}^{i}]=\hat{x}^{i} \tag{7-8-20}$$

待估计的变量和测量间的协方差为

$$\boldsymbol{P}_{xz}\rightarrow E\{[\boldsymbol{x}-E(\boldsymbol{x}|\boldsymbol{D}^{i})][\hat{\boldsymbol{x}}^{j}-E(\hat{\boldsymbol{x}}^{j}|D^{i})]^{T}\}$$

$$=E\{\tilde{\boldsymbol{x}}^i[\hat{\boldsymbol{x}}^j-\hat{\boldsymbol{x}}^i]^T\}=E\{\tilde{\boldsymbol{x}}^i[\hat{\boldsymbol{x}}^i-\hat{\boldsymbol{x}}^j]^T\}=\boldsymbol{P}^i-\boldsymbol{P}^{ij} \tag{7-8-21}$$

测量的协方差为

$$\begin{aligned}\boldsymbol{P}_{zz}\to & E\{[\hat{\boldsymbol{x}}^j-E(\hat{\boldsymbol{x}}^j|\boldsymbol{D}^i)][\hat{\boldsymbol{x}}^j-E(\hat{\boldsymbol{x}}^j|D^i)]^T\}\\ =&E\{[\hat{\boldsymbol{x}}^j-\hat{\boldsymbol{x}}^i][\hat{\boldsymbol{x}}^j-\hat{\boldsymbol{x}}^i]^T\}=E\{[\hat{\boldsymbol{x}}^i-\hat{\boldsymbol{x}}^j][\hat{\boldsymbol{x}}^i-\hat{\boldsymbol{x}}^j]^T\}\\ =&\boldsymbol{P}^i+\boldsymbol{P}^j-\boldsymbol{P}^{ij}-\boldsymbol{P}^{ji}\end{aligned} \tag{7-8-22}$$

将以上各式代入式(7-2-1)，即得到带互协方差的融合方程为

$$\hat{\boldsymbol{x}}=\hat{\boldsymbol{x}}^i+[\boldsymbol{P}^i-\boldsymbol{P}^{ij}][\boldsymbol{P}^i+\boldsymbol{P}^j-\boldsymbol{P}^{ij}-\boldsymbol{P}^{ji}]^{-1}[\hat{\boldsymbol{x}}^j-\hat{\boldsymbol{x}}^i] \tag{7-8-23}$$

对应该融合估计的协方差为

$$\boldsymbol{P}=\boldsymbol{P}^i-[\boldsymbol{P}^i-\boldsymbol{P}^{ij}][\boldsymbol{P}^i+\boldsymbol{P}^j-\boldsymbol{P}^{ij}-\boldsymbol{P}^{ji}]^{-1}[\boldsymbol{P}^i-\boldsymbol{P}^{ji}] \tag{7-8-24}$$

前面已经说过，只要误差是 Gauss 的，式(7-8-23)的估计融合就是最小均方误差(MMSE)或极大似然(ML)意义下最优的。

当 $\boldsymbol{P}^{ij}=\boldsymbol{P}^{ji}=0$ 时，即两个航迹的估计误差独立时，式(7-8-23)和式(7-8-24)变为

$$\hat{\boldsymbol{x}}=\hat{\boldsymbol{x}}^i+\boldsymbol{P}^i(\boldsymbol{P}^i+\boldsymbol{P}^j)^{-1}(\hat{\boldsymbol{x}}^j-\hat{\boldsymbol{x}}^i) \tag{7-8-25}$$

$$\boldsymbol{P}=\boldsymbol{P}^i-\boldsymbol{P}^i(\boldsymbol{P}^i+\boldsymbol{P}^j)^{-1}\boldsymbol{P}^i \tag{7-8-26}$$

它们可以整理成以下的对称形式，即

$$\hat{\boldsymbol{x}}=\boldsymbol{P}^j(\boldsymbol{P}^i+\boldsymbol{P}^j)^{-1}\hat{\boldsymbol{x}}^i+\boldsymbol{P}^i(\boldsymbol{P}^i+\boldsymbol{P}^j)^{-1}\hat{\boldsymbol{x}}^i \tag{7-8-27}$$

$$\boldsymbol{P}=\boldsymbol{P}^i(\boldsymbol{P}^i+\boldsymbol{P}^j)^{-1}\boldsymbol{P}^j \tag{7-8-28}$$

若用信息阵的形式来表示的话，融合方程式(7-8-27)和式(7-8-28)变为

$$\hat{\boldsymbol{x}}=[(\boldsymbol{P}^i)^{-1}+(\boldsymbol{P}^j)^{-1}]^{-1}(\boldsymbol{P}^i)^{-1}\hat{\boldsymbol{x}}^i+[(\boldsymbol{P}^i)^{-1}+(\boldsymbol{P}^j)^{-1}]^{-1}\hat{\boldsymbol{x}}^j \tag{7-8-29}$$

$$(\boldsymbol{P})^{-1}=(\boldsymbol{P}^i)^{-1}+(\boldsymbol{P}^j)^{-1} \tag{7-8-30}$$

注意到式(7-8-30)具有类似并联电阻计算公式的形式。

从式(7-8-26)和式(7-8-28)可以清楚地看出，在系统过程噪

声独立的条件下，融合所带来的好处，即目标状态估计精度的提高。同时，比较式(7-8-24)和式(7-8-26)还能看出，当系统过程噪声非独立时，这种好处被这种非独立性有所消减。

需要说明的是，在系统过程噪声非独立时，需要按式(7-8-33)实时地计算估计误差的互协方差，这在实际中一般是难以实现的。

第 8 章　态势与威胁评估

态势评估（Situation Assessment，SA）和威胁评估（Threat Assessment，TA，有时将态势评估和威胁评估联合记作 STA）是信息融合系统的重要组成部分，是 C^3I 系统的核心内容，它们分别属于二级融合和三级融合处理。STA 不仅是指挥员决策的信息源，也是用于战术、战略决策的有力的辅助手段。

8.1　态势评估的概念

1. 态势与态势评估的含义

Devlin 提供了一个关于态势的有用定义：态势是由现实产生的一个结构。实际上，态势可以看作具有一定程度感知的一个“局部”的现实状态。从“结构”的定义出发，不难认识到态势是实体及其属性和关系的集合。抽象的态势可以表示为一组关系（Relation），现实的态势可以表示为带有事例的一组关系。从作战应用来看，态势实际上表示的是战场环境和兵力分布的当前状态和发展变化趋势。

态势估计是对部分现实结构的估计与预测，不仅包括对结构关系的推断，也包括对态势主要元素的属性进行推断，并对态势估计结果进行识别和分类。专家根据态势估计的功能，给出一种对态势学科分类的方法，如图 8-1 所示[①]。

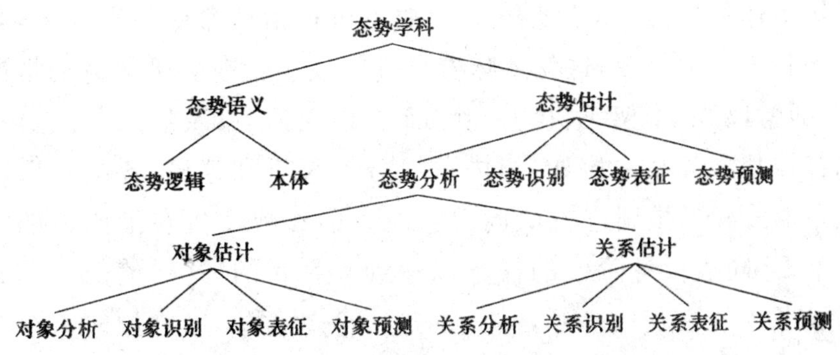

图 8-1 态势学科的分类

战场的态势具有下述应用特征：

①目的性。态势及其构成要素依作战意图不同而异。

②不确定性。态势要素及其关系获取估计的不确定因素。

③动态性。态势随作战进程(阶段或时节)变化。

④互作用性。态势与作战意图/作战效果相互影响。

⑤一致性。指态势估计结果与真实战场态势的一致(绝对一致)，以及多作战单元对态势理解的相对一致。

⑥周期性。态势周期性更新，基于作战节奏并随作战意图/作战效果的显著变化确定平均更新周期。

⑦态势图。态势及其要素以视图形式呈现给指挥员，包括底图及在其上标注的军标符号及其说明的覆盖层。

战场态势识别，即基于不同作战应用具有不同的态势分类方法，如图 8-2 所示。

2. 态势的元素

在实际应用中，为了完成态势评估，必须首先确定态势元素。不同的应用环境，其态势元素的具体内涵可以各不相同，但是其

① 赵宗贵，熊朝华，等. 信息融合概念、方法与应用[M]. 北京：国防工业出版社，2012.

基本构成成分不会改变。例如在空战应用中,空中背景就是整个系统运作的环境,作为实体的参战飞机在指挥命令的引导下,其运动状态发生改变,这就意味着事件的发生。在多机空战的情况下,通常以2～4架飞机为一组,而各组之间,以及组内各成员之间存在某种关系。比如,组内可以分为长机和僚机,各组可以以三角形或梯形排列进行协同等。所有的参战飞机在指挥员的命令下,共同执行各阶段的任务以达到某种目的,这样整个行动就完成了。

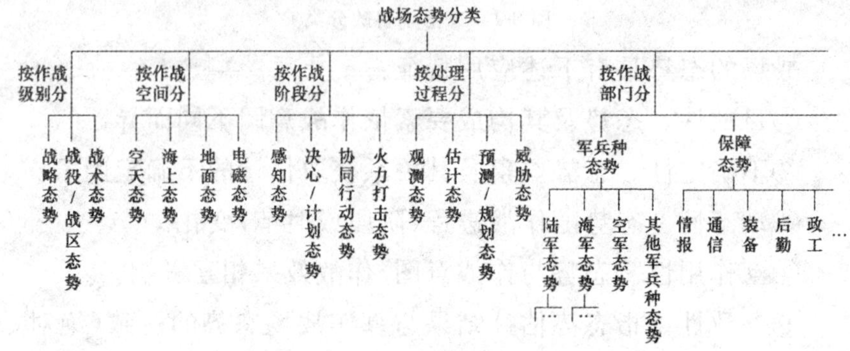

图8-2 基于作战应用的态势分类

战场态势元素包含以下3级:

1级元素:战场实体(目标、设施与环境)及其状态/属性,是生成战场态势的基础要素。

2级元素:实体之间的关系,是基于作战意图产生的,是构造战场态势的主要依据。

3级元素:隐藏在实体及其关系中的需深入理解的作战意图,识别的作战计划和方案,以及可能出现的战场事件及结果预测等。3级元素又称为态势知识,是基于作战意图进行作战规律挖掘、估计和预测的结果,是态势估计与预测的主要内涵。

1级(基础)元素包含以下5类:

①兵力部署与作战能力类,属于静态因素。

②战场目标类,包括固定目标和运动目标,属于动态因素。

③战场环境类,包括地理、交通、气象、电磁环境等,属于影响

因素。

④社会(政治、经济)地缘类,属于战场支撑环境因素。

⑤对抗措施类,是指基于作战意图可能产生的对抗事件所采取的措施及其涉及的因素。

这 5 类要素的进一步展开如图 8-3 所示。

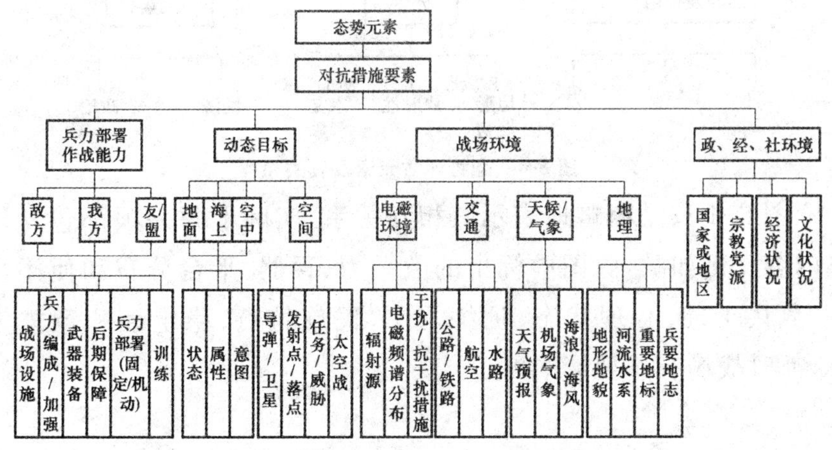

图 8-3　战场态势 1 级(基础)要素构成

3. 态势评估元素

态势元素的评估结果实际上是提供给指挥员的战场综合视图,包括以下部分。

①蓝色视图——敌方态势。

②红色视图——我方态势。

③白色视图——地理、气象等战场环境态势。

将它们综合在一起便是战场综合态势图,它为威胁评估提供依据。因此,态势评估涉及诸多因素,如图 8-4 所示。

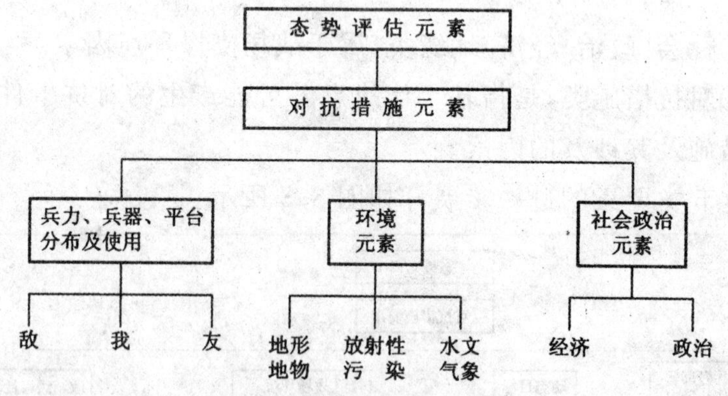

图 8-4 态势评估元素及其关系

图 8-4 只是粗略地表示其相互关系，实际上每一项都包含许多内容。例如敌，除图中标出的敌兵力、兵器、平台分布和使用之外，敌兵士气、心理状态、训练水平、民族特点、稳定性和意志力等，都对战场有重要影响①。

8.2 态势评估的实现

在实现态势评估系统时，必须考虑系统所具有的各种特点。

8.2.1 态势评估的特点

1. 态势评估结果的不确定性

在多传感器信息融合系统中，由于传感器本身的不精确，以及环境、噪声和人为干扰等因素的影响，造成被融合数据的不确定性。而在军用系统中，指挥和控制的不确定性则尤为突出，往

① 杨万海. 多传感器数据融合及其应用[M]. 西安：西安电子科技大学出版社，2004.

往是影响系统性能的主要原因。态势评估用到的知识主要有以下四类。

①第一类知识来自图像编辑的输出,典型的是已知平台的位置估计和身份。

②第二类知识是根据传感器和武器配置所得出的平台能力的详细情况。

③第三类知识是各种作战手册的内容,包括对作战部队的了解和指挥员的特点。

④第四类知识是对诸如气象、地理位置、武器库存或发射方针等因素的了解。

而这些知识的不确定性造成了态势评估结果的不确定。

2.信息安全性

为了使得高级数据融合结果的使用能对信息收集的手段明确化,必须对输入输出数据进行严格的分类,并按照批准的保密程序保证实现保密。在把信息融合结果分发到各级用户(如国家或区域指挥员和作战部队)时,要求对每个输出数据元素都具备一定的跟踪审查功能,赋予不同级别用户相应的权限。

3.多传感器对抗

敌方总是要对我方的多传感器系统采取欺骗、破坏和利用等对抗措施,如果现有的信息融合系统没有考虑向对方传感器发送虚假信息这一反对抗措施,则可使用多个传感器进行协同对抗,这可能是很有效的。为了有效实施,必须考虑以下问题。

(1)协同的传感器欺骗

使用多个传感器进行协同欺骗,可以使敌方产生一个虚假的探测或分类。虽然多传感器协同欺骗要比单传感器欺骗更复杂,但是由于敌方融合了多个虚假的输入,因而这种对抗措施的欺骗程度更高。

(2)选择性破坏

如果对敌方多传感器组实施选择性干扰，可使敌方传感器在时间、空间或频谱范围内产生盲点，降低性能，并为探明目标或活动提供检测机会。

(3)行为欺骗

根据敌方行为推断其性质、意图或计划的基于知识的系统，必须考虑突然的、未必可能的行为，以及人为欺骗等因素。

4.传感器数据的可信度和精度要求

态势信息的用途可以分为两类：一类是杀伤性的，有武器投人；另一类是非杀伤性的，如情报、侦察、监视以及目标的截获。对于杀伤性用途的态势信息，对其精度和可信度的要求非常高。一旦出错，不仅达不到杀伤敌人的目的，而且可能导致严重的后果，影响整个战场的态势，甚至造成严重政治外交问题。对于报警、提示和计划来说，可信度比较低的数据仍然是可以使用的，但对于在正规交战原则指导下与目标的交战，只有高可信度的数据才能使用，这一点是毫无疑义的。由于上述原因，对数据可信度量级的明确说明及其合适的显示方式，在军事系统中极为重要。①

8.2.2　态势评估过程

态势评估过程功能的详细描述如图 8-5 所示。它能够结合和解释全部的源数据和信息，范围从传感器数据到政治因素信息。因此，态势评估过程包含的行为范围很大，从与目标获取、跟踪相关的详细的信号处理，到智能解释。简单地说，态势评估处理必须能够为许多问题提供答案：什么？谁？有多少？有多大？

---

① 韩崇昭，朱洪艳，段战胜．多源信息融合[M]．2 版．北京：清华大学出版社，2010．

在哪里？什么结构？什么时候？它在做什么？为什么？建立模型了吗？它能做什么？有多快？什么比较突出？什么改变了？是期望的数据吗？什么有问题？以及许多其他问题。因此，态势评估处理由许多不同级别的独立的和非独立的子处理过程构成。每个子处理过程本身又能够进一步分层分解为多个子处理过程。

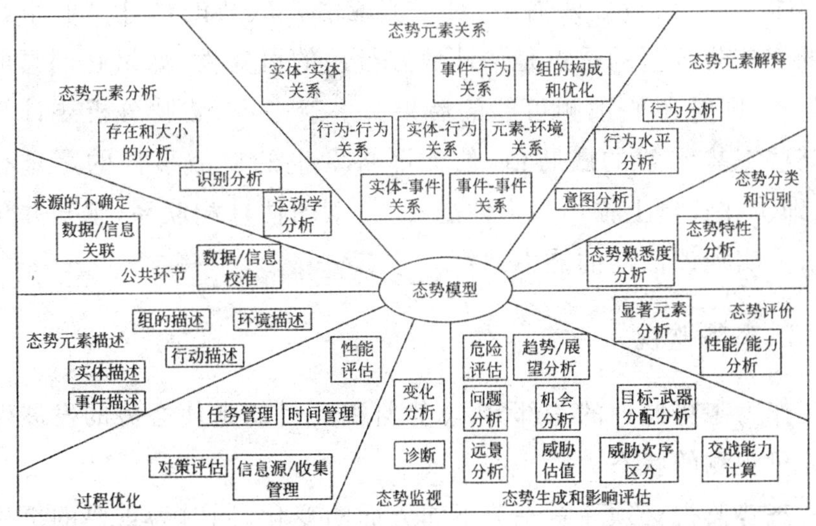

图 8-5 态势评估过程

值得注意的是，图 8-5 中没有任何箭头。这说明态势评估过程并不一定要遵循某种固定的顺序，即从态势的获取与收集开始，然后是结构描述（综合与提取）、分类与识别、评估、生成、影响和监控。事实上，态势评估过程可以开始于任何地方，存在多个异步起始点。

8.2.3 态势评估的事后分析

1. 影响评估

在实际系统中，每个态势元素都不是独立存在的，一定会对其他的元素产生迫使性或强制性的影响。因此，影响评估的作用就是估计态势的影响或估计/预测参与者的行动，包括多人行动计划之间的交互作用。由此推出敌人的威胁、友方和敌方的力量、弱点、增援能力、被估计态势的代价和效用含义、行动的困难和机会等。要得到准确的影响评估，就要检查来自红、蓝、白方所有的数据。

很明显，在态势评估中，对当前或潜在威胁的估计是非常必要的。威胁分析的重点是估计敌方行动的可能性，如果它们真的发生了，同时还要预测可能的后果。一般来说，威胁分析要计算出某些态势元素的威胁值，估计即将发生的交战事件的严重程度，即①在数量上描述兵力性能；②与意图估计相联系，感知并预测敌人实现该活动的能力。

2.态势监视

作为态势监控的一部分，态势监视的目的是使态势的发展保持在可观测的状态。

态势监视必须注意态势不同方面的变化，同时为重要的事件提供警报。为了对态势的变化随时做出反应，态势监视必须保持警觉和不间断，以便预防不会丢失重要的实体、事件或行动。

态势的诊断必须能够估计当前感知的态势和期望态势之间的不同。

3.过程优化

过程优化就是根据决策者的目的、过程需求，以及限制条件，通过对信息收集和分析过程的全局控制，使整个态势评估过程最优。

在态势评估的任意给定时刻，单个任务可能都会随着时间段或新信息的获取而改变。因此，在整个评估过程中需要任务管理。

任务的不同，需要的数据或信息也会随之不同。如果没有全局策略加以控制或管理，数据/信息源就会在获取重要信息的同时，还收集到大量多余的、不必要和空闲的数据信息。因此，过程优化要生成信息需求的优先次序，送给收集管理器。同时，还需要保持对当前可用资源状态的监控能力。

为了不引起误解和歧义，态势评估中的数据都是带有时间信息的，这就需要进行时间管理。

过程优化在评估数据质量中也占有重要地位。因为来自系统的数据/信息会受到敌方的破坏，包括伪装、隐蔽和欺骗(CC&D)，以及各种主动/被动干扰，必须尽可能排除这些因素的影响，保证有高质量的数据/信息。

8.3 态势评估的方法

态势评估的方法主要在推理的基础上进行评估。所谓推理就是按照某种策略由已知判断推出另一判断的思维过程。目前，态势评估的主要方法有基于贝叶斯方法的态势评估方法，基于模糊聚类的态势评估方法、证据理论、基于框架表示的不确定性的态势评估方法、基于马尔科夫模型的态势评估方法。本节只对基于马尔科夫模型的态势评估方法进行简要阐述。

一个简单随机过程马尔科夫模型定义为一个三维数组$[S,A,\Pi]$：

序列$S=\{s_1,\cdots,s_n\}$表示n个离散状态，假定每一个元素表示t时刻的过程状态。过程每经过离散时间周期$t=1,2,\cdots$状态会发生改变。$A=\{a_{ij}\}_{i,j=1,\cdots,n}$表示状态转移概率，每个$a_{ij}$表示状态从$s_i$到$s_j$的转移概率。$p(X_t=s_j|X_{t-1}=s_i)=a_{ij}$，其中$X_t$表示$t$时刻状态的随机变量。初始分布概率为$\Pi=\{\pi_1,\cdots,\pi_n\}$，对应状态$S=\{s_1,\cdots,s_n\}$，其中$\pi_i$是模型自状态$s_i$起始的概率。

初始分布概率总和为1，即

$$\sum_{i=1}^{n} \pi_i = 1$$

给定状态的输出转移概率总和也为1，即

$$\sum_{j=1}^{n} a_{ij} = 1$$

上述马尔科夫模型可由概率图模型表示，其中节点表示状态，有向弧线表示转移。图8-6描述的是有四个状态的马尔科夫模型，其转移矩阵如图8-6中矩阵**A**所示。零概率转移没有写出。

一阶马尔科夫模型中，某一状态的概率仅由前一状态决定

$$p(X_t = s_i | X_{t-1} = s_{j-1}, X_{t-2} = s_k, \cdots) = p(X_t = s_j | X_{t-1} = s_i)$$

如果每一状态可对应于物理可观事件，则上述模型称为可观的。给定一个上述模型，我们可以提问，例如对应时刻 $t=1,2,3,4,5$ 状态观测序列 $\{s_3, s_4, s_1, s_3, s_2\}$ 的观测概率是多少？这个概率将这样计算得到

$$\begin{aligned} & p(\{s_3, s_4, s_1, s_3, s_2\}) \\ =& p(s_3)p(s_4|s_3)p(s_1|\{s_3, s_4\})p(s_3|\{s_3, s_4, s_1\})p(s_2|\{s_3, s_4, s_1, s_3\}) \\ =& p(s_3)p(s_4|s_3)p(s_1|s_4)p(s_3|s_1)p(s_2|s_3) \\ =& \pi_3 a_{34} a_{41} a_{13} a_{32} \end{aligned}$$

这是图8-6中马尔科夫模型的一个实例。

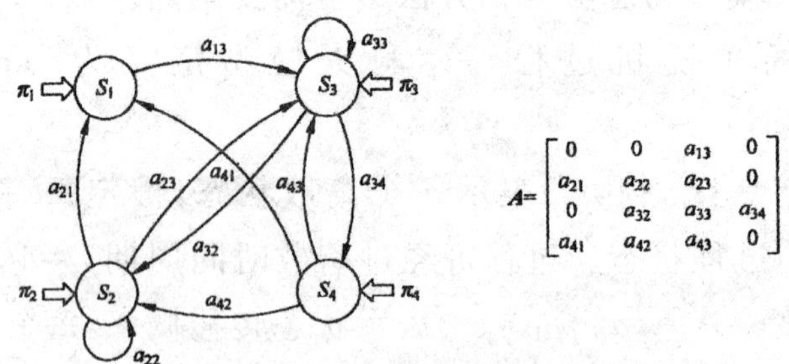

图8-6　马尔科夫模型和四状态转移矩阵

考虑目标跟踪中选择合适机动模型的四状态马尔科夫模型。我们假设每10 s一次，机动目标状态为下述其中一种

s_1 = Stopped(*stop*)

s_2 = Inacceleration($accl$)

s_3 = Traveingataconstantspeed($cons$)

s_4 = Indeceleration($decl$)

该模型和传递概率矩阵 A 如图 8-7 所示[①]。

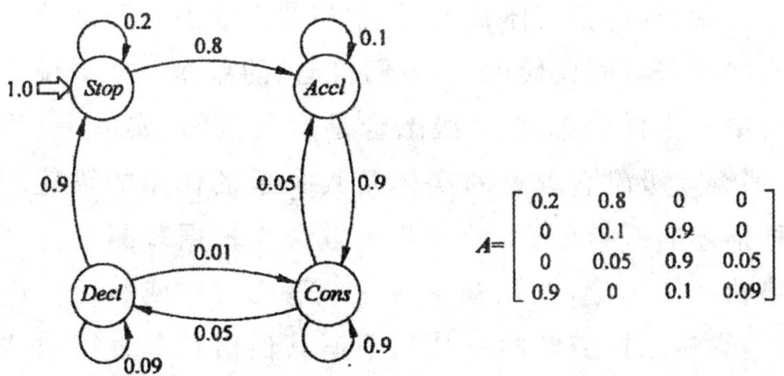

$$A=\begin{bmatrix} 0.2 & 0.8 & 0 & 0 \\ 0 & 0.1 & 0.9 & 0 \\ 0 & 0.05 & 0.9 & 0.05 \\ 0.9 & 0 & 0.1 & 0.09 \end{bmatrix}$$

图 8-7　马尔科夫模型和四状态转移矩阵示例

因此，观测矩阵 $\{stop, accl, cons, decl\}$ 可如下计算：

$$p(\{stop, accl, cons, decl\})$$

$$= p(stop) \cdot p(accl|stop) \cdot p(cons|accl) \cdot p(cons|cons) \cdot p(decl|cons)$$

$$= 1.0 \times 0.8 \times 0.9 \times 0.9 \times 0.05$$

$$= 0.0324$$

8.4　威胁评估及其知识库

8.4.1　威胁评估的概念

威胁评估是关于敌方兵力的杀伤能力和对我方威胁程度的

① 潘泉，程咏梅，梁彦，等. 多源信息融合理论及应用[M]. 北京：清华大学出版社，2013.

估计。威胁评估与态势估计的区别包括时间、本体和认知等方面。从时间上看,威胁评估是估计和预测态势对未来状态的(不利)影响,此时可将威胁评估视为态势估计(估计当前态势对未来产生的影响)的一部分或其扩展。然而,从本体域来看,态势估计是估计状态(包括实体状态、类型与关系状态),而威胁评估是估计这些状态对假设代理(如我们自己)的用途。如果说 1 级融合是对单一实体的描述,2 级融合是对实体间(实体中)关系的描述,那么 3 级融合就是对实体及其关系的作用的描述。基于这两种描述的差异分析,针对 2 级融合是根据观测态势直接估计态势状态的内涵,在认知域对 3 级融合——威胁评估进行下述定义:影响估计或威胁评估是根据其他信息非直接地估计态势状态。该定义指出:威胁评估系利用观测态势之外的已知/估计的意图、任务和计划、预测的反应和其他情报信息等外部信息预测未来的态势状态,包括预测当前态势对任务效能的影响,或针对未来可能出现的对抗或不利事件,预测或估计可能为用户提供的支持效能和付出代价;还包括基于假设的态势对过去、现在、未来进行预测,如模拟、产生式训练,以及逆向态势等虚拟现实估计等。

8.4.2 威胁评估元素

威胁评估是一种综合评估过程,它不仅需要考虑敌方某些威胁元素,还要充分考虑到战场综合态势及双方兵力对抗后可能出现的结果。影响威胁评估的元素如图 8-8 所示,威胁评估是通过对各个威胁元素的分析,逐级实现对具体保卫目标或对战场总体威胁的估计。

在态势估计与威胁评估中,已不能假设各战场要素(诸单一目标)是相对独立的。因此,探索要素(目标)之间的相互关系成为 2/3 级融合的主要内容，也是研究态势与威胁评估的出发点。

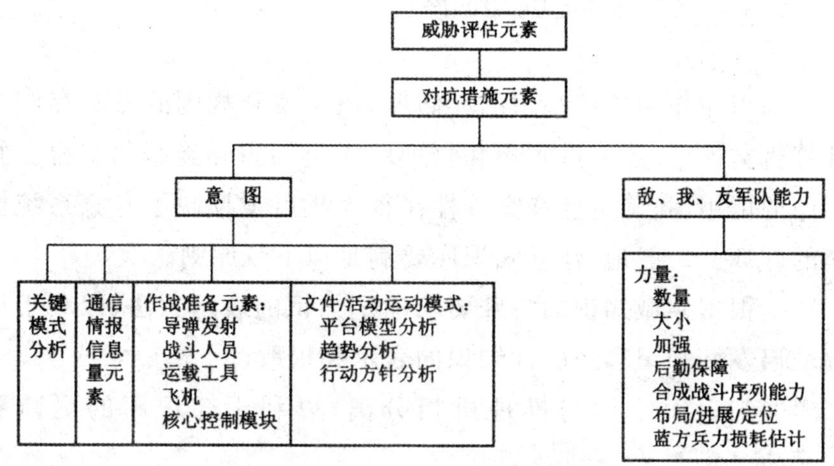

图 8-8　影响威胁评估的元素

态势估计中含有对未来态势的预测，当态势预测是具有对我方不利的威胁（对抗）态势时，威胁评估就自然成为态势估计的一部分或对态势估计的扩展，称“威胁态势估计/预测”，如图 8-9 中的箭头①所示。当预测的态势是对我方不利事件时，涉及对态势事件结果的影响和付出的代价进行估计/预测，其以对作战需求的满足程度为度量标准；此时，威胁评估不是由态势估计结果导出的，而是作战需求等外部信息驱动的，是对态势估计结果的应用估计，如图 8-9 中箭头②所示。

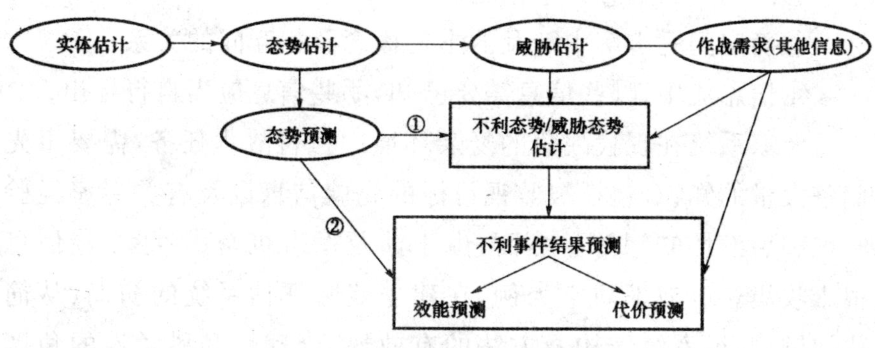

图 8-9　态势估计与威胁评估的关系

8.4.3 威胁评估的知识库

知识库作为领域知识的存储器，以事实和规则的形式存储在计算机文件中，是经过收集和整理的人类知识和经验的集合。知识库的可用性、确定性和完善性在很大程度上反映了专家系统性能的好坏。一般地，建立知识库要满足以下三原则。

①根据领域知识的特殊要求确定知识的表示方法，以利于该领域启发性知识和经验性知识的表示和提取。

②知识库结构与推理机相分离，以利于知识库的更新和扩充。

③有利于领域知识的积累和继承，以及知识的复制和分类应用。

1. 系统的领域知识

知识库的建立，首先需要有一定的领域知识作为基础。一般来说，领域知识的确定与求解的具体问题密切相关。它需要考虑以下几个方面。

①确定问题求解的目标及类型。

②问题如何划分为子问题。

③确定问题求解中涉及的主要概念及相互间的关系。

④信息流中，哪些信息需要已知，哪些信息应当自行导出。

专家系统在现代战争的复杂环境中执行战术任务，需要事先储备大量的知识，包括被监视目标的先验信息以及有关专家经验知识和启发性知识等。然而，由于涉及军事机密，一些先验信息很难收集。以战术防空为例，在建立威胁评估系统的初期，从简化问题、验证系统结构及方法的有效性、合理性和科学性的角度考虑，确定系统的战术环境如下。

①防御区域内的军事设施。

②指挥所、核武器仓库、飞机场、兵营、雷达站、桥梁等地面军事保护设施。

③空中可能出现的飞行平台。

④战斗机、轰炸机(分不带导弹和可携带导弹两种)、侦察机、预警机、导弹等攻击武器。

威胁评估系统的主要功能是估计防御区域的空间态势，根据有关目标的航迹对敌作战意图做出建议，并在新的数据产生时不断更新建议。同时，根据这些建议定量表示出每条航迹的威胁程度或严重性，并将结果呈报给指挥员或武器分配系统。这实际上是将有关飞机平台的类型、位置、状态、速度、高度以及飞行路线等信息进行综合处理的过程。完成上述功能，需要从以下几个方面综合考虑。

(1)飞行平台的固有潜力

飞行平台的固有潜力主要是指平台的攻击能力和破坏性。

(2)防御区域内军事设施的战术地位

由飞行平台的运动航迹和航向，我们可以推测出平台企图接近的地面目标。根据地面目标在战术上的作用和价值，分析飞行平台的作战意图。

(3)飞行平台的运动状态

飞行平台的运动状态，是根据飞行平台以现有速度、到达攻击目标上方所需的时间、目标机动和平台现在的飞行高度等综合考虑。

(4)平台运动状态的连续性

在独立估计出平台每一瞬间的威胁等级之后，我们还需要考虑平台运动状态的连贯性。因此，需要根据平台过去和现在的表现，对威胁评估的最终结果进行时间上的过滤。下面给出过滤函数

$$FTL(t_0)=a_1\times MTL(t_0)+a_2\times MTL(t_0-1)+a_3\times MTL(t_0-2)$$

式中，FTL 代表过滤后的威胁等级；MTL 代表测量的威胁等级；

a_1、a_2 和 a_3 由具体的平台给出。

由于求解威胁评估问题所需的领域知识按其针对问题的不同方面可分为几个子模块；与此相对应，系统中的知识库也划分为四个子模块，即四个知识库(KS)，其中三个知识源用于态势评估，一个知识源用于威胁评估。

2.系统的知识表示

所谓知识表示，就是用一定的形式将有关问题的知识存入计算机中，以便进行问题求解。知识表示是否恰当、是否方便在计算机中存储、检索、使用和修改，对于问题能否求解，以及问题求解的效率有重大影响。能力强的表示法会使问题具有较强的明晰性，并对内部思维提供方便，从而使问题变得比较容易求解。

常用的知识表示方法有谓语逻辑表示法、语义网络表示法、产生式规则、状态空间表示法以及框架表示法等。

(1)威胁评估系统的知识表示方法

在专家系统中，知识表示具有很强的面向问题的性质，如何表示知识与领域问题的性质以及系统所采用的推理控制策略有着密切的关系，不同的表示方法对问题求解的效率有着重大的影响。在具体问题中，我们需要综合考虑诸方面的得失，折中而为之。

知识库的知识表达通过规则来表示，具有下列优点。

①自然。产生式规则与人类的判断性知识在形式上基本一致，故便于整理、维护，也易于理解。

②一致。规则库中的知识具有相同的格式，因此可以统一处理。

③模块化。全局数据库、规则和控制系统相互独立，而规则库中各个规则之间也只能通过全局数据库发生联系，不能直接相互调用，从而增强了规则的模块性，有利于知识的修改和扩充。

(2)控制策略的选择

控制机制是黑板模型的另一重要组成部分。其功能包括：

①根据综合数据库的当前状态查找可用的规则;②在可用规则集中选出最适合的规则;③执行选出的规则,作用于全局数据库,使之发生变化。如此循环下去,直至全局数据库获得最终结果。因此,推理过程实际上是一个匹配过程,即根据事实去匹配知识库中的规则,不断产生新事实、不断去匹配的过程。只是这一过程需要讲究控制策略。

控制策略通常可分为数据驱动、目标驱动和混合驱动三种,数据驱动是从已知信息出发,不断应用规则,最后得到解答。目标驱动是对可能的解答做出假设,再应用规则收集有关信息加以证实。由于不同的控制策略适用于不同的问题,为了综合两种方式的特点,便产生了第三种方式——混合式驱动,它的实现大致有以下三种情况:数据与目标交替驱动、数据与目标同时驱动和最佳驱动。

威胁评估系统知识库按照针对问题的不同划分为几个知识源,因此必然选择最佳驱动方式作为控制推理的策略。在威胁评估系统中,规则按其功能不同分别封装进有关对象,问题求解进行到某个对象时,就采用该对象规定的控制策略,从而保证整个问题求解过程始终保持较高的效率。

3. 系统中的非精确推理

由于数据和知识通常都具有不确定性,因此非精确推理在专家系统中是不可避免的。

在基于规则的专家系统中,不确定信息的出现主要有 4 个原因:

①由于规则中定义的概念缺陷或用于观测的设备的不精确所引起。

②由于规则表示语言的固有不准确性所引起。

③由于不完整信息进行推理所引起。

④由于领域知识和规则的来源不同而引起。

在威胁评估系统中，结果的不确定性主要由前两种情况引起。

在非精确推理模型中通常包含如下三个要素：证据不确定性的描述、知识不确定性的描述和不确定性的传播算法。

常用的非精确推理模型有可信度方法、主观贝叶斯方法、证据理论、可能性理论等。系统可采用 MYCIN 系统中的可信度方法，即通过对可信度因子的运算实现非精确推理。可信度因子是不确定性的一种度量，它表示证据、结论或规则的确信程度，一般记为 CF。从许多专家系统的使用情况看，可信度方法是一个合理而有效的推理模式，它具有简洁、直观、容易掌握和使用的优点，且近似效果较好。

(1)知识的不确定性

规则 *IF E THEN H* 的可信度记为 $CF(H,E)$，它表示已知证据 E 的情况下，对假设 H 的确信程度。其定义为：

$$CF(H,E)=MB(H,E)-MD(H,E)$$

式中，MB 为信任增长度，表示 E 对 H 的信任度量；MD 为不可信任增长度，表示 E 对 H 的不信任度量。MB 和 MD 的定义为

$$MB(H,E)=\begin{cases}1, & p(H)>1\\ \dfrac{\max[p(H|E),p(H)-p(H)]}{1-p(H)}, & \text{其他}\end{cases}$$

$$MD(H,E)=\begin{cases}1, & p(H)=0\\ \dfrac{\min[p(H|E),p(H)-p(H)]}{1-p(H)}, & \text{其他}\end{cases}$$

MB 和 MD 均是 0～1 之间的数。当 $MB(H,E)>0$ 时，表示 E 支持 H；$MB(H,E)=0$ 时，表示 E 不支持(但不一定反对)H。而 $MD(H,E)$ 的含义则相反，$MD(H,E)>0$ 时，表示 E 反对 H；$MD(H,E)=0$ 时，表示 E 不反对(但不一定支持)H。$CF(H,E)$ 值域为$[-1,1]$。当 $CF(H,E)>0$ 时，表示 E 支持 H；当 $CF(H,E)<0$ 时，表示 E 反对 H；当 $CF(H,E)=0$ 时，表示 E 与 H 之间没有关系。

(2)证据的不确定性

证据 E 的不确定性用可信度 $CF(H,E)$ 表示。原始证据的可信度由用户在系统运行时提供,非原始数据的可信度由不精确推理得到。$CF(E)$ 的值域也是 $[-1,1]$,其实际意义见表 8-1。

表 8-1　证据的不确定性

证据可信度	值域	证据 E 的实际意义
$CF(H,E)$	1	肯定为真
	0～1	以某种程度为真
	0	一无所知
	−1～0	以某种程度为假
	−1	肯定为假

(3)不精确推理算法

所谓不精确推理算法,就是如何根据原始数据的不确定性和知识的不确定性,求出结论的不确定性。威胁评估系统的不精确推理算法只涉及以下两种情况。

①根据单一证据和规则的可信度求假设的可信度。已知证据 $E(CF(E))$ 及规则 IF E THEN $H(CF(H,E))$,则假设 H 的可信度为

$$CF(H)=CF(H,E)\cdot\max\{0,CF(E)\}$$

②根据所取的证据和规则的可信度求假设的可信度。已知证据 $E_1(CF(H,E_1))$、$E_2(CF(H,E_2))$ 以及规则 IF E_1 AND E_2 THEN H,则假设 H 的可信度为

$$CF(H)=CF(H,E)\cdot\max\{0,\min\{CF(E_1,CF(E_2))\}\}$$

4.系统知识库的建立

威胁评估系统采用面向对象的程序设计思想来建立系统的知识库,可以很好地解决诸如多重继承等问题。采用面向对象的设计思想的系统知识源,把知识源表示成一类统一结构的对象,包括知

识源规则集和操作这些规则的所有函数。这里设计的知识库由知识源的多个对象 $KS_1, KS_2, \cdots, KS_n$ 组成。知识源的定义由C++中的类实现,类是具有共同属性的密切相关的对象的集合,描述一类对象共有的特征,类本身并不生成实际的对象。

8.5 基于多因子综合加权的威胁评估

8.5.1 多因子综合加权法基本原理

1. 隶属函数的确定

模糊集合和隶属度函数的基本思想是把经典集合中的绝对隶属关系灵活化或称模糊化。一个模糊集 $\underset{\sim}{A}$ 完全由其隶属函数 $\mu_{\underset{\sim}{A}}(x)$ 来刻画,论域 U 上模糊集的隶属函数,从一定意义上讲,是 U 到[0,1]的一个实值函数,并没有附加什么特殊性质,其范围是极其广阔的,而且模糊集合所表达的模糊不确定性大多是人脑对客观事物的一种主观反映,人的推理过程就是其隶属度和隶属函数形成的基本过程,这就更加剧了模糊集合隶属度和隶属函数确定的复杂性和多样性。因此,很难用一种统一的模式来确定隶属函数。

通常,确定隶属函数的方法主要有专家确定法、模糊统计法、对比排序法、综合加权法等。在本节中,我们将对比排序法和综合加权法综合使用,即针对每种模糊因素。

第一步,根据经验选取可行的不同函数形式作为其隶属函数,并对每种函数形式进行仿真。

第二步,对不同函数形式的仿真结果进行比较排序,由经验及系统设计的原则,选取使每一种函数形式达到效果最佳的参数配置。

第三步,将由最佳参数配置的函数形式的仿真结果,进行比较，选定最能满足系统要求的函数形式作为相应模糊因素的隶属函数。

第四步，对不同的模糊因素选取合适的权重，由综合加权法，复合出模糊概念的隶属函数。

综合加权法的主要形式是加权平均法、乘积加权法、混合方法。下面对加权平均方法作简要介绍。设论域

$$U=U_1\cdot U_2\cdot\cdots\cdot U_n$$

模糊集

$$\underset{\sim}{A}_i\in\varphi(U_i),i=1,\cdots,n$$

而$\underset{\sim}{A}\in\varphi(U_i)$，它是由模糊集$\underset{\sim}{A}_1,\underset{\sim}{A}_2,\cdots,\underset{\sim}{A}_n$复合而成的。$\mu_{\underset{\sim}{A}_i}(u_i)$是论域$U_i$上模糊集$\underset{\sim}{A}_i$的隶属函数。则对于加权法，设$(\delta_1,\delta_2,\cdots,\delta_n)$是一组权重，$\underset{\sim}{A}$主要由$\underset{\sim}{A}_1,\underset{\sim}{A}_2,\cdots,\underset{\sim}{A}_n$“累加”而成，$\underset{\sim}{A}$的综合隶属函数为

$$\mu_{\underset{\sim}{A}}(u)=\sum_{i=1}^{n}\delta_i\mu_{\underset{\sim}{A}_i}(u_i)$$

式中，$u=(u_1,u_2,\cdots,u_n)\in U$。

2. 隶属函数权重的确定

在确定模糊因素和模糊集后，系统的层次结构也就明确了，此时对于$\underset{\sim}{A}_1,\underset{\sim}{A}_2,\cdots,\underset{\sim}{A}_n$个模糊因素，我们需要在一定准则条件下，按其相对模糊集的重要性赋予不同的权重，以便使用综合加权法得到整个模糊集的隶属函数。

8.5.2　多因子综合加权法应用

1. 威胁因子的确定

敌方目标对我方目标的运动可以分为静止和运动两种情况。结合其技术、战术性能，并研究以往战例可以知道，运动的目标对我方重点保护目标的威胁程度主要由以下几个因素决定：敌目标

速度(V)、敌进攻角(θ)、敌目标高度(H)、敌目标距我目标距离(R)、敌目标用途(U)、敌目标平台类型(P)、我目标重要程度(I);静止的目标对我方目标的威胁程度主要由以下几个因素决定:敌目标距我目标距离(R)、敌目标用途(U)、敌目标平台类型(P)、我目标重要程度(I),如图 8-10 所示。因此,可主要采用上述因素作为威胁评估的威胁因子,并以它们构成模糊因素集,利用多因子综合加权法实时判断敌方目标对我方目标威胁程度,此判断结果可以为指挥决策提供一定的参考。

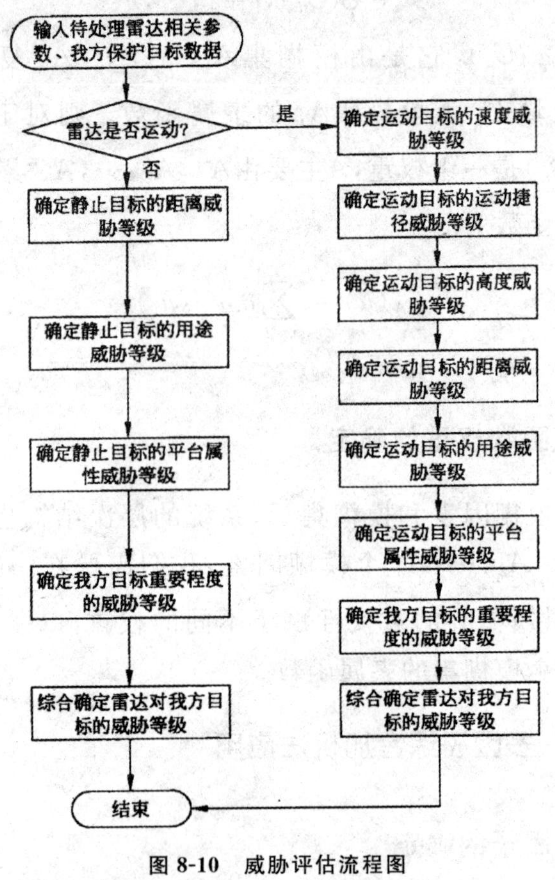

图 8-10　威胁评估流程图

2.各因子威胁隶属度函数的确定

隶属度函数的形式多样,在具体的仿真环境中需要根据具体的应用背景确定各因子威胁隶属度函数和各因子威胁隶属度函数常用的确定方法如表 8-2 所示。

表 8-2　各因子威胁隶属度函数常用的确定方法

威胁因子	威胁隶属度函数形式或确定原则
速度	正态分布、非对称梯形分布和对称岭形分布等
目标进攻角	专家经验确定的隶属度函数分布、降岭形分布、降半梯形分布、降半正态分布和降半 Γ 分布等
目标高度	降岭形分布、降半梯形分布、降半正态分布、降半 Γ 分布和组合函数等
距离	降半 Γ 分布、降正态分布、降半哥西分布、降岭形分布、降半梯形分布、降半凹(凸)形分布和分级降半梯形分布等
目标用途	依据专家知识，用[0,1]范围内的值表示目标用途对应的威胁隶属
目标平台类型	依照专家的经验，以[0,1]范围内的值表示平台威胁隶属
己方目标重要程度	同种环境下越重要的目标，被威胁程度越高，由专家给定目标重要度威胁隶属 $\mu_I \in [0,1]$

3. 各威胁因子权重的确定

如前所述，对于静止敌目标，其综合威胁度函数是由速度、进攻角、高度、距离、用途、平台属性和我方目标重要程度共 7 个因子的威胁隶属度函数加权求和得到的，而权系统的设定实际上是一个多元决策问题。采用层次分析法求取各威胁因子的权系数，综合专家意见得出的威胁评估矩阵。

第9章　多传感器系统中信息融合的应用

信息融合在军事上应用最早、范围最广，涉及战术或战略上的目标检测、多目标跟踪、目标识别、指挥、控制、通信和情报任务的各个方面。此外，利用多种探测器和信息源获取的关于目标属性和态势的融合处理，可获得更准确的目标属性和类型的识别，从而大大提高作战指挥的决策能力。

前面章节中介绍了多源信息融合的基本结构、算法、检测融合、估计融合、多源航迹跟踪等方面的理论，事实上多源信息融合的产生与应用都与军事应用密切相关，同时随着多源信息融合技术的发展，信息融合的应用领域也从军事应用扩展到众多的民用领域，目前已在工业监控、智能检测、故障诊断以及多源图像融合等领域获得普遍关注和广泛应用。

本章将列举多源信息融合的军事及其他方面的应用，从而加深对多源信息融合的具体应用方法、应用领域的认识。

9.1　雷达组网分布式检测系统

雷达组网系统综合应用多种抗干扰措施，具有抗有源干扰和抗反辐射导弹的特殊效能。同时采用分布式组网模式构造雷达网，从多视角探测雷达目标的空间和时间覆盖范围，增强其反隐身能力，极大地提高了系统可靠性和生存能力。

9.1.1　雷达组网技术及布站方式

1. 雷达组网技术

雷达组网系统运用两部及以上雷达的观测或判断来实施搜索、跟踪和识别目标，以利用雷达信息的冗余性和互补性克服单部雷达的不足。

图 9-1 所示为雷达组网系统信息融合处理示意图①。每部雷达获取观测数据，直接或者对可能的目标报告经过局部处理后，传送到信息融合中心。融合中心根据目标任务完成目标检测、定位跟踪等各种功能。

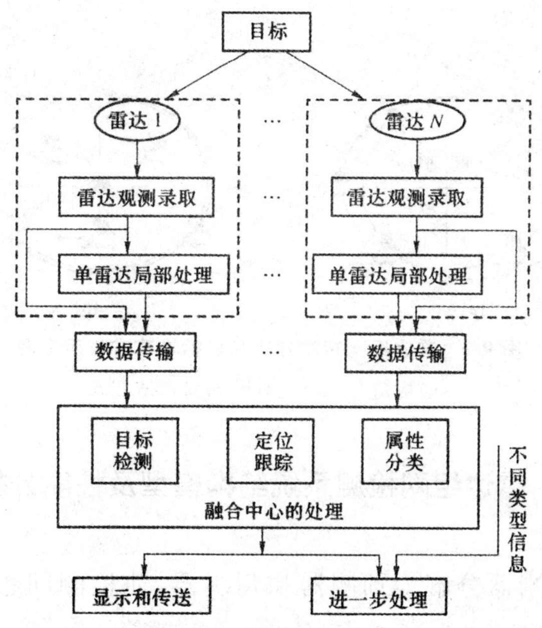

图 9-1　雷达组网系统信息融合处理示意图

雷达组网系统具有一系列的优势，其关键是在分布式融合中

① 杨露菁，余华. 多源信息融合理论与应用[M]. 2 版. 北京：北京邮电大学出版社，2011.

心融合处理网内各雷达所传输的数据。当然,这些优势的取得是以网内各雷达探测数据间的空间/时间同步、更广泛地采用计算机手段和通信设备为前提的。

2. 雷达组网布站方式

对于雷达组网,通常采用均衡和加权两种布站方式。其中,均衡布站以面防御为主,网内的各雷达均匀分布,无重点防御方向;而加权布站以点防御为主,网内各雷达沿某一方向层次分布,重点防御该方向。

在实战中,采用何种布站方式取决于保卫区域类型、火力分配、空防的目的、对象,以及外部自然环境等诸多因素。例如,对于弹道导弹(TBM)目标,雷达组网布站方式和目标进攻方位示意图如图 9-2 所示。

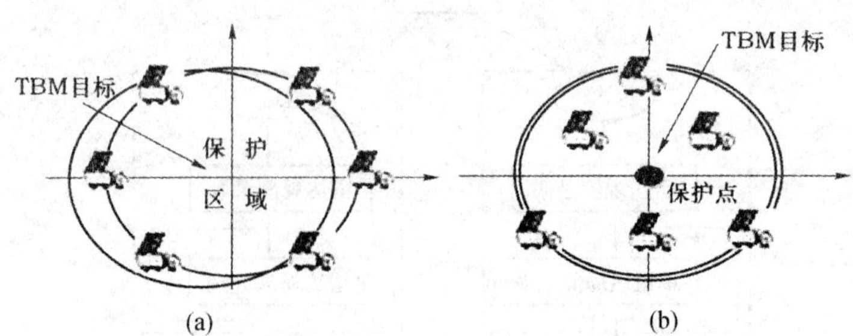

图 9-2　雷达组网布站方式和目标进攻方位示意图

(a)均衡布站方式;(b)加权布站方式

9.1.2　雷达组网检测系统结构模型及性能分析

现将检测器分解为预测器和判决器,使检测问题与经典的决策理论相一致。

1. 雷达组网检测系统结构模型

雷达组网检测系统结构模型如图 9-3 所示。

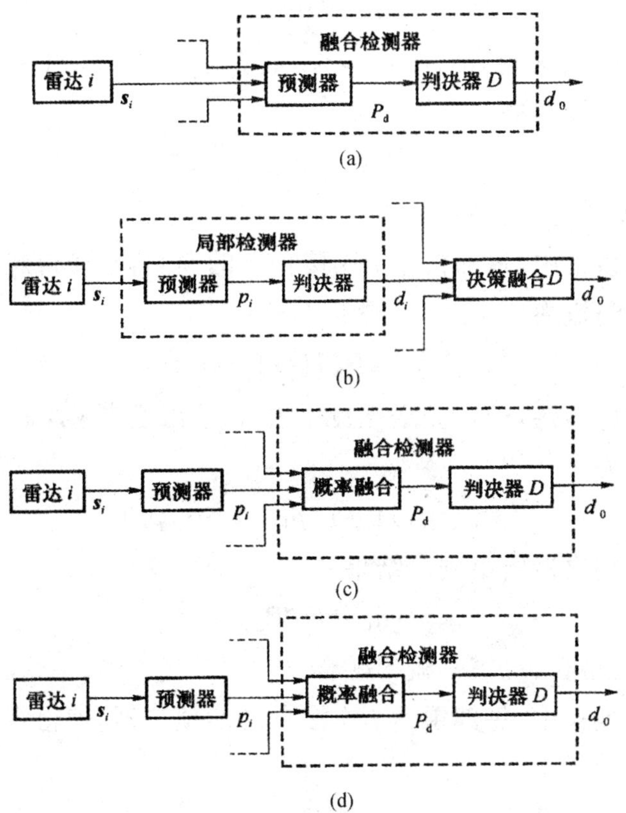

图 9-3　雷达组网检测系统结构模型

(a)模型Ⅰ;(b)模型Ⅱ;(c)模型Ⅲ;(d)模型Ⅳ

(1)模型Ⅰ:观测融合

在模型Ⅰ中,每部雷达 i 给融合检测器提供观测空间中的观测矢量 $\boldsymbol{s}_i$,预测器输出后验检测概率为

$$P_\mathrm{d}=P(H=1|\boldsymbol{s}_1,\boldsymbol{s}_2,\cdots,\boldsymbol{s}_n)$$

最终,在预测基础上给出最终判决

$$d_0=D(P_\mathrm{d})$$

(2)模型Ⅱ:决策融合

在模型Ⅱ中,每部雷达 i 连接自己的预测器,使得观测矢量 $\boldsymbol{s}_i$ 映射到检测概率

$$p_i=P(H=1|\boldsymbol{s}_i)$$

局部检测器的判决器进行判决

$$d_i = D_i(p_i)$$

再将二值决策矢量$(d_1, d_2, \cdots, d_n)$送至融合中心，按照融合规则作出最终决策判决。

$$d_0 = D(d_1, d_2, \cdots, d_n)$$

(3)模型Ⅲ:概率融合

在模型Ⅲ中，每部雷达 i 连接自己的预测器，使得观测矢量 s_i 映射到检测概率

$$p_i = P(H=1 \mid \boldsymbol{s}_i)$$

检测矢量$(p_1, p_2, \cdots, p_n)$送至融合中心按融合规则，输出的后验检测概率为

$$P_{\mathrm{d}} = P(H=1 \mid p_1, p_2, \cdots, p_n)$$

最后检测判决器给出判决结果

$$d_0 = D(P_{\mathrm{d}})$$

(4)模型Ⅳ:决策—概率融合

在模型Ⅳ中，每部雷达 i 连接自己的预测器，使得观测矢量 s_i 映射到检测概率

$$p_i = P(H=1 \mid \boldsymbol{s}_i)$$

局部检测器的判决器进行判决

$$d_i = D_i(p_i)$$

二值决策矢量$(d_1, d_2, \cdots, d_n)$和概率矢量$(p_1, p_2, \cdots, p_n)$送至融合中心按融合规则输出组合 $T(d_1, d_2, \cdots, d_n; p_1, p_2, \cdots, p_n)$和判决门限 $t(p_1, p_2, \cdots, p_n)$，最后融合检测判决器给出判决结果。

$$d_0 = D(T, t)$$

2. 性能比较

模型Ⅰ是单站雷达系统的简单扩展，其中每部雷达的作用是采集观测数据，融合中心负责观测数据的处理以及对所获得信息的解释。这种结构具有以下特点。

①信息合成只需一次处理，全局最优。

②融合处理算法与单站雷达系统的处理算法类似，相对比较简单。

③系统性能明显优于单站雷达系统，较好地利用了信息的冗余性和互补性。

但是，观测融合也存在着很大的局限性，具体如下。

①融合中心承担了过多的计算量。

②通信容量大，容易造成瓶颈，对信道要求很高。

③整个系统的运转都依赖于融合检测器，它的失效将导致灾难性的后果，实际应用中它必须有备份，这增加了系统的代价。

④对于应用的改变、雷达技术的变化以及融合系统的扩展，观测融合模型缺乏灵活性。

局部最优模型Ⅱ、Ⅲ、Ⅳ合理地分配了系统的计算能力，降低了对通信信道容量的要求，局部处理屏蔽单站雷达的作用更便于雷达技术的灵活运用。它们之间性能的差异主要在于各自权衡折中的出发点不同。

根据信息的复杂性，所传送的数据或是观测矢量 $\boldsymbol{s}_i$，或是实数 p_i，或是二进制数 d_i，或是实数 p_i 加上二进制数 d_i，这对于通信信道容量要求的差异是非常明显的。因此，雷达组网检测系统通信结构及其控制的复杂程度从高到低依次为模型Ⅰ、模型Ⅳ、模型Ⅲ与模型Ⅱ。

假设在每种融合模型中，算子都进行优化设计以确保各方案的贝叶斯风险最小，则模型Ⅰ的贝叶斯风险最小。

以贝叶斯风险为标准来衡量，模型Ⅲ的性能至少应高于模型Ⅱ的性能。在模型Ⅱ中，二值决策$(d_1, d_2, \cdots, d_n)$是截断的，正如一个伯努利变量 H 的绝对(是/否)预测。而在模型Ⅲ中检测概率$(p_1, p_2, \cdots, p_n)$表示 H 的概率预测。概率预测(模型Ⅲ)的贝叶斯风险永远不会大于绝对预测(模型Ⅱ)的贝叶斯风险。

模型Ⅳ的贝叶斯风险不会高于模型Ⅱ和模型Ⅲ的贝叶斯风险。模型Ⅳ是模型Ⅱ或模型Ⅲ在通信信道要求与贝叶斯风险的折中上更趋向于降低贝叶斯风险的结构选择。

在许多应用场合中，系统的灵活性显得格外重要。对于雷达组网检测系统，任何雷达的替代、增加或减少都至关重要，为了确保重构系统的最优性能，模型Ⅲ要求在融合中心重新估计概率融合规则，而模型Ⅰ和模型Ⅳ要求系统的融合判决规则和局部检测器的判决规则都重新估计。

从军队装备的现状出发，应该建立一个融合中心以便将几部独立的单站雷达扩充为一个网络系统。为了充分合理地利用雷达现有能力，提高再投资的性价比，模型Ⅱ和模型Ⅳ明显比模型Ⅲ更为可取，尤其是模型Ⅱ的融合中心很是简单。

9.1.3 雷达网分布式检测原理

在工程设计中，雷达组网主要采用分布式信号检测模型，使得任一雷达的失效对雷达组网的性能影响较小，但信息损失较多，结果并非系统最优。

图 9-4 所示为雷达组网分布式检测组成原理示意图。

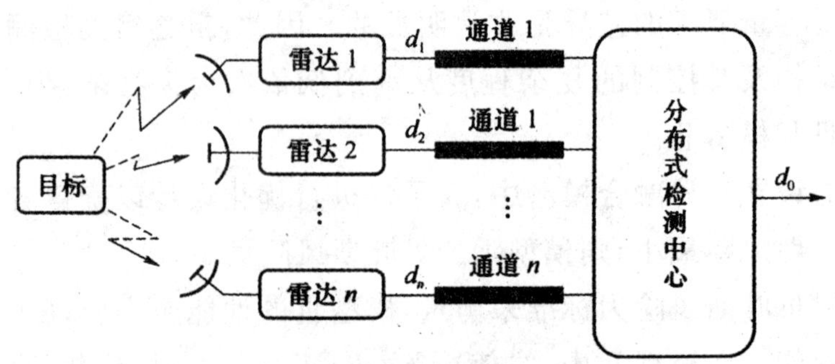

图 9-4　雷达组网分布式检测组成原理示意图

目标经各雷达探测后分别获取信号 $d_1, d_2, \cdots, d_i, \cdots, d_n$，其中

$$d_i=\begin{cases}0,\text{判定无目标}\\1,\text{判定存在目标}\end{cases}$$

$d_i(l=1,2,\cdots,n)$送至分布式检测中心确定目标是否存在，最终检

测结果是 d_0。此时

$$d_0=\begin{cases}0,\text{判定无目标}\\1,\text{判定存在目标}\end{cases}$$

根据雷达组网分布式检测组成原理，有以下基本结论。

①雷达组网系统的检测性能主要取决于各雷达的检测性能和检测融合中心的工作模式，即融合准则。

②相对于网内各单部雷达，仅从融合本身而言，在秩 K 和 Neyman-Pearson 两种工作模式下，组网系统的探测性能均有明显的改善。

③对各种工作模式网内各雷达的检测概率差别越小，融合后系统检测性能的改善越好，因此雷达网布局意义重大。

④秩 K 准则工作模式中 K 值的选择是一个综合考虑和权衡的过程，融合中心低虚警概率 P_f 的要求，意味着秩 K 的增加。

⑤对于 Neyman-Pearson 准则，通过适当增加组网雷达部数，能够做到既保证系统虚警概率，又提高系统检测概率。

⑥决策—概率融合模型保证雷达组网的融合检测结果始终能够获得优化的检测性能，无须考虑数据质量管理问题，因此性能优于决策融合模型。

9.2　信息融合技术在 C^3I 系统中的应用

C^3I 系统中的信息根据其来源的不同，大致可分为 6 类，如图 9-5所示。

对所有的数据信息进行综合，产生一组态势数据已经是指挥员进行决策时首先要解决的问题。在 C^3I 系统中利用信息融合技术，就是针对图 9-5 中各种信息源提供信息的特点采用不同的信息融合方法进行综合处理的。

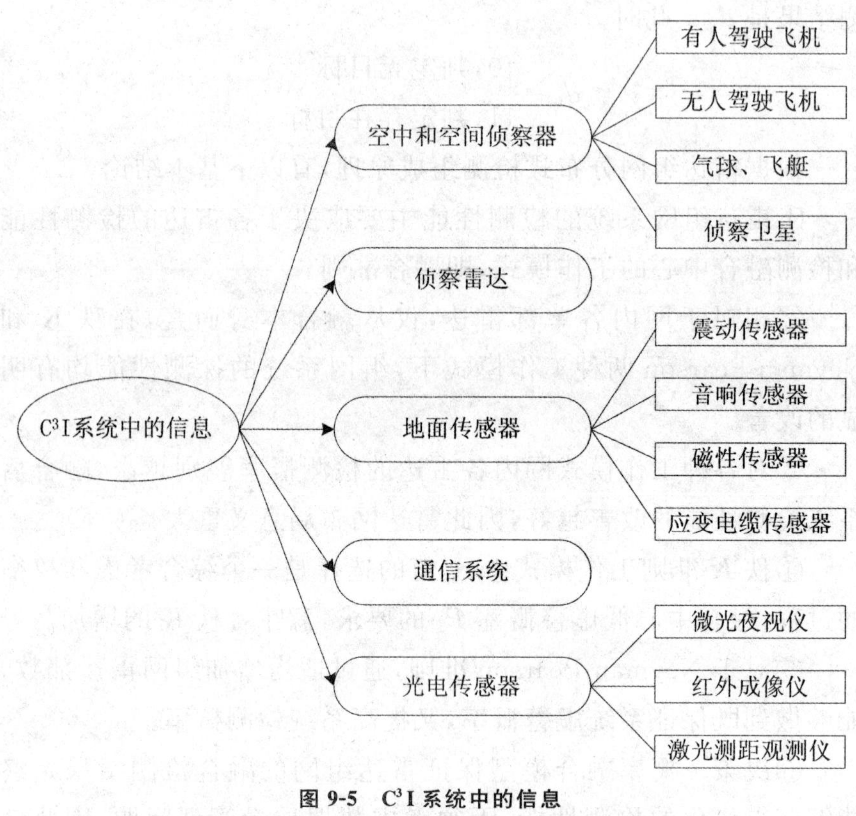

图 9-5　C^3I 系统中的信息

9.2.1　C^3I 系统中信息融合的结构模型和功能模型

1. 结构模型

C^3I 系统的融合系统可采用树状结构，如图 9-6 所示①。首先融合同类传感器的数据，再送至信息融合中心进行不同传感器信息的综合处理。

① 杨露菁，余华. 多源信息融合理论与应用[M]. 2 版. 北京：北京邮电大学出版社，2011.

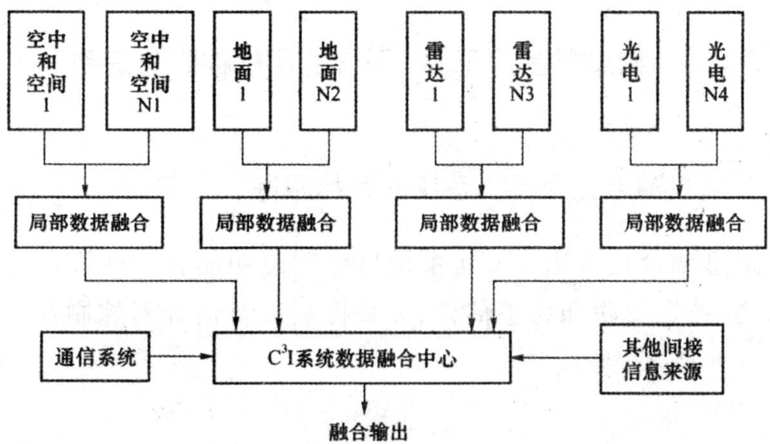

图 9-6　C³I 系统信息融合结构模型

2. 功能模型

C³I 系统信息融合的功能模型如图 9-7 所示。

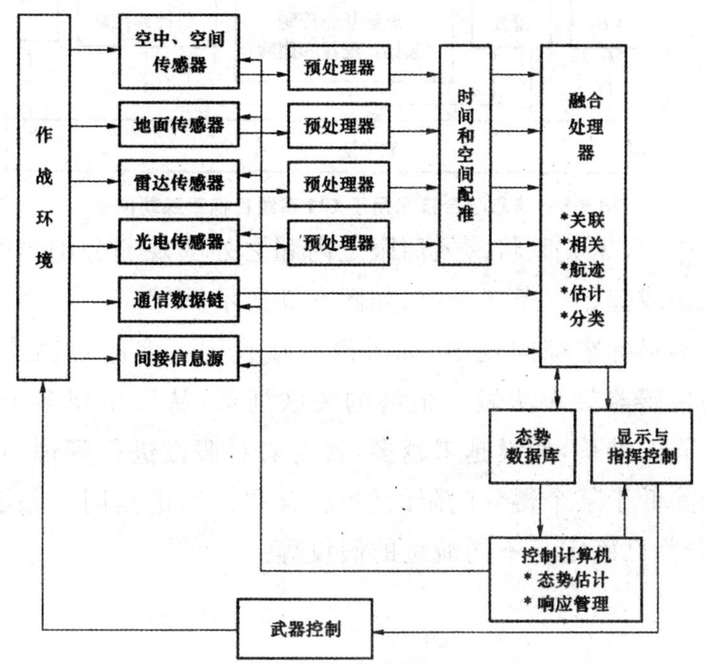

图 9-7　C³I 系统信息融合的功能模型

9.2.2 信息融合用于 C^3I 系统的目标跟踪与识别

1. 信息融合用于 C^3I 系统的目标跟踪

信息融合技术用于 C^3I 系统目标跟踪功能有空间配准、选择备选物、数据关联和状态估计、关联控制以及估计器控制共 5 种，如图 9-8 所示。

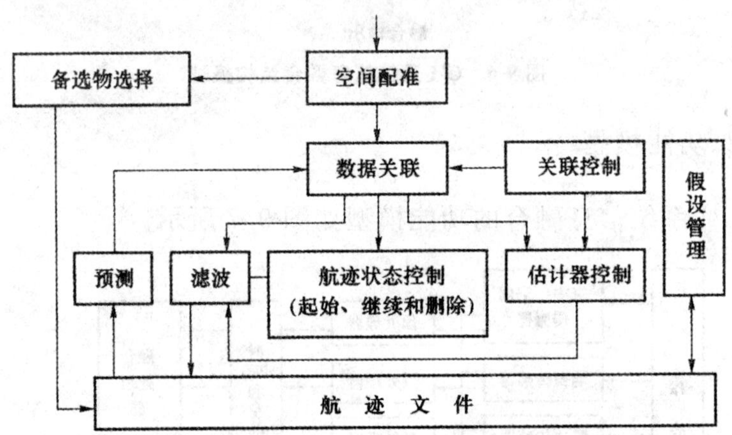

图 9-8　信息融合技术用于 C^3I 系统目标跟踪功能图

其中，数据关联将落入门限之内和之外的观测分配给各自的现有航迹或起始一条新航迹，如图 9-9 所示。

在多目标跟踪问题中，如果没有接收到更多的观测信息，对当前的传感器就无法做出最终的关联处理，从而出现多个假设。随着时间的推移，假设越来越多，就需要对假设进行管理，包括剪裁或删除低于某个得分门限的假设、合并已确定是同一条航迹的假设、分割已确定是不同航迹的假设等。

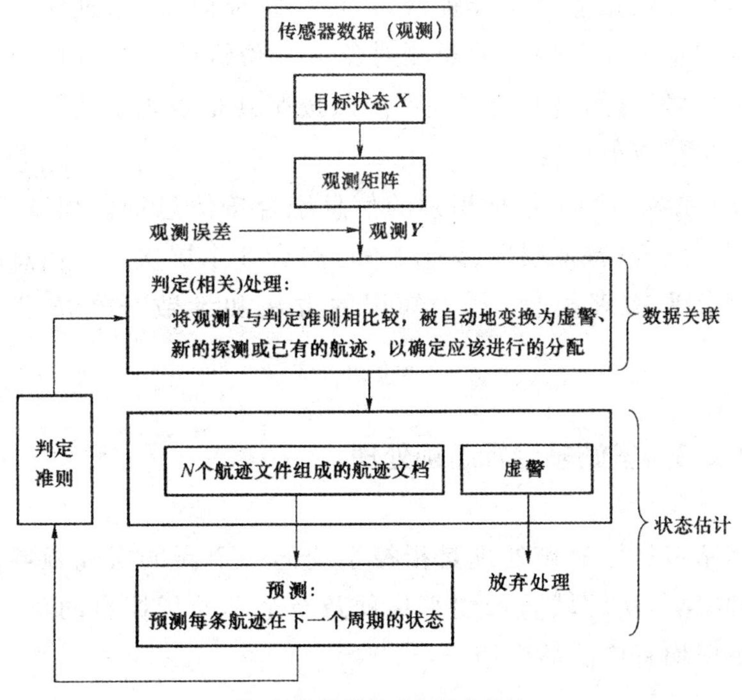

图 9-9 数据关联和状态估计

2.信息融合用于 C^3I 系统的目标识别

信息融合技术用于 C^3I 系统的目标识别的过程如图 9-10 所示。

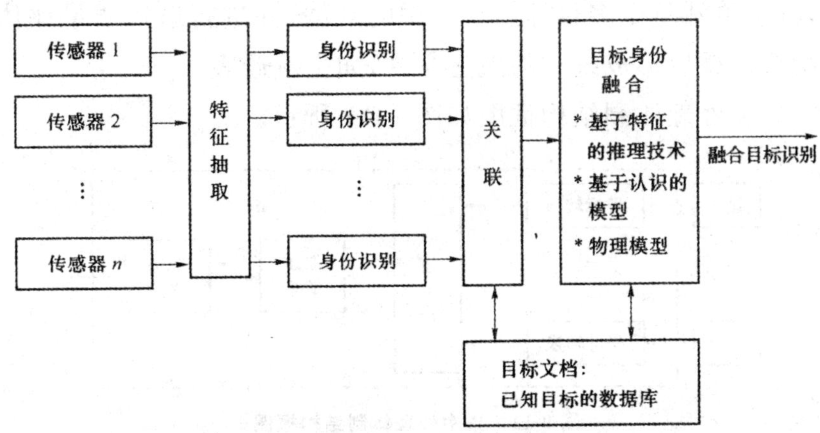

图 9-10 信息融合技术用于 C^3I 系统的目标识别的过程

传感器数据进行特征提取后，形成特征向量，通过模式识别将特征向量转换为相应的观测对象的身份说明。与目标跟踪中的数据关联一样，这些身份说明必须按照其是否表示同一个观测对象来进行有效分类。

C^3I 系统中用于目标识别的信息融合按信息抽象程度，可分为数据层融合、特征层融合和决策层融合 3 个层次。其信息融合算法可分为物理模型、基于知识的方法和参数分类技术 3 种类型。

9.2.3 多站多目标航迹处理

多站多目标航迹处理是指控系统的一个新的研究领域。从单舰到编队，从区域防御到军兵种乃至全军的指挥自动化，从军用到民用均有广泛的应用场合。

1. 多站多目标航迹处理的体系结构

(1)集中处理体制

集中处理体制是将各站录取的目标点迹，含虚警、杂波干扰等，统一送到中心处理机进行航迹起始、建立波门、分类等形成航迹，其中单站不做多目标航迹处理的互联，并进行航迹质量评估、编批等。最后形成统一的航迹文件，如主航迹表。

集中处理体制结构框图如图 9-11 所示。

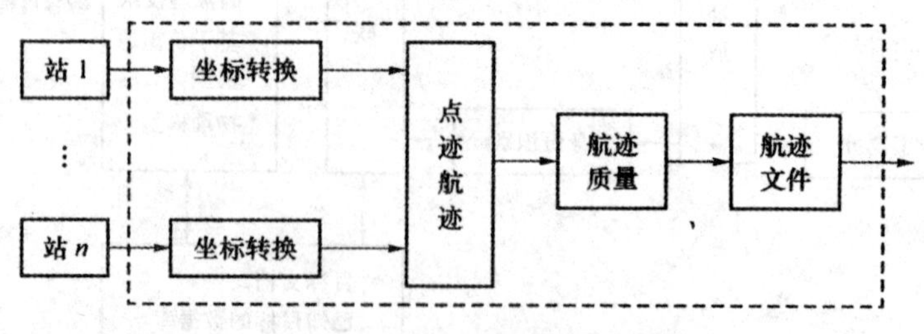

图 9-11 集中处理体制结构框图

集中处理体制处理方法单一，一旦航迹确定后，航迹质量较高；但是站与站之间点迹的传输量比站与站之间航迹的传输量大得多，需要较好的通信设备，增加了航迹起始的复杂性。

由于集中处理与单站多目标航迹处理的机理没有多大差异，所以原则上单站多目标航迹处理方法均可用于此。

(2)分级处理体制

分级处理体制是将各站录取的目标点迹（含虚警、杂波干扰等），经由各站进行航迹处理、航迹起始、建立波门、分类等形成航迹。然后将航迹传送到中心处理机，完成航迹融合。

分级处理体制结构框图如图 9-12 所示。

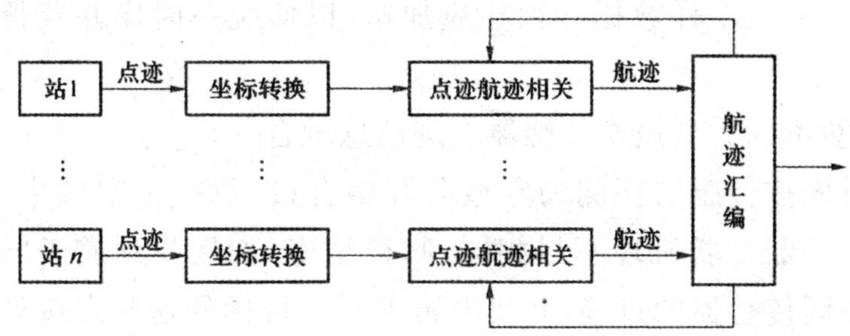

图 9-12　分级处理体制结构框图

分级处理的航迹融合有如下方法：极大似然估计；运筹学中的经典分配问题用于航迹相关问题；近邻域航迹相关；似然比检验用于解决航迹相关问题等。

(3)分布处理体制

分布处理体制与分级处理体制的主要区别是分布处理体制无中心处理机。

分布处理体制结构框图如图 9-13 所示。

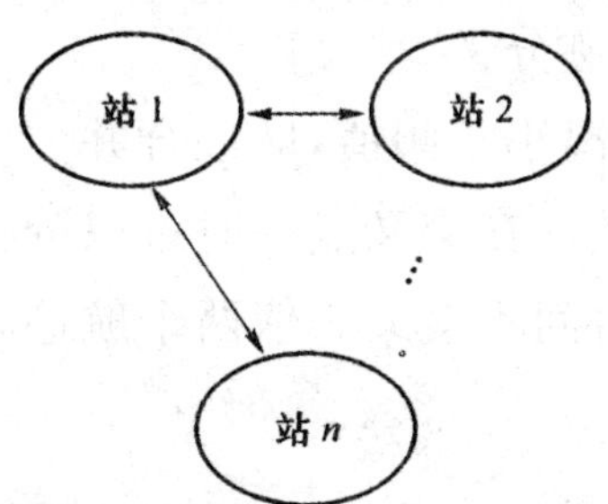

图 9-13　分布处理体制结构框图

分布处理体制已建立的航迹融合算法有:多雷达网的同时自动跟踪;分布传感器网络中的信息融合;分布传感器网络中的联合概率数据互联等。

2. 多站多目标航迹处理工程实现中的几个问题

(1)时统问题

由于各站地理分布不同,时间统一出发问题至关重要,究竟以哪个站时钟为标准,可因工程而异;由于各站采样周期不同,为便于点迹正确分类与相关,必须在统一时钟的前提下,统一采样间隔,原稀疏采样数据必须相应加密,以便统一时序并获得相应点迹。

(2)不同类型搜索传感器点迹信息融合

首先按传感器探测的空域分开融合;在每一个空域中,不同类型传感器互联机理不尽相同,归根结底,如何找到属于同一目标的不同传感器的点迹,并找出属于同一目标的这些点迹处理成航迹的方法至关重要。

(3)分级航迹处理的工程方法

在采样、时统、不同类型传感器点迹信息融合方法解决之后,甲站与乙站航迹呈现如下关系,工程上采取统计比较法确定航迹融合准则。

①远平行。汇编后仍为两个航迹。

②近平行。实现中,当相邻 4 点距离小于某一阈值时,则合并这两个近平行航迹。

③由近至远,航迹分叉。

④由远至近,距离小于阈值,航迹合并。

⑤时间位置交叉。在交叉点一时难以分类,延时分类。

⑥位置交叉但时间不交叉。依两个航迹融合。

9.3　被动/红外复合制导信息融合

9.3.1　被动/红外复合制导的分层融合结构

分层融合是指依次对两两传感器的数据进行多层融合，直至完成全部传感器的融合。分层融合算法与多传感器的信息融合次序无关，可以得到优于联合滤波算法的信息融合结果。

被动/红外复合制导系统的相位干涉仪、空间谱、红外精度依次渐高，符合分层融合算法的信息质量排序，得到的融合结果将是最优的。被动/红外复合制导系统的分层融合结构如图 9-14 所示①。

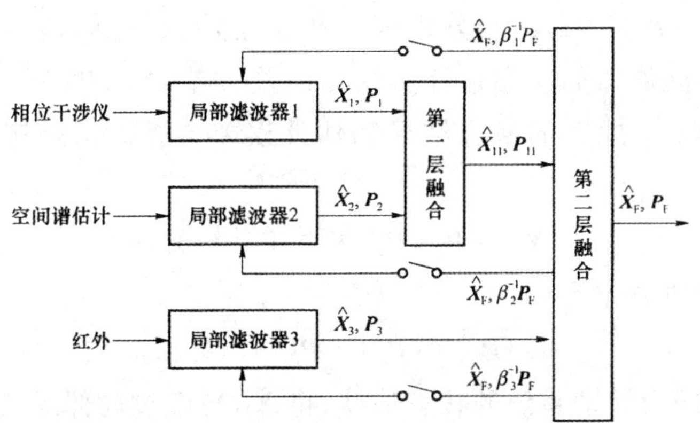

图 9-14　被动/红外复合制导系统的分层融合结构

① 杨露菁，余华. 多源信息融合理论与应用[M]. 2 版. 北京：北京邮电大学出版社，2011.

9.3.2 被动/红外复合制导的分层融合算法

对于分层融合，联合滤波算法的结果 $\hat{\boldsymbol{X}}_{11}$、$\boldsymbol{P}_{11}$ 不是最优的，而 $\hat{\boldsymbol{X}}_{11}$、$P_{11}$ 的次优性将影响后续的融合结果。因此，将 $\hat{\boldsymbol{X}}_{21}$、$\boldsymbol{P}_{21}$ 信息反馈到局部滤波器，然后按最优加权估计算法进行融合。

设各子滤波器的状态方程为

$$\boldsymbol{X}(k+1)=\boldsymbol{\Phi}(k+1|k)\boldsymbol{X}(k)+\boldsymbol{\Gamma}(k)\boldsymbol{w}(k)$$

第 i 个子系统的观测方程为

$$\boldsymbol{Z}_i(k)=\boldsymbol{H}_i(k)\boldsymbol{X}_i(k)+\boldsymbol{v}(k)$$

其中，$\boldsymbol{X}(k)\in\mathbf{R}^n$ 为系统状态矢量；$\boldsymbol{H}(k)=(\boldsymbol{H}_1^{\mathrm{T}}(k)\boldsymbol{H}_2^{\mathrm{T}}(k)\boldsymbol{H}_3^{\mathrm{T}}(k))^{\mathrm{T}}$ 为测量矩阵；$\boldsymbol{\Phi}(k+1|1)$ 为一步状态转移矩阵；$\boldsymbol{Z}_i(k)$ 为观测矢量；$\boldsymbol{w}(k)\in\mathbf{R}^r$ 为系统噪声，$\boldsymbol{v}(k)=(\boldsymbol{v}_1^{\mathrm{T}}(k)\boldsymbol{v}_2^{\mathrm{T}}(k)\boldsymbol{v}_3^{\mathrm{T}}(k))^T$，且 $E[w(k)]=0$，$E[\boldsymbol{w}(k)\boldsymbol{w}^{\mathrm{T}}(j)]=\boldsymbol{Q}(k)\delta_{kj}$，$\boldsymbol{\Gamma}(k)$ 为系统噪声阵，$\boldsymbol{v}(k)$ 为观测噪声，且 $E[\boldsymbol{v}(k)\boldsymbol{v}^{\mathrm{T}}(j)]=\boldsymbol{R}(k)\delta_{kj}$。

设 $\hat{\boldsymbol{X}}_i$、$\boldsymbol{P}_i(i=1,2,3)$ 分别表示相位干涉仪、空间谱估计和红外的局部滤波器的状态估计和估计误差方差，$\hat{\boldsymbol{X}}_{i1}$、$\boldsymbol{P}_{i1}(i=1,2)$ 分别表示第 i 层融合的融合结果和估计误差方差。由航迹融合算法，有

$$\hat{\boldsymbol{X}}_{11}=\boldsymbol{P}_{11}(\boldsymbol{P}_1^{-1}\hat{\boldsymbol{X}}_1+\boldsymbol{P}_2^{-1}\hat{\boldsymbol{X}}_2)$$

系统误差协方差为

$$\boldsymbol{P}_{11}=(\boldsymbol{P}_1^{-1}+\boldsymbol{P}_2^{-1})^{-1}$$

这里 $\hat{\boldsymbol{X}}_{11}$ 即为被动系统的状态估计，将 $\hat{\boldsymbol{X}}_{11}$ 与经过局部滤波器的红外状态估计进行融合，得到的 $\hat{\boldsymbol{X}}_{\mathrm{F}}$、$\boldsymbol{P}_{\mathrm{F}}$ 即为最终融合结果。

$$\hat{\boldsymbol{X}}_{\mathrm{F}}=\hat{\boldsymbol{X}}_{21}=\boldsymbol{P}_{21}(\boldsymbol{P}_{11}^{-1}\hat{\boldsymbol{X}}_{11}+\boldsymbol{P}_3^{-1}\hat{\boldsymbol{X}}_3)$$

$$\boldsymbol{P}_{\mathrm{F}}=\boldsymbol{P}_{21}=(\boldsymbol{P}_{11}^{-1}+\boldsymbol{P}_3^{-1})^{-1}$$

根据信息守恒原理，将这一信息分配到各局部滤波器和主滤波器，有

$$\boldsymbol{P}_i^{-1}(k)=\beta_i\boldsymbol{P}_{\mathrm{F}}^{-1}(k)$$

$$\boldsymbol{X}_i(k)=\hat{\boldsymbol{X}}_F(k)$$

信息分配因子 β_i 满足 $\sum_{i=1}^{m}\beta_i=1$。公共系统噪声信息按同样的信息分配原则进行分配，$\boldsymbol{Q}_i^{-1}(k)=\beta_i\boldsymbol{Q}_F^{-1}(k)$，$i=1,2,\cdots,m$。

各局部滤波器与主滤波器进行时间更新，即

$$\boldsymbol{P}_i(k+1|k)=\boldsymbol{\Phi}(k+1|k)\boldsymbol{P}_i(k)\boldsymbol{\Phi}^T(k+1|k)+\boldsymbol{\Gamma}(k)\beta_i^{-1}\boldsymbol{Q}_i(k)\boldsymbol{\Gamma}^T(k)$$

$$\boldsymbol{X}_i(k+1|k)=\boldsymbol{\Phi}(k+1|k)\boldsymbol{X}_i(k|k),i=1,2,\cdots,m$$

各局部滤波器进行量测更新，即

$$\boldsymbol{P}_i^{-1}(k+1|k+1)=\boldsymbol{P}_i^{-1}(k+1|k)\boldsymbol{X}_i(k+1|k)+\boldsymbol{H}_i(k+1)\boldsymbol{R}_i^{-1}(k+1)\boldsymbol{Z}_i(k+1)$$

然后融合成全局状态估计 $\hat{\boldsymbol{X}}_F(k+1)$、$\boldsymbol{P}_F(k+1)$。上述各式为基于最优加权估计的分层融合算法的公式。

9.4 信息融合技术在分布式入侵检测系统中的应用

多源信息融合技术使得计算机网络入侵检测系统(Intrusion Detection System，IDS)从多个信息源获得的信息量会比单一信息源多，极大提高检测的准确性和可靠性；集成多数据源将没有分离的信息在更大的范围内联系起来，是降低误警率的关键。此外，基于信息融合技术的原理，还可以构筑分布式的入侵检测架构。

入侵检测信息融合推理的层次结构如图 9-15 所示[①]。

9.4.1 信息融合分布式入侵检测系统模型

随着计算机网络的发展，入侵检测系统从过去的基于主机的

① 杨露菁，余华. 多源信息融合理论与应用[M]. 2 版. 北京：北京邮电大学出版社，2011.

文件完整性检查系统和日志分析系统逐渐发展到当今的分布式的、多种检测手段兼备的安全系统。

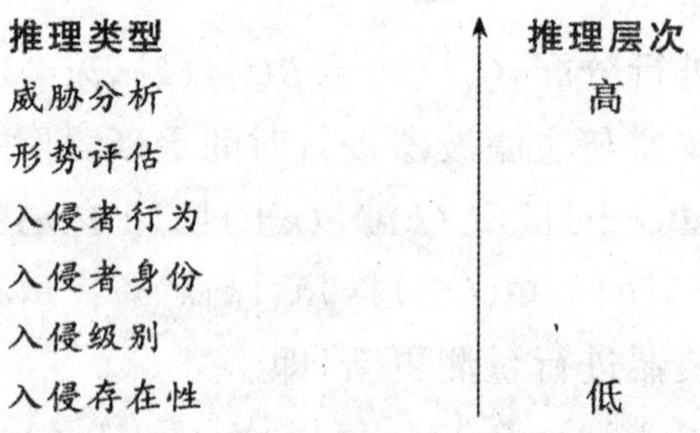

图 9-15　入侵检测信息融合推理的层次结构

新一代的入侵检测系统在每个局域网中设置 IDS 负责其安全监控，各 IDS 之间通信和协作，构成一个有机整体，则称为多主体系统（MAS）或 Cyber IDS、Cyber IDS 是一种树形层次结构，也是一种多级分布式结构，其物理结构如图 9-16 所示。该系统由多个功能主体组成，主体可分为入侵检测主体（IDA）、通信服务主体（TSA）、管理控制主体（MCA）3 种。

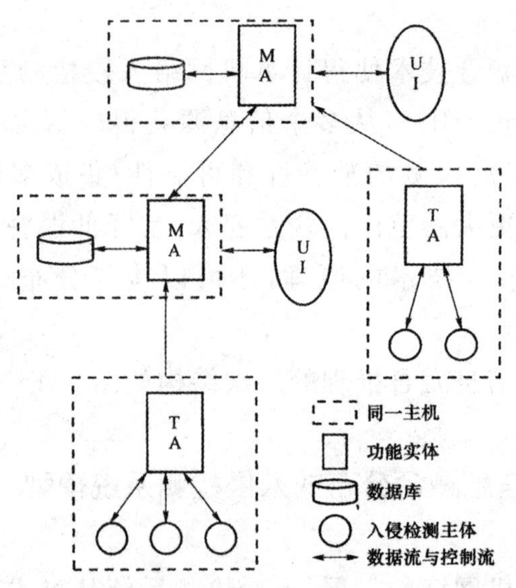

图 9-16　Cyber IDS 的物理结构

对比传统的 IDS 模型，新型入侵检测模型有以下优点。

①多 ID 传感器的信息互补集成，降低系统误报。

②多个ID传感器信息关联，可以发现同源的空间上分散的攻击。

③分布式的多代理入侵检测结构使得各IDS之间可以交流信息，互相利用检测结果进行进一步的分析，协同高效地完成对网络入侵的检测。

9.4.2 分布式入侵检测系统的融合方法

1. 入侵检测的融合方法

当某种入侵发生时，多个IDA会产生该事件的多个报警，每一局部IDA基于自己的局域探测独立完成入侵检测任务，该检测过程可视为假设检验过程。

令假设 H_1 表示“发生A类入侵”，假设 H_0 表示“未发生A类入侵”，且

$$P(H_0)=P_0, P(H_1)=P_1$$

分别表示 H_0 和 H_1 为真的先验概率，$y_i(1\leqslant i\leqslant n)$ 为第 i 个探测器的探测结果，第 i 个IDA基于 y_i 的决策 u_i 为

$$u_i=\begin{cases}0,\text{如果 } H_0 \text{ 为真}\\1,\text{如果 } H_1 \text{ 为真}\end{cases}$$

这些局部决策 u_i 被送到融合中心构成观测向量

$$\boldsymbol{u}=(u_1, u_2, \cdots, u_n)$$

信息融合中心基于 $\boldsymbol{u}$ 确定系统的全局决策，即入侵检测结果为

$$u_0=\begin{cases}0,\text{如果 } H_0 \text{ 为真}\\1,\text{如果 } H_1 \text{ 为真}\end{cases}$$

2. 聚类与关联算法

在通信服务主体(TSA)中，除了建立树形层次结构所必需的通信控制功能外，还需建立数据的分析处理模块。其主要功能是

报警的聚类和相关处理，涉及报警—报警、报警—航迹、航迹—航迹等方面的相关处理。

Cyber IDS 进行的入侵跟踪的报警—航迹关联和航迹—航迹关联两种主要的可选方案，都可以采用递推关联方法。

报警—航迹关联使 IDA 报警与已建立的航迹关联，以便继续跟踪目标。递推的报警—航迹关联如图 9-17 所示。

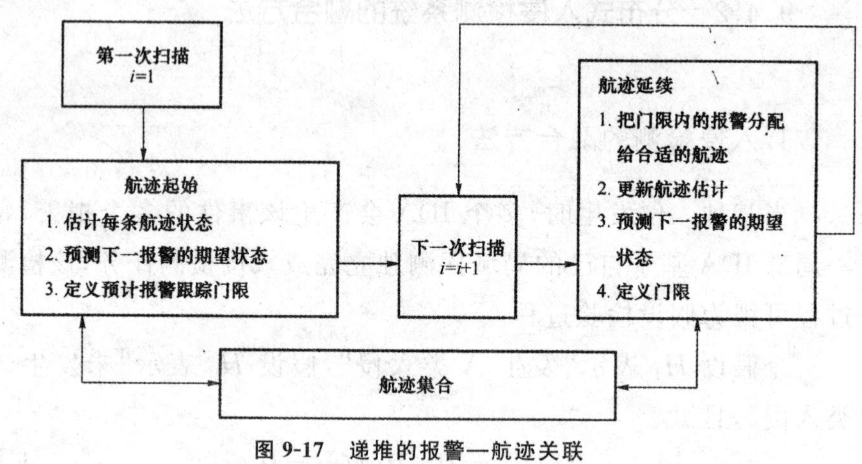

图 9-17 递推的报警—航迹关联

9.5 信息融合技术在智能交通中的应用

9.5.1 基于信息融合的车辆主动防碰撞控制系统

基于多传感器信息融合的车辆主动防碰撞控制系统根据多传感器接收到的车辆前方目标信息和本车的状态信息，利用多源信息融合技术，识别状态信息，并进行碰撞危险估计。它是一种主动式的防撞、防抱死的汽车安全系统，对于提高交通安全性起重要作用，能有效地避免大部分汽车事故的发生，同时也为提高使用车速、增加道路通行能力、实现自动化驾驶等奠定了良好的基础。

基于多传感器信息融合的车辆自动防碰撞控制系统框图如图 9-18 所示[①]。

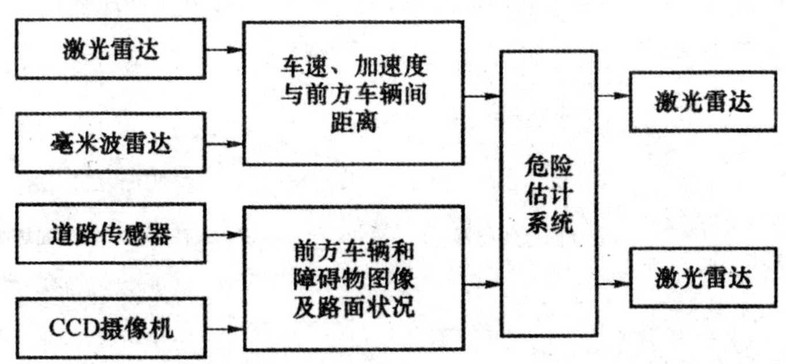

图 9-18　基于多传感器信息融合的车辆自动防碰撞控制系统框图

9.5.2　汽车自动导航与驾驶

德国 C. Stiller 等人将多传感器信息融合技术用于汽车自动无人驾驶，其信息融合和控制系统的工作原理如图 9-19 所示。

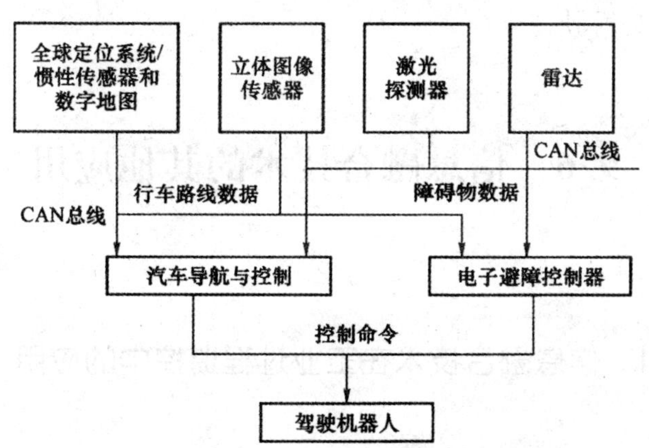

图 9-19　汽车自动无人驾驶信息融合和控制系统

汽车自动无人驾驶系统的多传感器系统组成及其功能如图 9-20所示。

① 杨露菁，余华. 多源信息融合理论与应用[M]. 2 版. 北京：北京邮电大学出版社，2011.

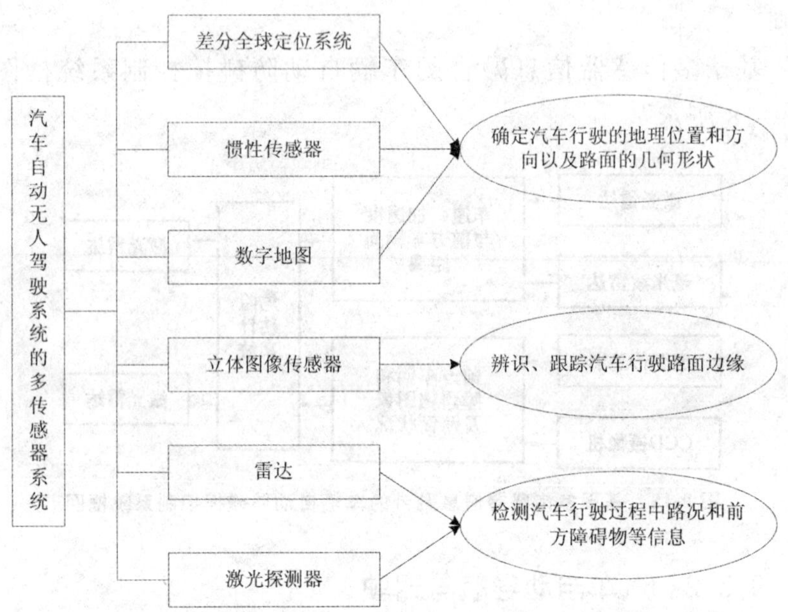

图 9-20　汽车自动无人驾驶系统的多传感器系统组成及其功能

汽车自动无人驾驶系统将各个传感器输出的信号通过卡尔曼滤波进行信息融合，识别汽车行驶路面情况，通过控制机构实现汽车无人驾驶。

9.6　信息融合技术的其他应用

9.6.1　信息融合技术在工业过程监控中的应用

在工业过程监视系统中，信息融合的目的是识别引起系统状态超出正常运行范围的故障条件，并据此触发若干报警器。

如图 9-21 所示为一种基于多传感器信息融合的工业监控系统结构。多个融合节点构成多传感器网络，信息融合在数据层、特征层和决策层三个层次上进行。

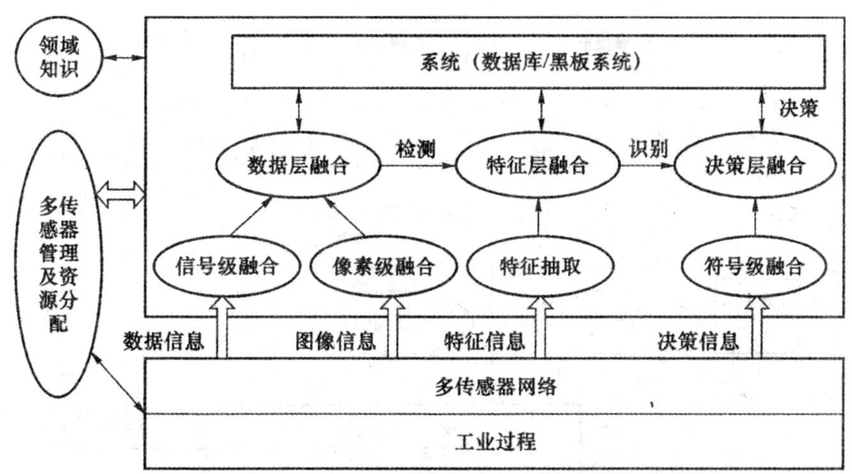

图 9-21 基于多传感器信息融合的工业监控系统结构

在工业控制中，经常需要对过程的各种故障进行诊断。将多源信息融合技术应用于故障诊断领域，可对系统中各类传感器采集来的各种信息进行融合处理，从而获得更精确的诊断结果，有效提高故障确诊率。

数据融合的过程实际上是信息的提纯过程，在故障诊断系统中按最大从属原则进行融合，基于信息融合技术的故障诊断系统如图 9-22 所示。

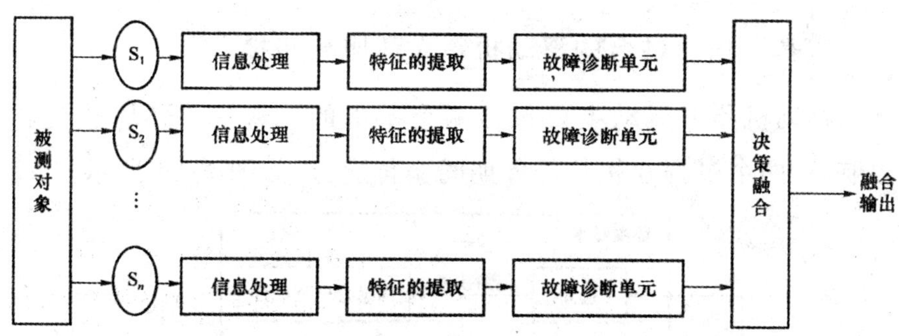

图 9-22 基于信息融合技术的故障诊断系统框图

如图 9-23 所示为一种抽象的基于多传感器信息融合的故障诊断系统结构。

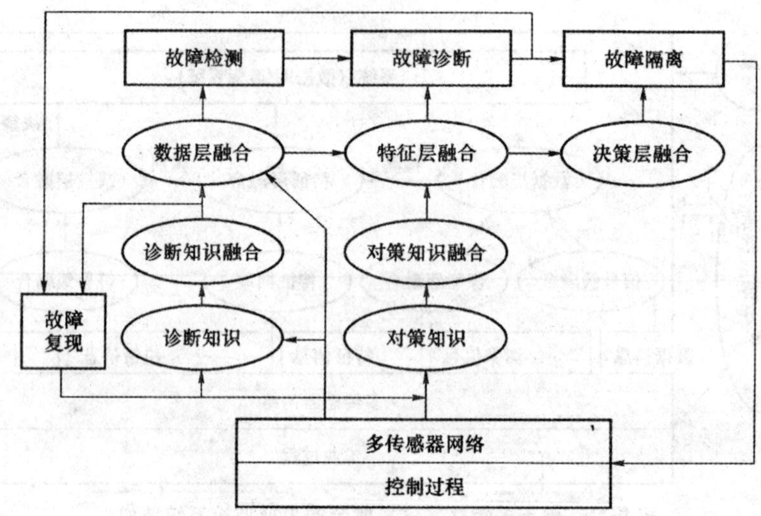

图 9-23　基于多传感器信息融合的故障诊断系统结构

9.6.2　信息融合技术在智能机器人中的应用

智能机器人可以广泛应用于航天、军事以及深海作业等危险场合,因此对其自动能力提出了更高的要求。机器人的任何功能的实现都离不开信息,机器人感知技术和多传感器信息融合技术是智能机器人的关键技术之一。

1.基于信息融合的移动机器人环境感知技术

移动机器人运动主要包括两个基本的过程——环境建模和导航,这两个过程在执行任务期间交替进行,如图 9-24 所示。

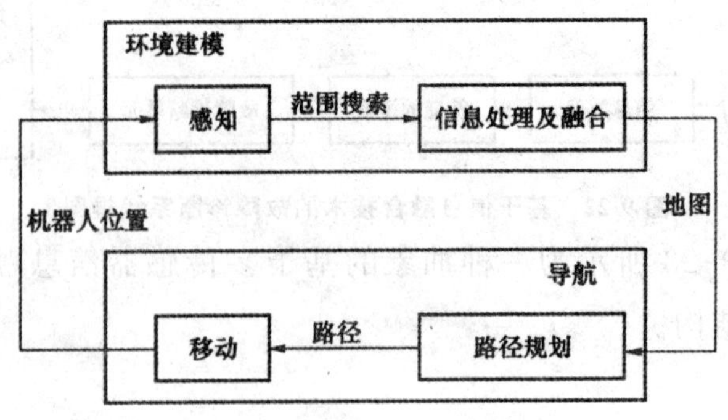

图 9-24　机器人运动过程

2. 多传感器地图信息融合的处理流程

利用多传感器进行地图信息融合的处理流程如图 9-25 所示,每个传感器通过概率模型,根据观测数据建立地图信息,再按不同的算法进行融合,从而构造出机器人的观测地图。

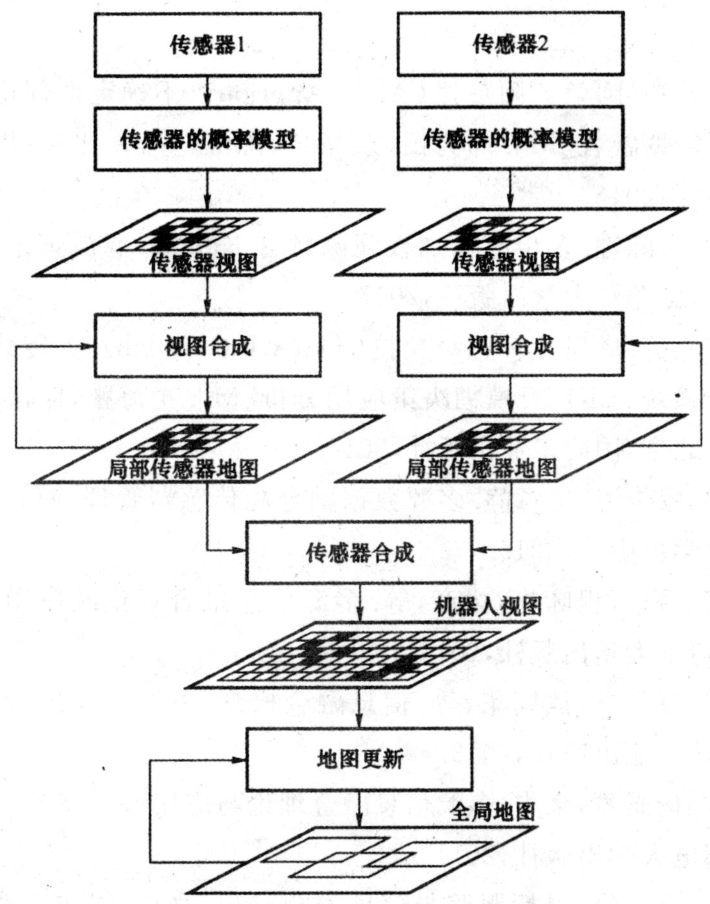

图 9-25　多传感器地图信息融合的处理流程

参考文献

[1][法]阿兰·阿皮诺(Alain Appriou).不确定性理论与多传感器数据融合[M].郎为民,余亮琴,陈红,等译.北京:机械工业出版社,2016.

[2]冉陈键.多传感器加权观测融合 Kalman 滤波理论[M].哈尔滨:黑龙江大学出版社,2017.

[3][美]塔里克·达赫拉拉(Tarek Dakhlallah).多传感器数据融合系统:EKF 及模糊决策应用分析[M].王海鹏,熊伟,贾舒宜,译.北京:国防工业出版社,2016.

[4]罗俊海,王章静.多源数据融合和传感器管理[M].北京:清华大学出版社,2015.

[5]潘泉,程咏梅,梁彦,等.多源信息融合理论及应用[M].北京:清华大学出版社,2013.

[6]赵宗贵,熊朝华,等.信息融合概念、方法与应用[M].北京:国防工业出版社,2012.

[7]杨露菁,余华.多源信息融合理论与应用[M].2 版.北京:北京邮电大学出版社,2011.

[8]夏佩伦.目标跟踪与信息融合[M].北京:国防工业出版社,2010.

[9][美]克莱因(Klein L. A.).多传感器数据融合理论及应用[M].戴亚平,刘征,郁光辉,译.北京:北京理工大学出版社,2004.

[10]何友,王国宏,关欣,等.信息融合理论及应用[M].北

京:电子工业出版社,2010.

[11]韩崇昭,朱洪艳,段战胜.多源信息融合[M].2版.北京:清华大学出版社,2010.

[12]王峰.传感器管理结构与算法研究[D].西安:西北工业大学,2005.

[13]S S Blackman,R F Popoli. Design and Analysis of Modern Tracking Systems[R]. Norwood,MA:Artech House,1999.

[14]Hernandez M L. Efficient data fusion for multi-sensor management[C]. In Proceedings of the IEEE Aerospace Conference,2001:2161-2169.

[15]Hernandez M L,Kirubarajan T,Bar-Shalom Y. Multisensor resource deployment using posterior Cramer-Rao bounds [J]. IEEE Transactions on Aerospace and Electronic Systems, 2004,40(2):399-416.

[16]Hernandez M L,Mal rs A D,Gordon N J,et a1. Cramer-Rao bounds for non-linear filtering with measurement origin uncertainty[C]. In Proceedings of the Fifth International Conference on Information Fusion,2002,1:18-25.

[17]Kalandros M,Pao L Y. The Efleets of Data ASSOCiation on Sensor Manager Systems[C]. In Proceedings of the Conference on AIAA Guidance-Navigation,and Control. Denver,CO, 2000,1-6.

[18]Kalandros M. Covariance control for multi-sensor systems[J]. IEEE Transactions on Aerospace and Electronic Systems,2002,38(4):1138-1157.

[19]刘先省,申石磊,潘泉.传感器管理及方法综述[J].电子学报,2002,30(3):394-398.

[20]Krishnamurthy V. Algorithms for optimal scheduling and management of hidden Markov model sensors[J]. IEEE

Transactions on Signal Processing,2002,50(6):1382-1397.

[21]Karan M,Krishnamurthy V. Sensor scheduling with active andimage-based sensors for maneUVerIng targetS[C]. In Proceeings of the Sixth Internatlonal Conference on Information Fusion,Seattle,200 3,2:1018-1023.

[22]Hoffman J R,Mahler R P S. Multi-target miss distance and its applications[C]. In Proceedings of the Fifth IntemationaI Conference on Information Fusion,2002,1:149-155.

[23]韩德强.基于证据推理的多源分类融合理论与方法研究[D].西安:西安交通大学,2008.

[24]杨阳.证据推理组合方法的分类、评价准则及应用研究[D].西安:西北工业大学,2006.

[25]Schubert J. On nonspecific evidence[J]. International Journal of Intelligent Systems,1993,8:711-725.

[26]孙怀江,胡钟山,杨静宇.基于证据理论的多分类器融合方法研究[J].计算机学报,2001(3):231-235.

[27]Dezert J. Foundations for a new theory of plausible and paradoxical reasoning[J]. Information and Security Journal, 2002,9:13-57.

[28]Miranda E,Couso I,Gil P. Extreme points of credal sets generated by 2-alternating capacities[J]. International Journal of Approximate Reasoning,2003,33:95-115.

[29]Zhu Y M,Dupuis O,Kaftandj ian V,et a1. Automatic determination of mass functions in Dempster-Shafer theory using fuzzy c-means and spatial neighborhood information for image segmentation[J]. Optical Engineering,2002,41(4):760-770.

[30]Salzenstein F,Boudraa A O. Iterative estimation of Dempster-Shafer's basic probability assignment: application to multisensor image segmentation[J]. Optical Engineering,2004,

43(6):1293-1299.

[31]孙亮.高维遥感数据融合与分类的知识发现方法研究[D].西安:西安交通大学,2006.

[32]Suykens J A K,Vandewalle J,De Moor B. Optimal Control by Least Squares Support Vector Machines[J]. Neural Networks,2001,14(1):23-35.

[33]Mikko Koivisto,Kismat Sood. Exact Bayesian Structure Discovery in Bayesian Networks[J]. Journal of Machine Learning Research 5,2004,549-573.

[34]王明辉,等.性能优化的跟踪门算法[J].电子学报,2000,28(6):13-15.

[35]Li X R,Jilkov V P. Survey of maneuvering target tracking-part Ⅰ:dynamic models[J]. IEEE Transactions on Aerospace and Electronic Systems,2003,39(4):1333-1364.

[36]王建国,何佩琨,龙腾.径向速度测量在 Kalman 滤波中的应用[J].北京理工大学学报,2002,2 2(2):225-227.

[37]王建国,龙腾,何佩琨.一种在 Kalman 滤波中引入径向速度测量的新方法[J].信号处理,2002,18(5):414-416.

[38]段战胜,韩崇昭.极坐标系中带 Doppler 量测的雷达目标跟踪[J].系统仿真学报,2004,16(12):2860-2863.

[39]李教.多平台多传感器多源信息融合系统时空配准及性能评估研究[D].西安:西北工业大学,2003.

[40]贺席兵.信息融合中多平台多传感器的时空对准研究[D].西安:西北工业大学,2001.

[41]陈非,敬忠良,姚晓东.空基多平台多传感器时间空间配准与目标跟踪[J].控制与决策,2001,16(Suppl):808-811.

[42]Ba-Ngu Vo,W-K M. The Gaussian Mixture Probability Hypothesis Density Filter[J]. IEEE Transactions on signal processing,2006,54(11):4091-4104.

[43]K Punithakumar, *T K a A S*. A Multiple Model Probability Hypothesis Density Filter for Tracking Maneuvering Targets[J]. Signal and Data Processing of Small Targets, Proceedings of SPIE, 2004, 5428: 113-121.

[44]K Punithakumar, *T K a A* S. Multiple. Model Probability H ypothesis Density Filter for Tracking Maneuvering Targets [J]. IEEE Transactions on Aerospace and Electronic Systems, 2008, 44(1): 87-97.

[45]Ikoma N, Uchino T, Maeda H. Tracking of feature points in image sequence by SMC implementation of PHD filter [C]. Sice 2004 Conference. IEEE, 2005: 1696-1701 Vol. 2.

[46]D E Clark, J B. Bayesian multiple target tracking in forward scan sonar images Using the PHD filter[J]. IEEE Proceeding Radar Sonar Navigation, 2005, 152(5): 327-334.

[47]Hue C, Cadre J P L, Perez P. Sequential monte carlo methods for multitarget tracking and data fusion[J]. IEEE on Signal Processing, 2002, 50(2): 309-325.

[48]Frank, Oliver, Nieto, Juan, Jose Guivant, Steve Scheing. Multiple target tracking USing sequential monte carlo methods and statistical data association[R]. IEEE/RSJ International Conference on Inteuigent Robots and Systems Vol. 3, 2003. 2718-2723.

[49]Hue C, Cadre J P L, Perez P. Tracking multiple objects with particle filtering[J]. IEEE Transactions on Aerospace and Electronic Systems, 2002, 38(3): 791-812.

[50]曹孟谊，吴建明，吴秀玲. 国外信息质量评估指标体系研究[J]. 军事运筹与系统工程，2004(4).

[51]刘海燕. 信息融合的几个关键技术研究[D]. 解放军理工大学，2007.

[52]赵宗贵，刘海燕. 基于局部信度分配的证据合成方法[J]. 现代电子工程，2008，29(2)：11-14.

[53] Nozawa E T. Peircean semeiotic：A new engineering paradigm for automatic and adaptive inteUigent systems[C]. Proceedings of the Third International Conference on Information Fusion，2000：3-10.

[54]Jousselme A L，Manpin P. Uncertainty in a situation analysis perspective[C]. Proceedings of the Sixth Intemational Conference on Information Fusion. Caims，Australia. 2003：1207-1214.

[55]Lambert D A. A unification of sensor and higher-level fusion[C]. Proceedings of the Ninth International Conference on Infor-marion Fusion. Florence，Italy. 2006：1-8.